中國跨境電商
政策與實務

涂玉華　編

▶▶ 序言

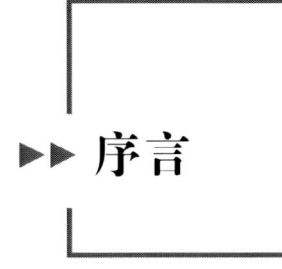

　　近年來，隨著信息技術的不斷興起和「智能+」概念的提出，跨境電商呈現出快速發展的勢頭，跨境電商作為一種新型的國際貿易方式，在當下成為中國整個社會的熱點，已經成為外貿乃至整體經濟發展的全新動力引擎。中國跨境電商的發展可以說是大勢所趨，2015 年，儘管全球貿易增速放緩，中國跨境電商增速亦有所下降，但是中國跨境電商增速仍大幅高於貨物貿易進出口總額增速，中國進出口貿易中的電商滲透率持續增長。2017 年，中國跨境電商（包括批發和零售）交易規模達 4.8 萬億元，同比增長 28%，跨境電商交易額占中國進出口總額的 19.5%。2018 年，中國跨境電商進出口貿易額達 8.5 萬億元，未來幾年跨境電商占中國進出口貿易比例將會提高到 20%，年增長率將超過 30%。到 2020 年，預計中國跨境電商交易規模將達 13 萬億元，約占中國進出口貿易總額的 37.6%。

　　縱觀其運行軌跡，跨境電商在中國發展如此迅猛，主導要素包括：一是國際貿易自由化和便利化加快，「聯合國貿發組織」數據顯示，自 2008 年以來全球貿易的平均關稅降至 2%，貿易限制措施呈減少趨勢，約四分之三的國際貿易自由進行，中國進口商品多項稅收優惠將利好跨境電商，中國國務院總理李克強在國務院常務會議上提出稅收調節方案，其中重點包括進口關稅、消費稅等的調整；二是中國傳統外貿發展進入增長平緩期，受國際經濟環境復甦緩慢以及國內勞動力成本上漲因素的制約，2017 年傳統外貿同比增長 3% 左右，遠低於 GDP 增長水準和年初對外貿增長的預期，作為「三駕馬車」之一的外貿產業急需培育和產生新的驅動力量；三是剛性國際貿易需求在互聯網時代，尤其是在國內電子商務持續繁榮的情況下，為滿足現實市場特性而進行了自我的修復和再造，終促成跨境電商運作模式的逐漸成形；四是國務院頻頻發文力挺「互聯網+外貿」且陸續出抬扶持政策，以政府主導的態勢，通過試點帶動，引導跨境電商從市場化的無序發展狀態迅速轉入多樣化、規模化的快車道發展狀態。

　　隨著跨境電商的不斷發展，企業對電商人才的要求也不斷提高。跨境電商平臺快速被人們認知，國內以阿里巴巴、敦煌網等為代表，國際以亞馬遜、易貝等為代表，作為服務商的 PayPal、中國郵政等是整個跨境電商產業鏈中的重要組成部分，但由於跨境電商涉及多個國家，物流、支付、信用、稅收、通關、檢驗等問題阻礙了跨境電

商的快速有序發展，同時跨境電商屬於交叉性學科，既有國際貿易的特點，又有電子商務的特點。因此，跨境電商人才除應具備紮實的國際貿易理論、政策與實務功底外，還應具備很強的跨境電商操作技能，而目前這類複合型人才缺口較大，以至於業界越來越多的企業在人才需求方面發出了這樣的聲音：招不到合適的跨境電商人才。為此，編者結合當前跨境電商人才對國際貿易、跨境電商平臺以及平臺操作技能等方面知識的需求，編寫了這本《中國跨境電商：政策與實務》教材。該教材將跨境電商的理論、政策和實際操作融為一體，具有「理實一體化」的特點。

  為了方便教學，本教材每章內容包括知識與能力目標、導入案例、本章內容、小知識、小案例、思考題及案例分析題。為使教師高效、便捷地使用本教材，編者同步建立了線上網絡資源。

  本教材由鄭州航空工業管理學院跨境電商課程組編寫，其中第一章、第二章、第三章由涂玉華編寫，第四章、第六章由何燕編寫，第五章、第七章由任改玲編寫，第八章、第九章由郭惠君編寫，第十章由陳曉燕編寫，第十一章由周明智編寫。

  由於編者時間和水準、經驗有限，本教材在內容、編排和格式等方面，難免有不妥之處，敬請同行和廣大讀者指正。

涂玉華

2020 年 3 月

目錄

1 / **第一章　跨境電商概述**
　第一節　跨境電商的定義與特徵 …………………………………… 2
　第二節　跨境電商的貿易方式 ……………………………………… 5
　第三節　中國跨境電商的發展歷史及現狀 ………………………… 8

17 / **第二章　跨境電商促進經濟發展的理論**
　第一節　跨境電商促進經濟發展的內在機理 ……………………… 18
　第二節　跨境電商促進經濟發展的外在機理 ……………………… 25

32 / **第三章　跨境電商的法律法規**
　第一節　《中華人民共和國電子商務法》的頒布及調整 ………… 33
　第二節　跨境電商通關監管模式 …………………………………… 38
　第三節　跨境電商的外匯及支付監管 ……………………………… 41
　第四節　跨境電商的稅收監管 ……………………………………… 45

51 / **第四章　跨境電商的選品與定價**
　第一節　跨境電商平臺的禁限售規則 ……………………………… 52
　第二節　跨境電商選品的思路和方法 ……………………………… 55
　第三節　跨境電商數據化選品的應用 ……………………………… 58
　第四節　產品定價 …………………………………………………… 67

73／第五章　跨境電商產品發布與管理
　　第一節　全球速賣通產品發布流程 …………………………… 74
　　第二節　亞馬遜產品發布流程 ………………………………… 81
　　第三節　跨境電商平臺產品管理 ……………………………… 87

95／第六章　跨境電商物流與通關
　　第一節　跨境電商物流概述 …………………………………… 96
　　第二節　跨境電商物流運作流程 ……………………………… 108
　　第三節　跨境物流的選擇與運費模板的設置 ………………… 117
　　第四節　跨境電商通關過程 …………………………………… 124

130／第七章　跨境電商支付
　　第一節　跨境電商支付渠道 …………………………………… 131
　　第二節　跨境電商支付方式 …………………………………… 135
　　第三節　跨境電商支付風險及控制 …………………………… 146

149／第八章　跨境電商營銷與推廣
　　第一節　跨境電商營銷和推廣的理論 ………………………… 149
　　第二節　站內營銷與推廣 ……………………………………… 151
　　第三節　站外營銷和推廣 ……………………………………… 154

165／第九章　跨境電商客戶服務
　　第一節　客戶服務概述 ………………………………………… 166
　　第二節　跨境電商客戶服務的工作範疇和技巧 ……………… 167
　　第三節　常見問題及郵件回覆模板 …………………………… 170

176／第十章　跨境電商數據分析
　　第一節　數據分析在跨境電商中的應用 ……………………… 177
　　第二節　跨境電商數據分析基礎知識 ………………………… 181
　　第三節　跨境電商數據分析流程 ……………………………… 194
　　第四節　第三方平臺數據分析工具 …………………………… 198

207／第十一章　跨境電商的知識產權問題
　　第一節　知識產權及主要相關法律保護 ……………………… 208

第二節　跨境電商知識產權侵權現狀與原因 ………………………… 219
第三節　跨境電商侵犯知識產權的種類及情形 ……………………… 221
第四節　跨境電商賣家被訴知識產權侵權的應對措施 ……………… 224
第五節　如何在發布產品時不侵犯別人的知識產權 ………………… 226
第六節　保護自身知識產權不受侵犯的措施 ………………………… 229
第七節　知識產權侵權案例 …………………………………………… 234

238/ 參考文獻

第一章

跨境電商概述

【知識與能力目標】

知識目標：
1. 掌握跨境電商的概念及特徵。
2. 掌握跨境電商的商業模式。

能力目標：
1. 瞭解跨境電商的發展歷程及現狀。
2. 瞭解跨境電商的發展優勢及目前存在的問題。

【導入案例】

全球跨境電商首個「超級獨角獸」誕生，估值超百億美元

跨境電商平臺「Wish」作為 2011 年成立的一家高科技獨角獸公司，於 8 月 2 日宣布獲 General Atlantic 投資的 H 輪 3 億美元融資，融資後估值 112 億美元。

Wish 計劃將本次融資用作市場營銷和營運資金，以擴大其在歐洲和北美的業務版圖並持續優化物流鏈路。最近，Wish 推出了本地化的「Wish Local」項目，計劃與本地實體零售商合作，消費者可在這些實體店內自提產品，使產品更貼近消費群，同時也能帶動實體店的流量。此舉將為消費者帶來更靈活、更便捷的購物體驗，而實體店也可以通過 Wish 所帶動的人流增加銷量。

2016 年 11 月，Wish 獲得 5 億美金的 E 輪融資，由 Temasek 等投資。2017 年 5 月，Wish 完成 F 輪融資，投資方為光際資本產業基金、淡馬錫、DST、Third Point Ventures、Founders Fund 等。F 輪融資額在 5 億美元左右，估值達 30 億~50 億美元。2017 年 9 月，Wish 完成了 G 輪 2.5 億美元融資，估值 87 億美元，投資方包括 Wellington Management 等。2019 年 8 月，Wish 獲 General Atlantic 領投的 H 輪 3 億美元融資，估值 112 億美元。2019 年上半年，美國、歐洲地區依然是 Wish 平臺最關鍵的兩大市場，美國市場的銷售額占平臺總銷售額的三分之一左右；以法國、德國、英國、義大利為代表的整個歐洲 GMV（成交總額）占比已經超過美國，成為 Wish 最大的地區市場；同時，巴

西作為新興市場的代表，銷售額也占到了平臺總銷售額的約5%，成為Wish全球前十大國家市場之一。

在重點品類方面，2019年上半年，時尚品類、興趣愛好、3C配件、家居用品、配件配飾類產品是銷售額最高的五大品類，其中，時尚品類銷售額占到上半年Wish平臺總銷售額的約五分之一。在核心項目方面，海外倉產品銷售額同比2018年上半年增加了25%以上（資料來源：網經社，電子商務研究中心，2019-08-02）。

問題思考：跨境電商平臺Wish發展迅速的原因是什麼？為何屢次獲得融資的機會？

第一節　跨境電商的定義與特徵

跨境電商作為一種新型的國際貿易方式，在當下成為中國整個社會的熱點，已經成為外貿乃至整體經濟發展的全新動力引擎。中國跨境電商的發展可以說是大勢所趨，2018年中國跨境電商交易規模達9萬億元，同比增長11.6%。其中，出口跨境電商規模達7.1萬億元，進口跨境電商規模達1.9萬億元。2018年包括B2B、B2C、C2C和O2O等模式在內的中國進口跨境電商交易規模達1.9萬億元，同比增長26.7%。隨著移動互聯網的普及與全球消費觀念的興起，用戶對高品質跨境電商的需求將進一步增加。

縱觀其運行軌跡，跨境電商在中國發展如此迅猛，主導要素包括：一是國際貿易自由化和便利化加快，「聯合國貿發組織」數據顯示，自2002年以來全球貿易的平均關稅降至約2%，貿易限制措施呈減少趨勢，約四分之三的國際貿易自由進行，中國進口商品多項稅收優惠將利好跨境電商，中國國務院總理李克強在國務院常務會議上提出了稅收調節方案，其中重點包括進口關稅、消費稅等調整意見；二是中國傳統外貿發展進入增長平緩期，受國際經濟環境復甦緩慢以及國內勞動力成本上漲因素制約，2014年傳統外貿同比增長3%左右，遠低於GDP增長水準和年初對外貿增長的預期，作為「三駕馬車」之一的外貿產業急需培育、產生新的驅動力量；三是剛性國際貿易需求在互聯網時代，尤其是在國內電子商務持續繁榮的情況下，為滿足現實市場特性而進行了自我的修復和再造，終促成跨境電商運作模式的逐漸成形；四是國務院頻發文力挺「互聯網+外貿」且陸續出抬扶持政策，以政府主導的態勢，通過試點帶動的舉措，引導跨境電商從市場化的無序發展狀態迅速轉入多樣化、規模化的快車道發展狀態。

2015年6月20日，國務院出抬了《關於促進跨境電子商務健康快速發展的指導意見》，強調促進跨境電商健康快速發展，用「互聯網+外貿」實現優進優出，有利於擴大消費、推動開放型經濟發展升級、打造新的經濟增長點。其明確了跨境電商的主要發展目標，特別是提出要培育一批公共平臺、外貿綜合服務企業和自建平臺，並鼓勵國內企業與境外電子商務企業強強聯合。跨境電商是「穩增長」與「互聯網+」兩個概念的結合，推動跨境電商的發展，將直接帶動中國物流配送、電子支付、電子認證、信息內容服務等現代服務業和相關製造業的發展，加快中國產業結構轉型升級的步伐。未來政府將不斷優化通關服務，逐步完善直購進口、網購保稅等新型通關監管模式，

打造符合跨境電商發展要求的「一帶一路」物流體系。2015年7月15日召開的國務院常務會議部署了六項促進外貿的具體措施，具體可歸結為減輕外貿企業負擔和提高通關效率兩個方面。特別是提高通關效率、支持外貿新型商業模式的建立，尤其利好跨境電商的發展。

一、跨境電商的含義

跨境電商是指分屬不同關境的交易主體，通過電子商務平臺達成交易，進行支付結算，並通過跨境物流送達商品，完成交易的一種國際商業活動，簡單地說，就是以電商方式進行的國際貿易（包括進口和出口），即跨境電商＝跨境+電子+商務活動＝國際+網絡+貿易＝網絡國際貿易。現行跨境電商成交商品，主要包括貨物、快件和郵件。

二、跨境電商的特徵

1. 全球性（Global forum）

網絡是一種沒有邊界的媒介體，具有全球性和非中心化的特徵。依附於網絡發生的跨境電商也因此具有了全球性和非中心化的特性。電子商務與傳統的交易方式相比，其中一個重要特點在於電子商務是一種無邊界交易，喪失了傳統交易具有的地理因素。互聯網用戶不需要考慮是否跨越國界就可以把產品尤其是高附加值產品和服務提交到市場。網絡的全球性特徵帶來的積極影響是信息的最大程度的共享，消極影響是用戶必須面臨因文化、政治和法律的不同而產生的風險。任何人只要具備了一定的技術手段，在任何時候、任何地方都可以讓信息進入網絡，相互聯繫進行交易。美國財政部在其財政報告中指出，對基於全球化的網絡建立起來的電子商務活動進行課稅是困難重重的，因為：電子商務是基於虛擬的電腦空間展開的，喪失了在傳統交易方式下的地理優勢；電子商務中的製造商容易隱匿其住所而消費者對製造商的住所是漠不關心的。比如，一家很小的愛爾蘭在線公司，通過一個可供世界各地的消費者點擊觀看的網頁，就可以通過互聯網銷售其產品和服務。只要消費者接入了互聯網，很難界定這一交易究竟是在哪個國家內發生的。

這種遠程交易的發展，給稅收當局製造了許多困難。稅收權力只能嚴格地在一國範圍內實施，網絡的這種特性給稅務機關對超越一國的在線交易行使稅收管轄權帶來了困難。而且互聯網有時扮演了代理仲介的角色。在傳統交易模式下往往需要一個有形的銷售網點的存在，例如，通過書店將書賣給讀者，而在線書店可以代替書店這個銷售網點直接完成整個交易。而問題是，稅務當局往往要依靠這些銷售網點獲取稅收所需要的基本信息、代扣代繳所得稅等。沒有這些銷售網點，稅收權力的行使也會發生困難。

2. 無形性（Intangible）

網絡的發展使數字化產品和服務的傳輸盛行。而數字化傳輸是通過不同類型的媒介，例如數據、聲音和圖像在全球化網絡環境中集中而進行的，這些媒介在網絡中是以計算機數據代碼的形式出現的，因而是無形的。以一封電子郵件信息的傳輸為例，這一信息首先要被服務器分解為數以百萬計的數據包，然後按照TCP/IP協議通過不同的網絡路徑傳輸到一個目的地服務器並重新組織轉發給接收人，整個過程都是在網絡中瞬間完成的。電子商務是數字化傳輸活動的一種特殊形式，其無形性的特性使得稅

務機關很難控制和檢查銷售商的交易活動,稅務機關面對的交易記錄都體現為數據代碼的形式,使得稅務核查員無法準確地計算銷售所得和利潤所得,從而給稅收管理帶來困難。

數字化產品和服務基於數字傳輸活動的特性也必然具有無形性,傳統交易以實物交易為主,而在電子商務中,無形產品卻可以替代實物成為交易的對象。以書籍為例,傳統的紙質書籍,其排版、印刷、銷售和購買被看作是產品的生產、銷售。然而在電子商務交易中,消費者只要購買網上的數據權便可以使用書中的知識和信息。而如何界定該交易的性質、如何監督、如何徵稅等一系列的問題卻給稅務和法律部門帶來了新的課題。

3. 匿名性(Anonymous)

由於跨境電商的非中心化和全球性的特性,因此很難識別電子商務用戶的身分和其所處的地理位置。在線交易的消費者往往不顯示自己的真實身分和自己的地理位置,重要的是這絲毫不影響交易的進行,網絡的匿名性也允許消費者這樣做。在虛擬社會裡,隱匿身分的便利性即導致自由與責任的不對稱。人們在這裡可以享受最大的自由,卻只承擔最小的責任,甚至乾脆逃避責任。這顯然給稅務機關製造了麻煩,稅務機關無法查明應當納稅的在線交易人的身分和地理位置,也就無法獲知納稅人的交易情況和應納稅額,更不要說去審計核實。該部分交易和納稅人在稅務機關的視野中隱身了,這對稅務機關是致命的。以 eBay 為例(eBay 是美國的一家網上拍賣公司,允許個人和商家拍賣任何物品),其已經擁有 1.5 億用戶,每天拍賣數以萬計的物品,總計營業額超過 800 億美元。

電子商務交易的匿名性導致了避稅現象的惡化,網絡的發展,降低了避稅成本,使電子商務避稅更輕鬆易行。電子商務交易的匿名性使得應納稅人利用避稅地聯機金融機構規避稅收監管成為可能。電子貨幣的廣泛使用,以及國際互聯網所提供的某些避稅地聯機銀行對客戶的「完全稅收保護」,使納稅人可將其源於世界各國的投資所得直接匯入避稅地聯機銀行,規避了應納所得稅。美國國內收入服務處(IRS)在其規模最大的一次審計調查中發現大量的居民納稅人通過離岸避稅地的金融機構隱藏了大量的應稅收入。而美國政府估計大約 3 萬億美元的資金因受避稅地聯機銀行的「完全稅收保護」而被藏匿在避稅地。

4. 即時性(Instantaneously)

對於網絡而言,傳輸的速度和地理距離無關。在傳統交易模式中,信息交流方式如信函、電報、傳真等,在信息的發送與接收的過程中,存在著長短不同的時間差。而電子商務中的信息交流,無論實際時空距離遠近,一方發送信息與另一方接收信息幾乎是同時的,就如同生活中面對面交談。某些數字化產品(音像製品、軟件等)的交易,還可以即時清結,訂貨、付款、交貨都可以在瞬間完成。

電子商務交易的即時性提高了人們交往和交易的效率,免去了傳統交易中的仲介環節,但也隱藏著法律危機。在稅收領域表現為:電子商務交易的即時性往往會導致交易活動的隨意性,電子商務主體的交易活動可能隨時開始、隨時終止、隨時變動,這就使得稅務機關難以掌握交易雙方的具體交易情況,不僅使得稅收的源泉扣繳的控管手段失靈,而且客觀上促成了納稅人不遵從稅法的隨意性,加之稅收領域現代化徵管技術的嚴重滯後,都使依法治稅變得蒼白無力。

5. 無紙化（Paperless）

電子商務主要採取無紙化操作的方式，這是以電子商務形式進行交易的主要特徵。在電子商務中，電子計算機通信記錄取代了一系列的紙面交易文件。用戶發送或接收電子信息。由於電子信息以比特的形式存在和傳送，整個信息發送和接收過程實現了無紙化。無紙化帶來的積極影響是使信息傳遞擺脫了紙張的限制，但由於傳統法律的許多規範是以規範「有紙交易」為出發點的，因此，無紙化帶來了一定程度上法律的混亂。

電子商務以數字合同、數字時間截取了傳統貿易中的書面合同、結算票據，削弱了稅務當局獲取跨國納稅人經營狀況和財務信息的能力，且電子商務所採用的其他保密措施也將增加稅務機關掌握納稅人財務信息的難度。在某些交易無據可查的情形下，跨國納稅人的申報額將會大大降低，應納稅所得額和所徵稅款都將少於實際所達到的數量，從而引起徵稅國國際稅收流失。例如，世界各國普遍開徵的傳統稅種之一的印花稅，其課稅對象為交易各方提供的書面憑證，課稅環節為各種法律合同、憑證的書立或做成，而在網絡交易無紙化的情況下，物質形態的合同、憑證形式已不復存在，因而印花稅的合同、憑證貼花（完成印花稅的繳納行為）便無從下手。

6. 快速演進（Rapidly evolving）

互聯網是一個新生事物，現階段它尚處在「幼年」時期，其網絡設施和相應的軟件協議的未來發展具有很大的不確定性。但稅法制定者必須考慮互聯網，像其他的「新生兒」一樣，必將以前所未有的速度和無法預知的方式不斷演進。基於互聯網的電子商務活動也處在瞬息萬變的過程中，短短的幾十年間電子交易經歷了從 EDI 到電子商務零售業的興起的過程，而數字化產品和服務更是花樣百出，不斷地改變著人類的生活。

而在一般情況下，各國為維護社會的穩定，都會注意保持法律的持續性與穩定性，稅收法律也不例外。這就會引起網絡的超速發展與稅收法律規範相對滯後的矛盾。如何將時刻都處在發展與變化中的網絡交易納入稅法的規範，是稅收領域的一個難題。網絡的發展不斷給稅務機關帶來新的挑戰，稅務政策的制定者和稅法立法機關應當密切注意網絡的發展，在制定稅務政策和稅法規範時充分考慮這一因素。

跨國電子商務具有不同於傳統貿易方式的諸多特點，而傳統的稅法制度卻是在傳統的貿易方式下產生的，必然會在電子商務貿易中漏洞百出。網絡既深刻地影響著人類社會，也給稅收法律規範帶來了前所未有的衝擊與挑戰。

第二節　跨境電商的貿易方式

隨著互聯網、物流網等基礎設施建設加快和移動互聯網、大數據、雲計算等技術的推動，跨境電子購物在全球範圍內快速發展。跨境電商從進出口方向分為出口跨境電商和進口跨境電商，從交易模式方面分為 B2B 跨境電商和 B2C 跨境電商。2013 年 E 貿易的提出，使跨境電商分為一般跨境電商和 E 貿易跨境電商。

一、跨境電商的出口貿易方式

跨境電商的出口貿易方式主要有企業對企業（B2B）、企業對個人（B2C）和個人對個人（C2C），B2B 模式是企業借助網絡發布商務信息，線下成交與通關，海關已將其納入一般貿易統計。跨境電商的出口貿易方式的產業鏈包括上游賣家、下游終端和中游渠道等，其中上游賣家包括生產製造商、品牌商，下游終端包括消費者，中游渠道包括平臺電商，即 B2B 平臺、B2C 平臺、信息服務平臺、開放平臺、交易平臺、自營平臺，以及自建電商網站等。物流服務主要分為三個環節：商品配送上門、國際物流、倉儲服務。目前如 UPS、DHL、中國郵政等大型物流供應商提供全產業鏈的物流配送服務，部分企業則只提供其中的一部分。跨境電商的出口貿易方式的平臺電商的主要代表企業包括亞馬遜、全球速賣通、敦煌網、eBay、Wish 等。DX、蘭亭集勢、大龍網則是自營平臺的主要代表。

二、跨境電商的進口貿易方式

艾媒諮詢的數據顯示，2016 年中國進出口跨境電商（含零售及 B2B）整體交易規模達到 6.3 萬億元。至 2018 年，中國進出口跨境電商整體交易規模達到 8.8 萬億元。近年來中國進口零售跨境電商平臺相繼成立，在激烈競爭中不斷提升用戶體驗，將推動中國進口零售跨境電商交易規模持續穩步增長，促使進口零售跨境電商在進出口跨境電商交易規模中的比重不斷提升。

在不考慮 B2B 方式的情況下，跨境電商的進口貿易方式主要有 B2C 和海外代購 C2C 兩種方式，2014 年被很多業內人士稱為跨境進口電商元年。這一年裡，傳統零售商、海內外電商巨頭、創業公司、物流服務商、供應鏈分銷商紛紛入局，跑馬圈地，各種跨境電商進口平臺應運而生。海關對進口跨境電商的監管模式分為兩種：一是直購進口模式，參考個人郵遞物品預繳稅費，與傳統快件分區快速核放，所購物品入境時自動扣繳稅費，實現快速通關；二是保稅進口模式，電商平臺和海關聯網，國內消費者跨境網購後，電商平臺將電子訂單、支付憑證、電子運單等即時傳輸給海關，商品通過跨境電商專門監管場所入境，按照個人郵遞物品徵稅。隨著保稅進口模式的推廣，在產品質量保障、成本控制、電商企業拓展業務增長點等因素的推動下，B2C 貿易方式逐漸演變出電商向國外生產或者貿易企業商務採購先行運抵國內保稅倉儲，在此期間由網站售賣生成訂單並從保稅倉內分包發至終端國內消費者，也就形成了「國外企業對電商企業對個人的『B2B2C』模式」，此時電商企業類似一併扮演了傳統貿易模式中的國內收貨方及經營方角色。以下為進口跨境電商的幾種模式：

1. 模式一：「保稅進口+海外直郵」模式

天貓國際是「保稅進口+海外直郵」模式的典型代表，天貓國際在跨境這方面通過和自貿區的合作，在各地保稅物流中心建立了各自的跨境物流倉。它在寧波、上海、重慶、杭州、鄭州、廣州等城市試點跨境電商貿易保稅區、產業園簽約跨境合作，全面鋪設跨境網點。天貓國際規避了基本法律風險，同時獲得了法律保障，壓縮了消費者從訂單到接貨的時間，提高了海外直發服務的便捷性，使得跨境業務在「灰色地帶」打開了「光明之門」。這種模式可以大幅降低物流成本，提高物流效率，給中國消費者帶來更具價格優勢的海外商品。

2. 模式二：「自營+招商」模式

蘇寧海外購是「自營+招商」模式的典型代表。「自營+招商」模式就相當於發揮最大的企業內在優勢，在內在優勢缺乏或比較弱的方面就採取外來招商以彌補自身不足。蘇寧選擇該模式，結合了它的自身現狀，在傳統電商方面發揮它供應鏈、資金鏈的內在優勢，同時通過全球招商來彌補其在國際商用資源上的不足。蘇寧如能利用好國際快遞牌照的優勢建立完善的海外流通體系、充分利用自有的支付工具以及眾多門店的優勢，則進軍跨境電商市場的前景就更加值得期待。

3. 模式三：「自營而非純平臺」模式

京東海外購是「自營而非純平臺」模式的典型代表，京東海外購在2012年年底時上線了英文版，直接面向海外買家出售商品。直到2014年年初，劉強東宣布京東國際化提升，採用自營而非純平臺的方式，京東海外購是京東海淘業務的主要方向。京東控制所有的產品品質，確保發出的包裹能夠得到消費者的信賴。京東海外購從目前來看已經佈局，仍在等待未來進一步的發力。京東海外購並不是走全品類路線，而是根據京東會員需求來進行佈局。

4. 模式四：「直營+保稅區」模式

聚美海外購是「直營+保稅區」模式的典型代表。「直營+保稅區」模式就是跨境電商企業將直接參與到採購、物流、倉儲等海外商品的買賣流程。對物流監控、支付體系都有自己的一套體系。聚美做海淘有三大優勢：一是用戶優勢（黏性、消費習慣、消費能力、高購買頻率），二是品類優勢（體積小、毛利率高、保質期久、倉儲物流成本低），三是品牌優勢（上市公司、資本、品牌商整合）。

5. 模式五：「海外商品閃購+直購保稅」模式

唯品會「全球特賣」是「海外商品閃購+直購保稅」模式的典型代表。2014年9月，唯品會的「全球特賣」頻道亮相網站首頁，同時開通首個正規海外快件進口的「全球特賣」業務。唯品會「全球特賣」業務全程採用海關管理模式中級別最高的「三單對接」標準，「三單對接」實現了將消費者下單信息自動生成用於海關核查備案的訂單、運單及支付單，並即時同步給電商平臺供貨方、物流轉運方、信用支付系統三方，形成了四位一體的閉合全鏈條管理體系。相較於以往海淘的反覆跟單、繳稅等困擾，唯品會的跨境電商模式讓產品與服務更加陽光化、透明化。

6. 模式六：「自營跨境B2C平臺」模式

亞馬遜海外購、順豐海淘是「自營跨境B2C平臺」模式的典型代表。亞馬遜在上海自貿區設立倉庫，以自貿模式（保稅備貨），將商品銷往中國。海外電商在中國的保稅區內自建倉庫的模式，可以極大地改善跨境網購的速度體驗，因此備受電商期待。「順豐海淘」提供商品詳情漢化、人民幣支付、中文客服團隊支持等服務，提供一鍵下單等流暢體驗。目前上線的商品鎖定在母嬰、食品、生活用品等品類。貨物可在5個工作日左右送達。保稅進口模式在備貨時占用的資金量大，對組織貨源的要求高，對用戶需求判斷的要求高。此外，這類模式還會受到行業政策變動的影響。

7. 模式七：「三直」模式

洋碼頭是「三直」（直銷、直購、直郵）的模式的典型代表。洋碼頭是一家面向中國消費者的跨境電商第三方交易平臺。該平臺上的賣家可以分為兩類：一類是個人賣家，模式是C2C；另一類是商戶，模式就是M2C。它幫助國外的零售產業跟中國消

費者對接，具體來說就是海外零售商應該直銷給中國消費者，中國消費者應該直購，中間的物流是直郵。三個「直」即直銷、直購、直郵。洋碼頭作為跨境電商的先行者，向第三方賣家開放，因此也面臨著與亞馬遜、京東、蘇寧等電商的正面較量。洋碼頭想要立足，還是要在海外供應商、產品體驗、用戶體驗以及物流方面下足功夫。

8. 模式八：「垂直型自營跨境B2C平臺」模式

蜜芽寶貝是「垂直型自營跨境B2C平臺」模式的典型代表。垂直自營跨境B2C平臺是指，平臺在選擇自營品類時會集中於某個特定的領域，如美妝、服裝、化妝品、母嬰等。這類跨境電商平臺因其自營性，供應鏈管理能力相對比較強，從採購到用戶手中的整個流程比較好自己把控。但值得注意的是前期需要比較大的資金支持。

9. 模式九：「導購返利平臺」模式

55海淘網是「導購返利平臺」模式的典型代表。55海淘網是針對國內消費者進行海外網購的返利網站，其返利商家主要來自美國、英國、德國等國的B2C、C2C網站，如亞馬遜、eBay等。返利比例在2%～10%不等，商品覆蓋母嬰、美妝、服飾、食品等綜合品類。導購返利模式是一種比較輕的電子商務模式，技術門檻也相對較低。可以分為引流與商品交易兩部分。這就要求企業在B端與境外電商建立合作，在C端從用戶中獲取流量。從目前來看，55海淘網在返利額度上有一定優勢，但在與商家合作方面的特色還未完全體現出來。

10. 模式十：「跨境C2C平臺」模式

淘寶網全球購是「跨境C2C平臺」模式的典型代表。全球購於2007年建立，是淘寶網奢侈品牌的時尚中心，幫助會員實現「足不出戶，淘遍全球」的目標。全球購期望通過嚴格審核每一位賣家，精挑細選每一件商品，為淘寶網的高端用戶提供服務。淘寶全球購是國內第一批代購網站，走跨境C2C平臺路線。它的缺點是一方面對跨境供應鏈的涉入較淺，難以建立充分的競爭優勢，另一方面在消費者的信任度方面也比較欠缺。

三、E貿易跨境電商

基於保稅中心，以跨境、郵件為物流配送方式，且按照行郵徵收管理辦法來管理的、服務於現代新型跨境貿易電子商務的綜合流服務方案，稱為「E貿易」。E貿易作為全國第一個綜合類跨境電商試點和引爆全球的顛覆性商業模式，解決了清關難、結匯難、退稅難的「三難」問題，打造了一次申報、一次查驗、一次放行的「三個一」服務平臺，引導跨境電商歸入「陽光渠道」。2012年9月12日，國家從30個電子商務示範城市中甄選出「跨境貿易電子商務服務」試點城市。上海、杭州、鄭州、寧波、重慶一同成為跨境貿易國家五個試點城市，同時，鄭州還成為全國唯一的一個綜合性「E貿易」試點。

第三節　中國跨境電商的發展歷史及現狀

跨境電商的發展，也可理解為外貿電子商務的發展歷程，如果追溯歷史，在中國電子商務發展的初期，其最早是從金關工程開始的。十幾年來，其經過了網上黃頁模式、網上交易模式，發展到了現在的外貿綜合服務模式，政府出抬了一系列的優惠政策來鼓勵其發展。

一、中國跨境電商的發展歷史

(一)「金關工程」(20世紀90年代)

1993年國務院提出實施金關工程，2001年該工程正式啓動。金關工程的目標是要建設現代化的外貿電子信息網，將在海關、商檢、外經貿、金融、外匯管理和稅務等部門實現計算機聯網，用EDI方式進行無紙貿易，全面實現國家進出口貿易業務的計算機化。金關工程留下來的機構和成果中，最突出的是海關的中國電子口岸、商務部國際電子商務中心以及阿里巴巴。

1. 中國電子口岸

中國電子口岸是金關工程的重要組成部分，是在1998年亞洲金融危機期間，為打擊走私和騙匯活動緊急籌建，隨後逐步發展起來的。商檢局、金融辦、海關總署等12個部委牽頭建立中國電子口岸，借助國家電信公網，將外經貿、海關、工商、稅務、外匯、運輸等部門的進出口業務信息流、資金流、貨物流的電子數據，集中存放在一個公共數據中心，企業可以上網辦理報關、出口退稅、核銷、轉關等進出口手續。

2. 中國國際電子商務中心（CIECC）

中國國際電子商務中心成立於1996年，其使命是建立國家「外經貿專用網」，是商務部信息化建設執行機構和技術支撐單位，肩負著推動中國電子商務發展與應用、電子商務國際合作與交流的重任。

3. 阿里巴巴

1997年，馬雲帶領團隊在北京開發了外經貿部官方網站、網上中國商品交易市場、網上中國技術出口交易會、中國招商、網上廣交會、中國外經貿等一系列國家級網站。在為中國國際電子商務中心做解決方案時，他逐漸有了建立國際電子商務網站的想法。1999年，馬雲帶領18位創始人在杭州正式成立了阿里巴巴，創立了阿里巴巴國際交易市場，成為全球領先的小企業電子商務平臺，幫助全球小企業拓展海外市場。

(二) 網上黃頁模式發展階段（21世紀初期）

隨著互聯網興起，有人將傳統的紙質黃頁搬到了網上，也就是網絡黃頁。21世紀初，中國電子商務邁入發展階段，越來越多的企業意識到網絡的優勢和利益，網絡黃頁成為繼網站建設和搜索引擎後，當時企業應用網絡的第三大熱點，網絡黃頁有幫助企業建站和上網功能，又有網絡營銷和業務推廣功能，極大地降低了中小企業業務營運成本，提供了與大企業平等競爭的機會，成為廣大中小企業的優先選擇，網絡黃頁網站飛速發展起來。當時的網絡黃頁可分為三種形式：①電信部門推出的黃頁，如中國電信黃頁、網通黃頁、鐵通黃頁等；②各大門戶網站推出的黃頁，如新浪黃頁、搜狐黃頁、網易黃頁；③專業的網絡黃頁服務機構，如全球黃頁、經貿大黃頁、網庫黃頁。對外貿企業來說，網絡黃頁推廣主要是加入面向全球市場的國家級和世界級黃頁目錄以及在目標市場的網絡黃頁上做廣告。

隨著中國互聯網普及，特別是在阿里巴巴成立後，這種黃頁式國際電子商務服務成為一種流行的模式。當時很多做外貿的網站，如全球資源、中國製造網、全球市場、慧聰網、ECVV等，基本上都是網上黃頁的模式。競價排名、增值服務、廣告、線下服

務就是服務商的賺錢方法，我們稱之為 B2B 電子商務的 1.0 時代。

（三）網上交易模式發展階段（2006 年以後）

2006 年中國電子商務交易額突破萬億元大關。該年 11 月國家郵政與阿里巴巴簽訂電子商務戰略合作框架協議，雙方在電子商務信息流、資金流、物流方面達成長期戰略合作夥伴關係。在信息流和資金流的電子化之後，物流電子化逐步成為現實，電子商務也由城市逐漸滲透到農村，這些都預示著電子商務 2.0 時代的到來。

2008 年是中國經濟和電子商務發展歷程中的轉折年。電子商務 1.0 時代步入尾聲，電子商務 2.0 時代拉開帷幕。在電子商務的 1.0 時代，平臺服務商的主要盈利來源是信息費、推廣費、廣告服務。而在電子商務的 2.0 時代，盈利模式已轉向交易佣金、互聯網金融和網絡配套服務等方面。在電子商務 2.0 時代，企業做跨境電商，有兩種途徑：一是平臺電商模式，可以在第三方平臺上建立網店門戶，目前在中國知名的跨境電商平臺有亞馬遜、eBay、全球速賣通、敦煌網等；二是獨立電商模式，可以構建自己的品牌，搭建自己的網站並推廣，做獨立電商，如蘭亭集勢、大龍網等。

（四）外貿綜合服務平臺模式發展階段（2010 年以後）

2010 年 11 月，阿里巴巴收購深圳達通，形成了從「外貿資訊」到「外貿交易」一站式外貿服務鏈條。此外，典型的外貿綜合服務平臺還有寧波世貿通等，為客戶提供包括融資、運輸、保險、倉儲、外貿單證製作、報關、報檢、口岸通關、核銷、退稅等一體化的外貿操作服務。近年來，中國外貿進出口遭遇寒流，呈現逐步回落的態勢。國務院於 2013 年 7 月出抬促進外貿發展，提高外貿便利化水準的「國六條」，支持外貿綜合服務企業的發展，為中小企業出口提供融資、通關、退稅、物流、保險等外貿服務。外貿綜合服務平臺的興起，是中國外貿業務模式的創新。外貿綜合服務企業通過提供進出口環節的相關服務，降低了中小外貿企業的經營成本，對促進外貿轉型具有一定的積極意義。

二、中國跨境電商的發展現狀

近年來，隨著全球人均購買力的增強、互聯網普及率的提升、第三方支付軟件的進一步成熟、物流等配套設施的完善，網絡購物已經成為全球興起的消費習慣。而跨境電商通過搭建一個自由、開放、通用、普惠的全球貿易平臺，並通過互聯網實現了全世界的連接，未來隨著跨境電商不斷取代傳統貿易市場，有望成為全球貿易的主要形式。

（一）跨境電商發展總體情況

1. 跨境電商發展空間巨大

跨境電商的快速增長主要取決於對傳統貿易市場的替代，中國跨境電商滲透率逐漸提升，未來發展空間巨大。根據中國海關最新數據，2017 年中國進出口貿易總額達 27.79 萬億元，同比增長 14%，為六年來首次實現雙位數增長。而根據艾瑞諮詢最新數據，中國 2017 年電商交易額達到 7.6 萬億元，同比增長 20.6%（如圖 1-1 所示），增速遠高於傳統進出口貿易，滲透率達 27.35%（如圖 1-2 所示）。根據此前阿里的數據

測算，2020年中國跨境電商交易額將達到12萬億元，三年復合增長率為16.44%，滲透率達37.6%，未來跨境電商發展的市場空間巨大。

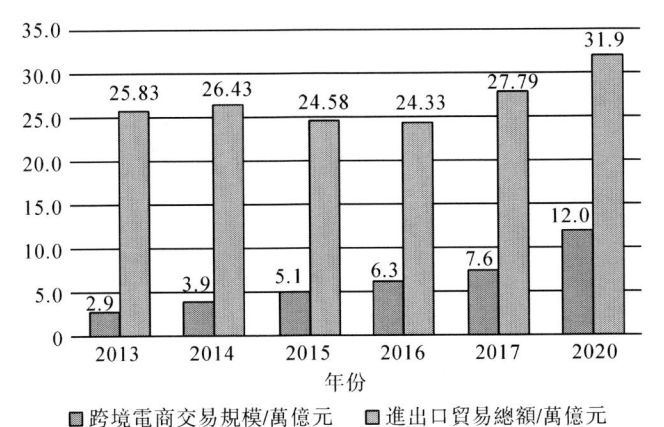

图1-1 中國跨境電商交易額保持高速增長

（數據來源：根據公開資料整理）

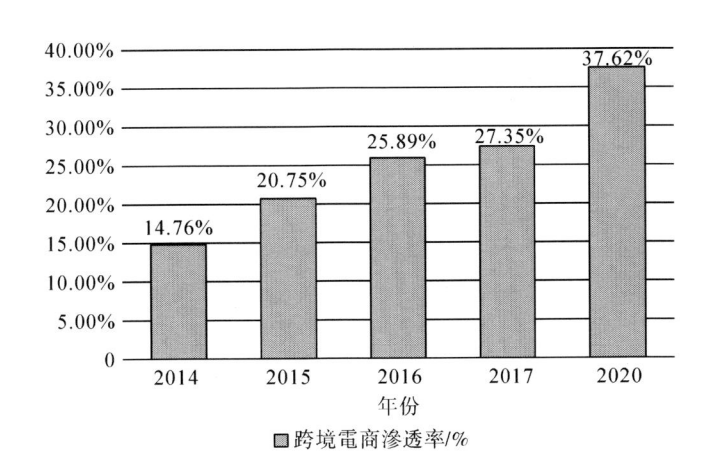

图1-2 中國跨境電商滲透率

（數據來源：根據公開資料整理）

出口跨境電商是中國當前跨境電商的主體，進口電商占比不斷提高。由於中國製造業在成本及規模上具有較大優勢，同時受到一帶一路政策及資本市場的推動，中國目前跨境電商主要以出口為主。根據海關總署與艾瑞諮詢的統計數據，2016年，在中國跨境電商交易額中，出口、進口的比例為82%、18%，其中出口交易規模達5.5萬億元，同比增長22.3%，滲透率接近40%；進口交易額達1.2萬億元，同比增長33.3%，滲透率為11%。預計2020年，中國進出口跨境電商將繼續保持較快增速，出口、進口復合增長率分別為13.1%、35.7%，隨著進口電商的高速增長，2020年進口電商占比有望達到25%，如图1-3至图1-5所示。

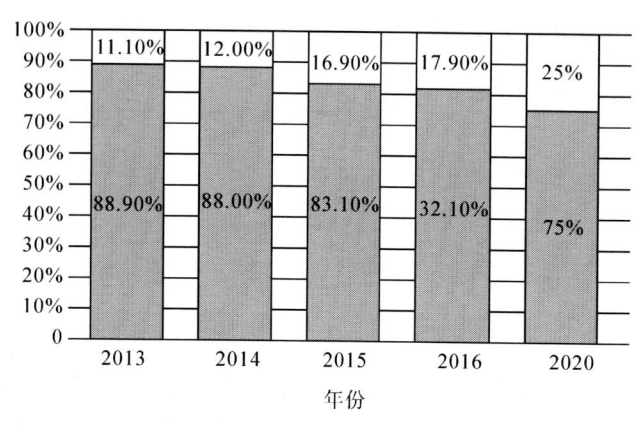

图1-3 中國跨境電商進出口交易額占比情況及預測

（數據來源：根據公開資料整理）

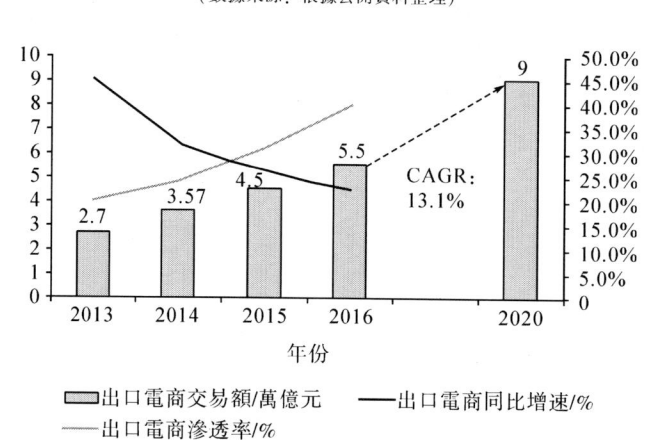

圖1-4 中國出口電商交易額情況及預測

（數據來源：根據公開資料整理）

2. B2C 進入快速發展的黃金期

跨境電商主要是指分屬不同關境的交易主體，通過電子商務平臺達成交易、進行支付結算，並通過跨境物流送達商品、完成交易的一種國際商業活動。按交易類型來看，跨境電商主要分為 B2B、B2C、C2C 等，其中 B2C、C2C 都是面向最終消費者，因此也稱為跨境網絡零售。從經營主體來看，跨境電商主要分為平臺型、自營型（如表1-1所示）與混合型（平臺+自營），其中平臺型電商的收入來源主要為抽取佣金和廣告費的形式，而自營型電商則依靠產品的買賣價差獲利。

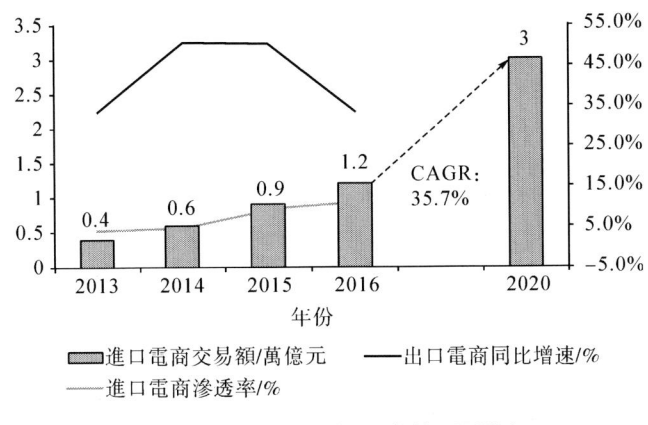

图 1-5　中國進口電商交易額情況及預測

(數據來源：根據公開資料整理)

表 1-1　中國主要跨境電商經營模式及分類

經營模式	平臺型	自營型
跨境 B2B（出口）	阿里巴巴國際站、中國製造網、環球資源網、敦煌網	
跨境 B2B（進口）	1688.com、海帶網	
跨境電商零售（出口）	全球速賣通、eBay、亞馬遜、Wish	蘭亭集勢、DX、米蘭網
跨境電商零售（進口）	天貓國際、淘寶全球購、洋碼頭	網易考拉、京東全球購、聚美優品、小紅書

數據來源：根據公開資料整理。

中國跨境電商仍以 B2B 為主，B2C 發展迅速。從中國電子商務研究院的數據來看，2016 年在中國跨境電商的交易模式中 B2B 占比達 88.7%，B2C 交易占比為 11.3%。從交易結構上來看，由於中國 B2B 電商出現較早，目前市場還以 B2B 為主，但隨著訂單碎片化以及跨境電商品牌在海外消費市場的逐漸建立，交易結構正逐漸從企業向直接賣給消費者轉換，B2C 市場交易占比逐年快速提升。

平臺型格局基本穩定，自營型百花齊放。從出口零售型跨境電商來看，平臺型跨境電商市場格局基本穩定，目前亞馬遜、全球速賣通、eBay、Wish 等大平臺憑藉著規模與先發優勢，占據著較大的市場規模，例如亞馬遜 2017 年的收入規模已達千億級別。而自營型跨境電商則依託於差異化產品，行業呈現出百花齊放趨勢，細分領域龍頭得到快速發展，主要代表為環球易購、蘭亭集勢、有棵樹等。

3. 海外倉提升跨境效率，稅收影響逐漸吸收

（1）物流是跨境電商流程中最重要的一部分，選擇合適的物流方式，不僅可以節省成本，還可以極大地提升客戶體驗。目前，中國跨境電商企業所採用的物流方式主要分為四種：郵政物流模式、國際商業快遞模式、專線物流模式以及海外倉模式。根據海貓跨境編委會的不完全統計，中國出口的跨境電商中 70% 的包裹是由郵政系統投遞的，中國郵政占據 50% 左右。具體來看：

郵政物流：郵政物流遍布全球，比其他任何跨境物流方式都要廣。其中郵政小包

的跨境電商占比在70％以上。雖然郵政小包價格便宜，但是無法享受出口退稅，時效較慢，同時對貨物大小有嚴格的要求。

國際商業快遞：是指在兩個或兩個以上的國家或地區之間所進行的快遞、物流業務。目前國際快遞業主要有DHL、UPS、FedEx、TNT四大巨頭。國際快遞的時效快但成本高，對於高價值、體積小的產品比較適用。

專線物流：又稱貨櫃專線，跨境專線物流一般通過海運、航空包倉等方式將貨物運輸到國外，再通過合作公司進行目的國的派送。專線物流，能夠集中大批量發往某一國家或地區的貨物，通過規模效應降低成本。一般專線物流都是雙清包稅，收件人不用擔心清關問題。

海外倉：是指賣家在銷售目的地進行貨物倉儲、分揀、包裝和派送的一站式管控與管理服務。一般運輸流程包括頭程運輸、倉儲管理、本土配送、信息更新四大部分。海外倉提高了整體派送時效，方便退換貨，具有售後保障，物流體驗最好。

（2）隨著全球買家對跨境電商購物體驗的品質要求逐漸提高，海外倉模式逐漸成為企業成長核心。目前主流的物流方式普遍存在配送慢、清關慢、易丟包、退換難等核心問題。而海外倉通過海外提前備貨的形式，一方面縮短了配送時間，提升了客戶滿意度，有助於擴大產品銷量；另一方面，有助於企業實現本地化，提供完善的售後服務，實現退換貨與本地維修，極大地提升海外買家的購物體驗。此外，通過自建海外倉儲系統，可以實現高效自動化管理，極大地提升跨境電商的銷售效率與庫存週轉能力。但是由於建立自動化立體倉庫，前期投入資金成本相對較大，一般只有具備技術與規模優勢的大型跨境龍頭企業才具備自建能力，因此海外倉能力逐漸成為跨境電商巨頭的核心競爭優勢，並借此築起了較高的行業龍頭壁壘。

（3）中國不斷出抬政策鼓勵企業通過互聯網形式進行跨國貿易，隨著近年來中國出口額度大幅下滑，政策更加向出口傾斜，在通關、匯兌、稅收等領域實現便利化，跨境電商可先發貨再集中報關並享受退稅。同時海外倉作為出口貨物的集貨和中轉樞紐，近年來多次被政策推上了風口浪尖。自2014年發布的《關於支持外貿穩定增長的若干意見》開始，國務院在後續的跨境電商政策文件中均談及海外倉建設。2015年，《「互聯網+流通」行動計劃》指出將推動建設100個電子商務海外倉。2016年，李克強總理在政府工作報告中明確強調「擴大跨境電商試點」，支持企業建設一批出口產品海外倉，促進外貿綜合服務企業發展。

（4）由於中國跨境電商通常採用郵政小包的方式，一般可以通過低價申報豁免增值稅。2016年，英國正式出抬VAT法規，要求在6月30日前，亞馬遜平臺賣家提供VAT稅號，且追繳之前漏掉的稅款，否則將關閉其亞馬遜帳號。此外2017年12月，歐盟正式通過跨境電商VAT新規，取消了原本22元的免稅額。中國使用第三方平臺型的跨境電商企業迎來了恐慌，大批違規帳號關閉，郵政小包的優勢逐漸被稀釋。此外，隨著跨境電商在全球範圍內規模化興起，為了保護本土零售企業發展，同時獲得巨額稅收紅利，海外部分國家也即將提出新的跨境電商稅收政策。

（二）跨境電商行業發展狀況

中國跨境電商行業當前體現出三個特徵：跨境電商交易規模持續擴大，在中國進出口貿易中所占比重越來越高；跨境電商以出口業務為主，出口跨境電商有望延續快

速發展態勢；跨境電商以 B2B 業務為主，B2C 跨境模式逐漸興起且有擴大的趨勢。同時，國家政策對跨境電商的扶持力度大幅提高，體現出其作為發展催化劑的重要作用，這為跨境電商未來的發展提供了必要的內生性動力。

1. 跨境電商交易規模持續擴大，占進出口貿易額比例不斷提高

當前世界貿易增速趨於收斂，為開拓市場、提高效益，越來越多的商家開始著力於減少流通環節、降低流通成本、拉近與國外消費者的距離，而跨境電商正為此提供了有利的渠道。2012 年，中國外貿進出口超過美國，成為世界進出口貿易規模最大的國家。同時跨境電商貿易也快速增長。2014 年，中國跨境電商交易規模為 4.2 萬億元，增長率為 35.48%，占進出口貿易總額的 15.89%。跨境電商平臺企業超過 5,000 家，境內通過各類平臺開展跨境電商的企業超過 20 萬家。商務部測算，2016 年中國跨境電商交易規模將從 2008 年的 0.8 萬億元增長到 6.5 萬億元，占整個外貿規模的 19%，年均增速快 30%。

2. 從進出口結構來看，出口跨境電商有望延續快速發展態勢

中國跨境電商出口占比近九成。從 2014 年中國跨境電商的進出口結構來看，2014 年中國跨境電商中出口占比達到 86.7%，進口占比 13.3%。預計未來幾年跨境電商進口的份額占比將逐步升高，隨著網購市場的逐步開放以及消費者網購習慣的形成，未來進口電商仍有很大的發展空間，占比也將逐步提升，尤其是以海淘為代表的境外購物方式正受到越來越多的國內消費者的青睞，所以跨境電商進口份額占比將會保持相對平穩緩慢的提升。

在跨境電商出口方面，出口電商零售部分近幾年規模成長很快，2013 年出口電商零售交易額已達 240 億美元，同比增長 60%，而第三方跨境平臺類近年來憑藉低門檻、廣覆蓋的特點迅速壯大，其中阿里巴巴的全球速賣通已成為全球最大的跨境交易平臺，而 eBay、亞馬遜也在借助自身的平臺優勢將國內產品銷售給海外消費者。隨著物流配套的持續升級尤其是海外倉模式的興起，出口電商在品類與區域擴張上正在加快，而整個支付體系的進一步打通也將有助於跨境購物的便利化與安全化，促進跨境支付業務迎來實質性發展。

3. 從業務模式來看，跨境電商以 B2B 業務為主，B2C 跨境模式逐漸興起

跨境電商按照營運模式可分為跨境 B2B 和跨境零售（B2C、C2C）。其中，外貿 B2B 在跨境電商中居於主導地位，以阿里巴巴與環球資源為代表的 B2B 模式主要以信息與廣告發布為主，憑藉收取會員費和營銷推廣費盈利。這是因為外貿 B2B 單筆交易金額較大，大多數訂單需要進行多次磋商才能達成協議，同時長期穩定的訂單較多，一般只在線上進行貿易信息的發布與搜索，最終交易在線下完成。

而零售跨境電商直面終端客戶，目前在跨境電商中比重較低。從 2014 年中國跨境電商的交易模式來看，跨境電商 B2B 交易占比達到 92.4%，占據絕對優勢，預計 2017 年中國跨境電商中 B2B 交易占比仍將達到 89% 左右。截至 2014 年，中國中小企業 B2B 電子商務營收規模約為 234.5 億元，同比增長 32%。

（三）行業未來發展趨勢

1. 跨境電商將在進出口貿易中占據更加重要的地位

在經濟全球化趨勢下，伴隨著世界經濟的發展，國際人均購買力不斷增強。同時，

網絡普及率提升，物流水準進步，網絡支付環境也得到了長足的改善。這些因素都將有力地促進跨境貿易特別是跨境電商交易的發展。根據之前艾瑞的預測，2017年中國跨境電商規模將達8萬億元，復合增速達26%，行業仍將處於快速增長階段。

2. 跨境電商進口業務比重將提升

當前中國跨境電商貿易以出口業務為主，2014年出口業務占比達86.7%，而進口比重僅為13.3%。隨著國內市場對海外商品需求的增長，跨境電商進口比重將逐步上升，跨境電商中的進出口業務結構將會有一個明顯的改變。

3. 多批次、小批量的外貿訂單需求將不斷提升

一直以來，由於B2B業務單筆交易金額大、長期穩定訂單多，中國外貿B2B業務在跨境電商中居於主導地位。但自金融危機以來，國外企業受制於市場需求乏力和資金限制等問題，未來B2B業務的比重將逐漸下降。而與此同時，個人的購買力相對持續穩定，而網絡和物流的發展也為B2C業務創造了條件。因此，多批次、小批量的外貿訂單需求將進一步提高，並成為促進跨境電商發展的重要基礎動力。

【小知識】
A股、港股、美股電商概念股播報，其中：
①B2B類：國聯股份、卓爾智聯、生意寶、焦點科技、上海鋼聯、慧聰集團、科通芯城、ST冠福等。
②B2C類：拼多多、如涵、雲集、藥網跌超、寶尊電商、寺庫、聚美優品、蘑菇街、阿里巴巴、京東、唯品會、蘇寧易購、國美零售、南極電商、小米集團-W、寶寶樹集團、團車網、趣店、樂信、三只松鼠、什麼值得買、微盟集團、歌力思等。
③跨境類：華鼎股份、新維國際、跨境通、廣博股份、天澤信息、聯絡互動、蘭亭集勢等。
④O2O類：途牛、無憂英語、新氧、攜程網、58同城、前程無憂、房天下、阿里影業、阿里健康、平安好醫生、齊屹科技、美團點評-W、同程藝龍、瑞辛咖啡、跟誰學、貓眼娛樂、新東方在線等。
⑤物流類：順豐控股、圓通速遞、申通快遞、韻達股份、德邦股份、中通快遞、百世集團等。
⑥金融類：眾安在線、易鑫集團、宜人貸、拍拍貸、簡普科技、和信貸、信而富等。

【小案例】
中歐班列（鄭州）開通首條跨境電商專線，貨銷歐洲28個國家

2019年3月2日，中歐班列（鄭州）首條跨境電商「菜鳥號」專線在鄭州國際陸港開行。該專線由此駛向比利時列日，每週運行四次。此次開通的專線由鄭州國際陸港聯合中國物流網絡巨頭菜鳥、中外運等企業共同營運。該線路亦是中國中部地區開通的首條跨境電商商品物流專線。菜鳥總經理趙劍表示，「歐洲是中國電商的重要市場，為幫助中小企業連接中歐，菜鳥已開通有『杭州—列日』的電商洲際空運航線。通過中歐班列的常態化營運，將進一步拓展歐洲物流線路，為中小企業提供多元化的解決方案」。當日，鄭州市官方與海關及營運方還為此專線舉行了首發儀式。儀式上，比利時駐上海總領事館領事司馬凡儒指出，「此線路豐富了中國與歐洲多國的貿易市場」。在中歐班列抵達列日後，菜鳥將聯合在全歐的數十個合作夥伴將貨物送至波蘭、法國、捷克等28個國家。據鄭州國際陸港官方介紹，從2013年首班開行以來，中歐班列（鄭州）累計已開行1,800餘班，形成了多口岸、多線路的國際網絡佈局。跨境電商專線的開通，將助推鄭州打造全球物流數字化營運中心，帶動「一帶一路」倡議的沿線國家物流新格局的形成（資料來源：雨果網，2019-03-02）。

思考題：

1. 跨境電商的概念及特徵是什麼？
2. 跨境電商的商業模式有哪些？
3. 跨境電商的發展優勢是什麼？

第二章 跨境電商促進經濟發展的理論

【知識與能力目標】

知識目標：
1. 掌握跨境電商促進經濟發展的內在機理。
2. 掌握跨境電商促進經濟發展的外在機理。

能力目標：
1. 理解跨境電商對生產和流通的促進作用。
2. 理解跨境電商帶動相關產業發展，優化產業結構的作用。

【導入案例】

平湖跨境電商小鎮將打造成行業內的「中國第一鎮」

跨境電商產業要做到「中國看深圳、深圳看平湖」，就要將平湖的跨境電商小鎮打造成行業內的「中國第一鎮」。深圳市茂雄實業有限公司主營安全食品及蔬菜等農產品業務。經過多年的發展，其已成為華南地區發展最為迅速的農產品經營企業之一。該公司擬建一個現代農業產業園和可追溯食品安全產業園，打造深圳乃至全國規模最大的標準化、自動化生產線，但目前面臨生產用地緊缺的問題。

「平湖的優勢產業是電商、冷鏈、物流集散，在金融產業方面也將加快發展步伐，茂雄可以用好這些優勢安心地發展壯大自己。」區長戴斌指出，企業可將總部落地龍崗，將種植基地安在周邊，在保障食品安全的同時，還可以由政府牽線與龍崗區對口幫扶的貧困地區開展合作，從而一舉多得。

據瞭解，截至2018年年底，平湖街道共有跨境電商企業300多家，其中全國跨境電商行業排名前10的企業有4家，主要分佈在華南城園區。在近期省發改委批覆的龍崗產城融合示範區總體方案中，提出打造平湖金融基地等6個綜合單元和上木古電商小鎮等10個特色小鎮。2019年，上木古跨境電商小鎮「一心、兩節點、三軸、多片區」的概念規劃已初步完成，規劃範圍面積約1.59平方千米。該鎮計劃利用現有資源和優勢，爭取將上木古跨境電商小鎮建成該領域在全國的樣板基地。

戴斌指出，區、街道接下來要認真做好規劃，做好全產業鏈、全生態鏈的打造，研究規劃好配套產業。此外，相關部門要提前出抬全方位的指導政策，從長遠發展著手，分期分步規劃，保障人才引進，引導產業健康、向好發展。要將傲基、有棵樹、通拓、賽維等幾家行業龍頭企業聚集起來，加快總部大廈建設，保障產業空間，建立行業協會，助推高端跨境電商企業的集聚效應，區委區政府將全力支持跨境電商產業的發展。（資料來源：僑報融媒，2019-03-11）。

問題思考：平湖跨境電商小鎮對經濟發展的促進作用是什麼？

跨境電商的廣泛應用和快速發展對消費、生產、管理、流通的方法、手段和效率產生了影響，並且催生了新行業——跨境電商服務業的興起。跨境電商可以提升消費、促進生產、改進管理、擴大流通並且促使跨境電商服務業的興起和發展。在跨境電商環境下，消費、生產、管理、流通的改變以及跨境電商服務業的興起又影響了產業發展和產業結構，因此，跨境電商促進經濟發展的理論可以分為兩個方面：一是跨境電商促進經濟發展的內在機理，即提升消費、促進生產、改進管理、擴大流通以及新增跨境電商服務業；二是跨境電商促進經濟發展的外在表現，即促進其他產業發展、帶動IT產業發展和改變其產業結構。

第一節　跨境電商促進經濟發展的內在機理

跨境電商作為推動經濟一體化、貿易全球化的技術基礎，具有非常重要的戰略意義。跨境電商不僅衝破了國家間的障礙，使國際貿易走向無國界貿易，同時它也正在引起世界經濟貿易的巨大變革。對企業來說，跨境電商構建的開放、多維、立體的多邊經貿合作模式，極大地拓寬了進入國際市場的路徑，大大促進了多邊資源的優化配置與企業間的互利共贏；對消費者來說，跨境電商使他們可以非常容易地獲取其他國家的信息並買到物美價廉的商品。

一、跨境電商對生產的促進作用

「生產—分配—交換—消費」是社會再生產的運行系統，由於分配形式的多樣性，在市場經濟中，它可以被簡單地表為「生產—流通—消費」。在社會再生產運行系統中，生產是首要的環節，消費是終極環節，沒有生產就沒有消費，消費是生產的最終出口和動力，消費需求引導生產，特別是在物質文明高度發達的今天，消費是生產的導向器。流通是連接生產與消費的橋樑和紐帶，對生產和消費有著重要的影響。

跨境電商首先是一種商務模式，屬於流通範疇，其逐步發展演變為一種經濟運行方式，全面影響著生產、消費、流通的各個環節。它對生產的促進是通過系統改變生產流程、生產的內部組織結構、生產的外部合作方式、生產管理來實現的。

1. 生產流程更清晰，分工更細密

在傳統經濟中，由於需求相對比較穩定、需求變化較慢，為了充分發揮規模經濟效應，企業往往採用規模化生產方式來降低生產成本，提高生產效率。在這種生產方式中，投入的機器設備、勞動力規模都比較大，按照生產流程進行分工，企業將產品的設計、生產、儲存、流通等分成若干環節，由企業統一組織運行。而在跨境電商環

境下，需求呈現出多樣化、個性化的特點，這使得生產環節必須具備快速回應需求變化的能力，實行柔性生產。柔性生產方式的順利進行，必須以產品零部件的標準化、生產環節分工的細密化、生產過程的並行化為前提。因此，企業往往將生產流程分成若干環節，自己掌握產品設計等核心環節，且對於產品設計按照市場需求變化快、個性化強的特點採用信息化的手段，以保證設計過程的快速化和設計產品的多樣化，而將加工生產環節外包給其他企業並行生產，從而提高市場的回應速度和效率。

2. 生產的內部組織結構扁平化

傳統的企業組織結構是科層式金字塔型組織結構，在企業的運行過程中，來自基礎操作層的決策支持信息要通過中間管理層上傳至最高決策層，而來自最高決策層的操作指令信息也要通過中間管理層下達到基礎操作層。中間管理層規模與企業規模有關，一般來說，企業規模越大，中間管理層機構越多、流程越繁瑣。所以，在傳統的企業組織中，信息的上傳與下達都要通過中間管理層，這容易導致信息在傳遞過程中出現時滯和失真現象；而且，中間管理層人數越多，這種現象越嚴重，這顯然不利於企業的運作。在信息化背景下，企業可以通過可視化、數據化的信息系統直接進行信息的上傳和下達，減少中間管理層對信息傳輸造成的擁堵與失真。在各個平行環節中，企業則可以通過具有不同功能的信息系統來實現組織運行的信息化，保證組織運行的效率。例如，在管理層的各環節，企業可以通過諸如 ERP、MRP Ⅱ 等一系列管理信息系統來提高管理的效率，保證管理流程的暢通，從而提高管理效率。

3. 生產的外部合作方式多樣化

生產的外部合作方式在跨境電商環境下也變得更為豐富。企業生產的外部合作方式包括戰略聯盟、虛擬企業、供應鏈、擴展企業、生產外包等形式。

（1）戰略聯盟

戰略聯盟（Strategic alliances），是指具有共同戰略目標的兩個或兩個以上的企業（特定事業或職業部門），為共同開發或擁有市場、共同使用資源等，通過各種協議、契約而結成的優勢互補或優勢相長、風險共擔、生產要素水準雙向或多向流動的一種合作模式。戰略聯盟作為現代企業組織制度的一種創新，已經成為企業強化其競爭優勢的重要手段。當然，由於產品的特點、行業的性質、競爭的程度、企業的目標和自身優勢等因素的差異，企業間採取的戰略聯盟形式具有多樣化特徵。

（2）虛擬企業

虛擬企業（Virtual enterprise），是指當市場出現新機遇時，具有不同資源與優勢的企業為了共同開拓市場、共同對付其他的競爭者而組織建立的基於信息網絡的信息共享、利益共享、風險共擔、聯合開發的企業聯盟體。虛擬企業的出現常常是因為參與戰略聯盟的企業追求一種完全靠自身能力達不到的超常目標，即這種目標要高於企業運用自身資源可以達到的限度。

（3）供應鏈

供應鏈（Supply chain），是指圍繞核心企業，通過對信息流、物流、資金流的控制，從原材料採購開始，經中間產品、最終產品的生產，到由銷售網絡把產品送到消費者手中的，將供應商、製造商、分銷商、零售商、最終用戶連成一個整體的功能網鏈結構。它不僅是一條連接供應商到用戶的物流鏈、信息鏈、資金鏈，而且是一條增值鏈。根據供應鏈上企業聯繫的緊密程度，其可以分為鬆散型、緊密型的供應鏈；根

據供應鏈上企業與其他企業聯繫的緊密程度，其也可以分為開放式、閉環式供應鏈。供應鏈上的企業以合作的產品為核心，形成利益共享、風險共擔的利益聯合體。

（4）擴展企業

擴展企業（Extended enterprise），是指一個產品製造中的所有參加者對商品信息流的擴展，它能夠促進製造業設計和生產的緊密結合。擴展企業的焦點是創建一個實現合作夥伴或價值鏈之間集成的網絡，以及通過信息與通信技術的應用實現這個網絡範圍內的信息共享。擴展企業由一個網絡和網絡創造的虛擬企業組成。這個網絡可以由一個企業或一組企業或一個被視為產品所有者的大客戶發起而創建。核心企業賦予這個網絡核心競爭力，並做好形成虛擬企業以滿足顧客特殊需求的準備。當一個客戶的需求適合這個網絡時，則組建一個以這個網絡的核心競爭力及其來自下級供應商或當地承包的附加競爭力為基礎的虛擬企業。

（5）生產外包

生產外包（Production outsourcing），又稱為製造外包，是指以外加工方式將企業的非核心業務委託給外部優秀的、專業的、高效的產品或服務提供商。也就是說在這種生產方式下，企業只專注於自己最擅長的環節，而把薄弱環節外包給其他最擅長於此的企業完成，從而降低生產成本、分散經營風險、提高企業整體的生產效率、增強企業的核心競爭力。生產外包拋棄了傳統生產方式的「縱向一體化」管理模式而採用「虛擬橫向一體化」模式，形成一條從原材料供應商到製造商再到經銷商的企業鏈，這種生產運作模式要求供應鏈上的各企業之間能夠信息共享，協調同步運作，並具備很強的信息處理能力。

上述概念是對企業外部生產合作方式的不同表述，要想把它們清楚地區別開來，其實是非常困難的。此處的目的不在於辨析這些企業外部組織的區別，而在於分析跨境電商環境下的企業為何利用和如何有效利用這些組織形式。

誠然，生產環節的上述變化並不是跨境電商這一種因素起作用的結果，但可以肯定的是，跨境電商是多種促進因素中的重要因素。中國作為世界的「製造中心」，在國際大分工的背景下，隨著社會經濟環境的變化，製造的組織方式正在發生改變。以制衣行業為例，傳統的制衣企業首先設計出服裝，然後進行服裝生產，之後通過媒體廣而告之，再通過商場櫃臺展出銷售或者首先設計出服裝，並通過媒體廣而告之，隨後承接訂單，進行批量生產，最後檢驗交貨。而在跨境電商環境下，制衣企業則首先通過跨境電商平臺進行廣泛的企業與產品宣傳，並通過跨境電商平臺和傳統方式承接訂單，其次根據訂單進行服裝設計，再次對服裝材料進行集中裁剪，之後將加工業務分包給其他服裝加工企業，加工企業完成加工任務後向發包企業交貨或者由發包企業回收產品，最後制衣企業向顧客交貨。

隨著中國產業逐步從沿海地區向內陸地區梯度轉移，制衣加工企業大量內遷，形成了跨地區的合作與分工。這種現象不僅是跨境電商研究應該關注的問題，也是產業經濟學研究應該關注的問題。

二、跨境電商對流通的改變作用

流通是社會再生產運行系統中的中間環節，起著橋樑和紐帶作用，上連生產環節，下連消費環節，對生產和消費都有重要的作用。跨境電商對流通的作用體現在強化流

通在社會再生產系統中的功能、改變貿易的方式、創新交易的模式、擴大流通的範圍等方面。

(一) 跨境電商對流通在社會再生產運行系統中功能的強化

在傳統的社會再生產運行系統中，流通可以分為分配與交換兩種形式。分配是經濟運行系統中的一個永恆概念。不論是哪一種經濟活動方式，都存在產品分配的問題。按照馬克思主義的觀點，經濟活動方式可以分為自然經濟（原始的產品經濟）、商品經濟、產品經濟三個階段，且這三個階段是依次遞進的。在自然經濟階段，由於生產能力低下，物質產品供給嚴重不足，人類在一定的社會組織下，按照物質產品的多少、遵循保證組織運行的原則進行分配。與自然經濟相比，商品經濟階段是產品豐富的階段，它依次經歷了簡單商品經濟階段（商品經濟萌芽與產生）、原型市場經濟階段（重視市場的分配作用）、現代市場經濟階段（重視市場與計劃在分配中的雙重作用）。在商品經濟中，由於分配媒介——貨幣的出現與功能強化，存在著資源分配和產品分配的不同，也存在著財富的初次分配與二次分配的不同，產品分配主要靠市場這只「無形的手」來完成。流通的功能靠分配與交換來實現，且交換是流通的重要方式。雖然我們進行了具有產品經濟印記的社會主義計劃經濟的嘗試，但是產品經濟的時代並沒有真正到來。

在現代市場經濟階段，大多數國家進入物質文明高度發達的過剩經濟階段，經濟呈現出開放性格局，經濟聯繫的廣泛性異常增強，生產產品的資源依賴市場化手段實現了跨國界的分配，產品也在更為廣闊的範圍內進行著交換。流通在社會再生產運行系統中的作用強於以往任何時期，也可能強於未來的產品經濟時代。跨境電商作為流通環節變革與創新的重要手段發揮著至關重要的作用。

1. 跨境電商強化了消費對生產的指導作用

在過剩經濟中，生產與消費的矛盾日益突出。由於消費需求的變化，生產的產品面臨著積壓和滯銷的問題，這對企業而言是一個巨大的災難。為了改變這種狀況，生產企業急於瞭解市場需求，實現按需生產，以減少或消除產品積壓和銷售無門的現象。生產企業通過和流通企業建立供應鏈夥伴關係、產品直銷等多種方式的組織變革、流通渠道變革，企圖實現按訂單生產和產品零庫存的理想狀態，但是這一系列的嘗試面臨著種種障礙，如中間環節增多、信息失真等。因為生產企業的產品「零庫存」並不意味著社會產品的零庫存，可能大量產品不是積壓在生產企業的倉庫，而是積壓在流通企業的倉庫。這使得產品積壓的現象並沒有減少或消除，而是把產品積壓轉移到了其他經營者身上。就信息而言，生產企業的產品零庫存，並不能作為生產的指令。跨境電商的出現為解決上述問題提供了有效的保障，這種保障首先體現為信息技術的保障，而後體現為信息保障、組織保障、流程保障。

首先，通過網上問卷調查、網上客服、WEB呼叫中心、網上訂購系統、網絡支付系統等電子商務手段，企業可以和夥伴企業甚至是消費者之間進行直接的信息溝通，使得生產企業能夠更好地瞭解市場需求，從而制訂合理的生產計劃。

其次，企業可以通過即時通信、圖像技術、流媒體技術，與需求者進行直接的溝通，更好地瞭解個性化需求，設計新穎獨到的產品，更好地滿足個性化需求。

最後，通過跨境電商帶來的業務流程變革、組織結構變遷，使企業和商業合作組

織能夠優化業務流程，開展更為有效的合作。

2. 跨境電商提高了生產的效率

首先，通過跨境電商平臺（生產企業自建的平臺和第三方企業的平臺），企業可以直接銷售產品、擴大產品流通範圍，及時瞭解產品在流通領域的信息，從而更好地制訂生產計劃。

其次，各種功能的計算機信息系統為企業的產品設計、生產、管理、銷售提供了保障，能夠全面提高企業的生產效率。如計算機輔助設計系統可以幫助企業提高產品設計的能力，例如 ERP（Enterprise resource planning，企業資源規劃）能全面提升企業的管理能力，MRP Ⅱ（Manufacturing resource planning，企業製造資源計劃）能提高企業的生產控制能力，POS（Point of sale，銷售時點信息系統）、EOS（Electronic ordering system，電子自動訂貨系統）能提高企業的銷售能力和瞭解市場需求的能力等。

最後，跨境電商創新了生產的合作模式，提高了生產效率。如前文所述，跨境電商使企業的生產更多地依賴於與其他企業之間的合作，採用供應鏈、虛擬企業、擴展企業、生產外包等方式，實行並行生產，可提高生產效率。

3. 跨境電商豐富了產品生產的類型

隨著互聯網的普及，人們對數字化產品的需求日益增多。所謂數字化產品，是指信息、計算機軟件、視聽娛樂產品等可數字化表示並可用計算機網絡傳輸的產品或服務。這些產品或服務可在線通過計算機網絡傳送給消費者。跨境電商不僅為這些產品提供了極為便利的傳輸方式，而且刺激了這類產品的需求，使這類產品的產量大為增加、銷售範圍大為擴大。從數字產品的構成來看，有由於計算機網絡的廣泛使用而刺激形成的新產品，如計算機軟件、網絡遊戲產品等；有適應網絡需求而由傳統產品改變載體形態而形成的數字化產品，如圖書演變為電子圖書，期刊演變為電子期刊，傳統音像產品演變為在線音像產品等。

（二）跨境電商對流通渠道的變革

商品流通渠道是商品從生產領域轉移到消費領域所經過的交易環節和運行途徑。它實際上是由一個從事商品交換活動並共同推動商品面向消費者運動的商品所有者組合而成的組織序列。商品在從生產地或者進口地轉移到消費者手中的流通過程中，一般要依次經歷產地批發、中轉地批發、銷售地批發、零售等環節。經歷的環節越多，消費者的福利最大化目標越不能實現，因為每一個參與流通的經營主體都會把上一個經營主體的銷售價格看作自己的成本，所以流通環節越多，流通成本則越高，商品的最終銷售價格也就越高，即商品在流向銷地後由於調劑餘缺的需要而又流回到產地，這導致了流通渠道進一步延長，流通成本進一步上升。

其中一種情況是流通環節的減少。使流通環節減少的原因比較多，比如商品屬性導致了它只能就近銷售而環節較少，又比如生產規模小導致了商品的產量有限而無須經歷多的環節，再比如商品的專門性導致廠家採用直銷或代銷等方式而減少中間流通環節。更多的情況則是為了發揮規模經濟效應而採用「集中生產、多地銷售」的方式。顯然，這種流通渠道雖然有利於擴大商品流通範圍和銷售量，但是流通成本依然居高不下。為了降低流通成本、提高商品的競爭力，傳統流通渠道也努力嘗試著創新，比如共用貿易渠道、建立供應鏈等，但都沒有引起商品流通渠道的實質性變革。

而跨境電商為流通渠道的變革提供了廣闊的空間，正在進行著流通渠道的創新。B2B、B2C、C2C、B2B2C 等跨境電商模式都可以看作是流通渠道創新的產物。在 B2B 跨境電商模式中，如果把參與主體確定為生產廠家和零售商，減少的中間環節有產地批發、中轉地批發和銷地批發等，減少這些環節意味著流通成本的直接降低，繼續存在的環節由於採用跨境電商手段也相應地減少了運作成本。在 B2C 跨境電商模式中，如果把參與主體確定為生產廠家和消費者，則減少的環節更多，降低的成本理論上也更多。然而，不是所有的商品都能直接採用 B2C 跨境電商模式，所以即便 B2C 模式對降低流通成本更具優勢，但 B2B 仍然是跨境電商中業務量最大的模式。為了發揮 B2C 模式的優勢，結合商品的特性，於是有了跨境電商這種創新的流通渠道中創新——B2B2C 模式。事實上，這種模式的應用前景更為廣闊，因為它既結合了商品流通的特性，又結合了降低流通成本的目的。如果我們把這種模式的參與主體確定為生產廠家、零售商、消費者的話，則實際案例在流通活動中比比皆是，例如武漢市中百集團以中百百貨、中百倉儲、中百超市、中百跨境電商四大零售業務為主體，在湖北省具有很高的市場佔有率，它們以此為資源優勢，搭建了採購平臺，向上游供應商伸出橄欖枝，從而實現了對採購渠道的創新；而下游面向消費者的銷售，則開闢了中百跨境電商平臺，豐富了零售渠道，提高了企業的競爭力。

在現實經濟活動中，流通渠道的創新者有兩類：一類是新興企業，它們一開始就涉足跨境電商，形成核心競爭力，如京東商城；另一類是傳統企業，它們在已有的流通渠道的基礎上進行著跨境電商的創新，如中百集團。我們認為，傳統企業開展跨境電商具有更大的優勢，它們開展跨境電商業務不僅採用了新的流通渠道，而且對傳統業務進行了改造。這對提高跨境電商的滲透率更具有重要意義。

（三）跨境電商對交易模式的創新

交易是指買賣雙方在自願讓渡的前提下，比較雙方彼此提供給對方的讓渡物（商品或貨幣），並在雙方達成完全一致意見的基礎上進行的交換活動。一般而言，一筆交易大致由交易對象、交易條件和內容、交易方式三部分組成。而所謂交易方式，是指在商品買賣中雙方所採取的各種具體的做法，是買賣雙方相互聯繫的手段和方式，它具體包括交易途徑、交易手段和結算方式等幾個方面的要素。早期的商品交易過程往往是以「生產者—經營者—消費者」為主的線路進行，交易方式主要是現金支付的現貨交易。在發達的商品經濟階段，現貨交易發展出了批發交易、融通資金的信用交易、信託買賣的代理交易、拍賣、租賃等一系列方式；同時，遠期合同交易、期貨交易等交易方式不斷發展。在跨境電商中，交易方式也不外乎這幾種形式，有所不同的是，各種形式都發生了適應於跨境電商要求的改變，這些改變對於提高交易效率、擴大交易範圍具有重要作用。

以批發交易為例，首先，批發交易在商品流通中的地位正在被削弱。在前文所述的流通渠道變革中，流通渠道的縮短主要是對批發環節的減少或取締。有經濟學者預言，批發業將消亡。其次，批發業的業態正在發生改變，由於商品的特性，一些商品在流通過程中仍然需要批發環節來擴大流通範圍、實現商品從買方儲備向賣方儲備的轉換。這時的批發業業態適應跨境電商的要求正在發生著改變：第一，零售業兼併批發業，大量零售企業採用集團化經營方式，把批發業務納入自己的業務體系中；第二，

新型的物流業將逐漸取代批發業、改變批發的業務模式。物流產業中的物流園區、物流中心將不再只是擁有車隊、倉庫等資產，只開展物流的傳統服務，它們將以物流園區、物流中心為外在存在形式，擁有貿易洽談中心、商品展示中心，乃至賓館、郵局、銀行等服務中心，開展以物的流動為主要業務的、向上下游業務和水準化業務延伸的一系列業務，兼併或重組批發業務，形成新的、具有增值性的物流系統化業務。第三，批發業務中的支付方式將採用網絡銀行等電子化支付手段。

在各種交易模式中，跨境電商的影響普遍體現在對交易時空限制和支付方式的改變方面。傳統的交易受時間和空間的限制，交易雙方必須在同一時間、同一地點面對面開展交易活動，而跨境電商則打破了時空限制，交易雙方借助於網絡，可以在24小時中不間斷地開展交易活動。支付方式也變得更為靈活，網絡支付成為便捷的支付手段。

（四）跨境電商促進流通範圍的擴大和交易額的增加

流通範圍主要包括商品流通的空間範圍、時間範圍和客戶範圍。跨境電商對市場規模的擴大主要體現在五個方面：①擴大市場的空間範圍；②擴大客戶數；③全天候的銷售與服務；④增加產品類別；⑤增加交易額。

跨境電商使賣方所面臨的市場不再是其所處的地區或區域，而是網絡所能觸及的範圍，形成了一個統一的全球虛擬市場，使全世界絕大部分城市和地區的買方不再受到地域範圍的限制，都能通過網絡購買到賣方的產品和服務。人們利用互聯網可以自由、便捷、廉價地交流溝通，從而進行購物，不管所購商品遠在何方，只須下單，剩下的事情由物流公司來完成，這極大地擴大了商品流通的空間範圍。

跨境電商不再受時間的限制，不須人力維持，可以提供24小時全天候的銷售和服務，讓買方可以隨時以電腦、手機等設備接入互聯網、登陸交易平臺進行購買，非常方便。更為重要的是，買賣雙方的交易可以不在同一時點進行，顧客下單後，經營者只須盡快回應訂單，免除了傳統交易中同一時間、同一地點、交易雙方必須面對面的約束，這在跨時區的不同區域的買賣者之間具有非常重要的意義。

信息化與跨境電商還帶來了數字產品的銷售量的增加。例如，數字化的新聞、書刊、音樂影像、電視節目、遠程教育、在線學習、虛擬主機服務、常見問題解答和在線技術支持、交互式服務、售後客戶關係管理、支票、電子貨幣、信用卡等財務工具，數字咖啡館、網絡游戲、交互式娛樂等，極大地豐富了跨境電商交易對象的內容，擴大了商品銷售額。

如今，互聯網在人們的經濟生活中的地位越來越重要，由於跨境電商方便、快捷、低廉的特性，越來越多的企業和個人開始選擇網上購物的交易方式。網上的產品豐富多樣、價格低廉、富有特色，能極大地滿足消費者對個性化產品的需求，也能極大地滿足一些對價格非常敏感的消費者的需求；跨境電商極大地降低了信息的不對稱性，消費者可以在零成本的情況下對各種同類產品進行分析比較，系統全面地瞭解產品；跨境電商無時間地點限制的特點也使消費者能夠隨時選購世界各地的各種產品；跨境電商平臺中豐富多彩的多媒體產品展示方式也極大地刺激了消費者的消費慾望。以上種種因素，都導致了跨境電商交易額的增加。

(五) 新增跨境電商服務業

跨境電商的應用發展需要相應的應用環境、支撐體系和技術服務等作為基礎和支柱，而這些應用環境、支撐體系和技術服務等是在跨境電商應用需求的推動下逐漸形成和發展起來的。就像互聯網的應用一樣，其最初應用並不是在商業領域，當它擴展到商業領域之後，為了滿足跨境電商發展的需求，為跨境電商提供技術、營運、金融、運輸、人才、培訓等全面支持和服務的跨境電商服務也應運而生且不斷繁榮，這些服務之間存在著服務對象、服務關聯、服務價值鏈等多種相互關係，構成了跨境電商服務產業。

跨境電商服務業是由跨境電商的應用需求催生的，而它產生之後逐漸發展成為一個具有內部結構關聯的、提供多種服務的產業價值鏈體系，並按照產業發展壯大的規律不斷成長，反過來促進跨境電商應用的深化和空間範圍的拓展。

跨境電商服務業是國民經濟中新的產業部類，基於統計意義的國民經濟產業部類中並沒有單獨列類，理論界一般把它劃歸現代服務業或者跨境電商產業。隨著跨境電商應用的不斷深入，跨境電商服務業在現代服務業和跨境電商產業中所佔比例將越來越大，它將推動現代服務業和跨境電商產業的發展，在促進網絡經濟與實體經濟融合、促進經濟增長方式轉變、優化產業結構、提高國民經濟運行效率和質量、形成有中國特色的跨境電商發展等方面都起著重要作用。

第二節　跨境電商促進經濟發展的外在機理

基於跨境電商的關聯關係的不同，我們將跨境電商的產業部類劃分為跨境電商服務業和跨境電商應用業兩大類。跨境電商服務業又可以分為新增的跨境電商服務業和在跨境電商產生之前已存在的可以用於為跨境電商服務的服務產業。跨境電商促進經濟發展的外在機理主要體現在對跨境電商服務以外的服務產業（以下稱其為「相關服務產業」）。

一、帶動相關服務產業發展

1. 帶動計算機產業發展

IT產業即信息技術產業，包括信息設備製造業、網絡與通信產業、軟件產業以及相關的服務產業等。在目前的信息經濟時代，信息產業已經成為國民經濟的主導產業，它對國民經濟的發展起著帶動作用，並以快於國民經濟增長2~3倍的速度持續增長。

社會各行各業要應用跨境電商，必然要應用到計算機、網絡設施、跨境電商與信息化軟件、跨境電商與信息化平臺等各類信息化設備、信息技術以及信息系統，而這些信息化設備、信息技術以及信息系統正是計算機產業所提供的產品和服務。因此，跨境電商的應用勢必會擴大對計算機產品和服務的需求，提高計算機產業產品與服務的銷售量。同時，這些需求會隨著各行業跨境電商的應用發展情況不斷變化，不斷產生新的需求，刺激計算機產業不斷進行產品與服務的研發與創新。同時，跨境電商服務業作為為跨境電商提供支撐和服務的行業，其本身就屬於高科技行業，其核心組成

部分必然是計算機、網絡設施、跨境電商與信息化軟件、跨境電商與信息化平臺等各類信息化設備以及信息系統。因此，與其他行業相比，它將需要數量更多、層次更高、功能更全面的計算機產業產品。可以說，跨境電商服務業的日益繁榮也必然會帶動計算機產業不斷發展。從國家商務部2018年對電子通信產業的統計情況來看，在系統集成業的收入中，跨境電商系統集成、電子政務系統集成、企業管理集成分別占據了總收入的前三位，合計比重將近30%。

2. 帶動金融產業發展

金融產業是指經營金融商品的特殊行業，包括銀行業、保險業、信託業、證券業和租賃業等。跨境電商對金融產業發展的帶動作用主要是通過銀行業務的擴展與創新、支付方式的變化等來實現的。

在支付手段上，目前為跨境電商交易的雙方提供支付服務的主要是第三方機構，包括非金融機構第三方支付公司和金融機構。目前，中國第三方電子支付系統已經逐漸成為維護金融秩序穩定的戰略基礎設施，不僅支持著中國宏觀經濟的良性運轉，而且在加快流通速度、降低成本、提高效率等方面發揮著巨大的作用並逐漸扮演著更加重要的角色。提供第三方跨境電商支付服務的平臺，例如在國內支付排名前十的支付寶、財付通、快錢、匯付天下、易寶支付、首易信等，都屬於非金融機構第三方支付平臺。而這些平臺又可以進一步劃分為兩類：一類是非獨立的第三方非金融機構跨境電商支付平臺，如依託於淘寶網的支付寶、依託於拍拍網的財付通等；另一類是獨立的第三方非金融機構跨境電商支付平臺，如快錢、易寶支付、匯付天下等。

非金融機構第三方支付公司是在跨境電商支付需求的直接刺激下產生的，它們的出現不僅滿足了跨境電商對支付的需求，而且打破了跨境電商發展的瓶頸，推動了跨境電商更加快速的成長，同時其自身也隨著跨境電商的發展而得到迅速發展。2005—2010年，中國第三方網上支付的交易量平均年增長率都超過100%。根據艾瑞網統計，2010年中國網上支付交易規模達10,105億元，而2011年第一季度第三方支付交易規模已達3,650億元。其支付範圍從最初的網遊等領域發展到現在涉及社會生活的方方面面，機票、酒店、教育、水電費、信用卡還款、房屋租賃、基金、保險等，並還在進一步應用於更多領域。在跨境電商快速發展的背景下，金融機構也看到了跨境電商這個巨大的支付市場，它們也積極開展網絡銀行業務，以搶占跨境電商支付市場的份額。

在金融信貸方面，阿里巴巴面向中小企業推出了無抵押的新型信貸機制——網絡聯保。該機制通過3家及以上企業共同申請貸款、簽署聯保協議的方式向銀行貸款，不僅降低了銀行的信貸風險，創新了信貸機制，更重要的是為中小企業的發展解決了資金難題。目前，中國建設銀行、中國工商銀行、中國農業銀行等5家銀行與阿里巴巴開展了網絡聯保貸款合作，預計今後會有更多銀行加入該體系。同時，銀行在融資業務上也大舉進軍跨境電商領域。以中國工商銀行為例，中國工商銀行關注網絡經濟的發展、研究跨境電商業態下的金融服務特別是融資服務創新，率先在浙江市場推出服務於小型企業的網貸通產品與服務於小微型網商客戶的易融通產品，並開始開展電子供應鏈融資服務。截至2010年10月中旬，中國工商銀行網絡融資業務總量已達660億元，為1.2萬餘家企業成功解決了融資難題。同期，作為中國工商銀行網絡融資旗艦分行的浙江省分行，網絡融資總額達125億元，服務企業客戶3,000餘家。工商銀行總行也於2009年年底在浙江省設立了網絡融資業務中心，專門負責全國網絡融資業務

的經營與管理。2010年10月28日，中國工商銀行與浙江省人民政府簽訂了關於推進浙江省跨境電商網絡融資平臺建設的戰略合作框架協議，這標誌著政府與商業銀行開始聯手為跨境電商注入網絡融資的新動力，加大對中小企業融資的支持力度。

2016年4月26日，螞蟻金融服務集團（以下簡稱「螞蟻金服」）對外宣布，公司已完成B輪融資，融資額為45億美元。這也是全球互聯網行業迄今為止最大的單筆私募融資。本次融資過後，螞蟻金服估值超過600億美金。本輪融資新增戰略投資者包括中投海外和建信信託（中國建設銀行旗下屬子公司）分別領銜的投資團，而包括中國人壽在內的多家保險公司、中郵集團（郵儲銀行母公司）、國開金融以及春華資本等在內的A輪戰略投資者也都繼續進行了投資。

3. 帶動物流業發展

物流產業是由運輸業、倉儲業、裝卸業、包裝業、加工配送業、物流信息業等構成的服務型產業，是物流企業的集合。物流產業不同於物流活動，物流活動廣泛分散在生產、流通等領域，只有將這些物流活動或物流業務獨立化、社會化為一種經營業務，才能稱其為物流產業。現代物流產業出現了對其他產業業務如批發業務、代理報關、代收貨款等業務的兼併趨勢，形成了物流的增值服務，使物流產業成為國民經濟中的獨立產業。目前，中國將物流產業界定為新興戰略型產業。跨境電商的發展，既極大地刺激了物流需求，提高了物流產業的地位，也促進了物流業務水準的提升。

在生產領域，由於經濟全球一體化趨勢的發展、跨境電商應用的深入，生產佈局出現了較大變化，傳統經濟中的規模經濟效應的作用方式也發生了改變。在傳統經濟中，為了發揮規模經濟效應，生產的集中度越來越高，物流起著集散貨物的作用。在現代經濟中，由於需求的多樣性和個性化要求的增強，生產的分工更加細密，產品零部件生產按照資源稟賦條件進行著國際化的跨區域分工，而產品的組裝生產離消費者越來越近，按照消費者的需求進行著小批量、多頻次、柔性化的生產，其中物流不僅發揮著集散貨物的功能，還起著連接生產環節的紐帶功能。

在跨境電商交易領域，交易活動可以通過網絡這個虛擬空間進行，而物流活動則屬於實體經濟範疇，買家與物流配送人員之間必須面對面接觸，進行貨物交接、驗收等活動，物流人員可能替代賣家收受貨款。跨境電商使物流成為跨境電商活動中的重要一環，直接刺激了物流配送產業的發展。資料反應，2009年，淘寶網給中國物流快遞業帶來了約68.4億元的直接收入，接近中國民用快遞行業市場收入的30%，預計到2020年，淘寶網提供的訂單業務量將占到中國民用快遞市場訂單業務量的近70%。在物流企業信息化領域，跨境電商還促進了中國物流企業向網絡化、信息化的轉型，企業間的跨境電商（B2B）使供應商必須滿足生產企業對物流的JIT（Just in time）要求，而這一要求的滿足必須引入看板管理、條形碼技術、無線射頻技術等信息化管理手段與技術。對於企業或消費者之間的跨境電商（B2C、C2C），跨境電商平臺通過與物流企業建立合作關係，加強對物流配送流程的監控，推動了行業服務質量的提升，並帶動了物流企業管理模式的轉變，如限時物流、貨物跟蹤、貨到付款等形式促進了物流配套服務制度的完善與信息化水準的快速提高。

4. 帶動服務外包產業的發展

服務外包產業是國民經濟中新型的產業類別，是提供外包服務的企業集合。服務外包業務的範圍很廣，包括信息技術外包、業務流程外包、知識流程外包三種主要類

型，理論上生產經營活動中的所有業務活動都有可能成為外包的對象，所以服務外包只是經營形式上的差別。一般認為服務外包是指企業為了集中內部優勢資源發展核心業務、整合利用外部優勢資源提升產品與服務競爭力，而將非核心業務外包，以達到降低成本、提高效益、提升競爭力的目的的一種管理模式。需要特別說明的是，按照服務外包的思想，計算機產業、金融產業、物流產業都有可能屬於服務外包產業的範疇。

從從事跨境電商活動的主體來看，無論是企業、政府、其他經濟組織還是個人，無論是買家還是賣家，他們都有服務外包的需求，這些需求涉及網絡通信、網站建設、系統軟件等技術需求，信息發布、信息搜索、信息分析等信息服務需求，交易產品設計、產品生產製造、產品包裝等生產需求，網絡店鋪裝修、產品廣告設計、營銷方案策劃等營運需求，安全認證、信用服務、在線支付、物流配送等交易支撐服務需求，產品「三包」、在線升級等售後服務需求等。而這些需求不可能完全由自己來滿足，於是跨境電商下的服務外包需求快速增長，滿足這些需求的跨境電商服務業應運而生。由於產業之間的關聯關係，跨境電商服務業務進一步延伸，從而帶動了整個現代服務業的發展。

二、跨境電商促進了應用產業發展

如今，跨境電商已經廣泛應用於農業、製造業、建築業、批發零售業、旅遊業、社會服務業以及文化產業等行業。通過跨境電商所帶來的融資、生產、管理、貿易、投資等方面的優勢和變化，徹底地改變其傳統的融資、生產、管理、交易模式，促進了跨境電商向現代化、數字化、信息化方向發展和變革，增強了產業的綜合競爭力。

第一，跨境電商增加了企業的融資渠道、簡化了融資流程，延長了企業的資金鏈。金融機構和從事跨境電商支付業務的非金融機構，利用跨境電商平臺，創新信貸機制，為企業特別是廣大中小企業增加了企業的融資渠道、簡化了融資流程，延長了企業的資金鏈，使信貸雙方實現了雙贏。例如，阿里巴巴與商業銀行合作創新的面向中小企業的網絡聯保信貸機制幫助中國許多中小企業渡過了「金融海嘯」的嚴冬。數據顯示，2007年以來中小企業獲得的網絡貸款呈跳躍增長，全年達到2,000多萬元，2008年達到10多億元，截至2010年6月與阿里巴巴合作的商業銀行共發放貸款超過130億元，惠及中小企業超過5,500家。中國工商銀行在浙江市場推出的服務於小型企業的網貸通產品與服務於小微型網商客戶的易融通產品，以及電子供應鏈融資服務以其手續簡便、方式靈活、成本節約的優勢受到了企業的歡迎和青睞。

第二，跨境電商改善了企業之間的生產合作方式。企業之間可以通過網絡化的手段，通過虛擬企業等組織方式進行產品設計、生產製造等方面的合作，並將這種合作貫穿於行業採購、運輸、銷售、服務、結算等環節，貫穿於行業供應鏈和產業集群之中，從而提高行業的整體效率。

第三，跨境電商服務為這些行業的跨境電商應用提供了基礎設施、技術服務、應用推廣、發展諮詢等一系列的服務，更好地促進了跨境電商與應用行業的融合，使應用行業能夠集中優勢資源發展核心業務，進而提升了應用行業的整體競爭力。

第四，跨境電商使應企業抵禦市場風險的能力大幅提升。來自阿里巴巴《中國中小企業跨境電商發展報告》總結了跨境電商發展對促進中小企業和國民經濟發展的重

要作用。該報告顯示：中小企業跨境電商對就業拉動的效果明顯。2019 年，中小企業通過開展跨境電商直接創造的新增就業超過 1,300 萬，每增加 1% 的中小企業使用跨境電商，將帶來 4 萬個新增就業機會。此外，跨境電商還帶動了大量的創業機會和間接就業，對緩解社會就業壓力、促進社會穩定發揮了重要作用。

三、跨境電商優化了產業結構

產業結構的優化包括產業結構的合理化與高級化。產業結構的合理化是指產業結構與經濟發展水準和資源條件是否適應，產業結構的高級化包括產業高附加值化、高技術化、高集約化、高加工化等體現形式。

首先，跨境電商服務業的出現，改變了服務業原有的格局，增加了新的產業門類。同時，隨著跨境電商服務業的發展壯大，跨境電商服務業企業數量不斷增加，不僅改變了服務業中各子產業的數量比例關係，還擴大了服務業在國民經濟中所占的數量比例。隨著跨境電商的興起和快速發展，跨境電商服務業企業數量逐年增加，1997 年年初，中國只有幾家跨境電商服務企業。而中國 B2B 研究中心相關調查數據顯示，截至 2019 年 6 月，中國規模以上跨境電商網站總量已經達 72,282 家。其中，B2B 跨境電商服務企業有 5,320 家，B2C、C2C 與其他非主流模式企業達 16,962 家，特別是自進入 2018 年以來，呈現出高速增長的態勢。

其次，跨境電商服務業也帶來了就業結構的改變。跨境電商服務業的興起提供了大批的新崗位、新職務，極大地增加了就業數量，改變了就業結構。跨境電商不僅催生了一大批新興企業和職業，如跨境電商網店、網店裝修師、「網模」等，還帶動了包括網絡基礎服務、倉儲物流配送、支付、網絡營銷、網絡廣告等延伸行業或相關行業的發展壯大，因此，給就業提供了大批的新崗位、新職務，極大地增加了就業數量。通信信息報數據顯示，淘寶網上的專職賣家的規模在 60 萬名以上，平均月利潤大約為 3,000 元，這可被理解為淘寶網為中國創造了 60 萬多個就業機會，此外再考慮到專職賣家承擔的養家糊口的責任，淘寶網實際上直接為百萬人提供了飯碗。

最後，跨境電商的快速發展也促進了產品結構的改變。首先，跨境電商的產生和發展促使數字化、電子化產品數量增加；其次，跨境電商的廣泛應用又推動了產品信息含量的增加。隨著高科技產品層出不窮，在其產品設計、生產過程中所注入的信息、知識的含量也越來越多。

中小企業跨境電商促進了第一、二、三產業結構的優化。跨境電商服務業已成為「重要的新興產業」，是國民經濟新的增長點。2019 年，跨境電商在中小企業的營銷、採購、支付、儲運等各環節得到了廣泛的應用，跨境電商服務商在這些環節的收入也具有相當大的規模。以應用最廣泛的營銷推廣環節為例，中小企業在營銷及推廣方面的投入（為中小企業提供營銷及推廣服務的服務商收入，包括平臺類和搜索類等）將超過 100 億元，年均增速接近 20%。同時，跨境電商的發展還帶動了物流等相關產業的發展，促進了支付、信用體系的建立，對優化中國第一、二、三產業結構發揮了重要作用。

四、跨境電商改變了消費者的消費方式

購買是消費的前提，一般將購買行為看作是消費的範疇。跨境電商作為一種新的

購物方式，對人們的購買行為產生了影響甚至是改變。據預測，2020年全球跨境B2C電商交易額將達到9,940億美元，惠及9.43億全球消費者，其中，以中國為核心的亞太地區以53.6%的新增交易額貢獻度位居首位。近年來，全球B2C電商市場增長迅速，未來幾年仍將保持近15%的年均增速，交易規模則將從2014年的1.6萬億美元增至2019年的3.4萬億美元。其中，全球跨境B2C電商的增長尤為強勁：年均增長高達27%並將使全球市場規模由2014年的2,300億美元升至2020年的接近1萬億美元。此外，跨境B2C電商消費者總數將由2014年的3.09億人增加到2019年的超過9億人，年均增幅超過21%，形成一群強勁的消費大軍。

1. 它使更多的人成為網絡消費者

中國互聯網絡信息中心（CNNIC）發布的歷次《中國互聯網絡發展狀況統計報告》顯示，中國越來越多的居民變成了網民，越來越多的網民成了網絡消費者，進而成為網絡購物者。

其中，第14次報告顯示，用戶使用電子銀行在網上直接付款比例增加，超過貨到付款方式13個百分點，達到37.9%。人們的網絡購物需求進一步擴大，未來一年內，打算進行網上購物的用戶比例為58%。這些充分表明，互聯網經過多年的發展，不僅互聯網本身擁有極大的使用價值，而且互聯網還為其他傳統行業的發展提供了新的工具和途徑，一些傳統行業得以創造出許多以前很難實現的服務和價值。例如網上炒股炒匯、網站短信服務、QQ等即時通信工具都在中國蓬勃發展並為相關企業帶來了巨大的經濟效益。

第26次報告顯示，中國網民的互聯網應用表現出商務化程度迅速提高、娛樂化傾向繼續保持、溝通和信息化價值加深的特點。2010年上半年，大部分網絡應用在網民中更加普及，各類網絡應用的用戶規模持續擴大。其中，商務類應用表現尤其突出，網上支付、網絡購物和網上銀行半年用戶增長率均在30%左右，遠遠超過其他類網絡應用。

第27次報告顯示，商務類應用用戶規模高位增長，其中網絡購物用戶年增長達48.6%，是用戶增長最快的應用。網上支付和網上銀行全年增長率也分別達到了45.8%和48.2%，遠遠超過其他類網絡應用，預示著更多的經濟活動步入互聯網時代。

2. 跨境電商使消費者採用對待經驗商品的方式對待搜尋商品

根據人們在購買商品時對商品信息的依賴程度，信息經濟學將商品分為兩類：經驗商品和搜尋商品。經驗商品是指不具有標準化或標準化程度不高、質量只有在使用後才能瞭解的商品；搜尋商品則相反，它具有標準化特徵，其質量容易被消費者瞭解。這兩類商品在傳統市場上最大的不同是，前者通過大量的廣告和商品信息都難以使顧客相信其質量，後者則通過廣告和商品信息就可以解決顧客對商品不瞭解的問題，顧客不必通過實際使用來瞭解商品質量。

在現實生活中，大量的商品通常都屬於經驗商品，而少量的商品屬於搜尋商品。雖然在傳統零售環境下，消費者在購買前對搜尋商品和經驗商品質量的感知和測度能力存在顯著差異，但是這些差異在在線購買環境下變得模糊。網絡可以通過減少收集和分享信息、提供購買前學習的新途徑來減少搜尋商品和經驗商品的傳統差異。

【小知識】
亞馬遜：
1. 入駐條件
中國大陸公司以及港澳臺公司，全球開店只接受企業入駐。
2. 所需資料
（1）必須帶有 VISA 或 Master Card 標誌的信用卡（可以是雙幣信用卡）。
（2）法人身分證，公司營業執照。
（3）信用卡紙質帳單（紙質的帳單，需要帶住址）。
（4）收款銀行帳號（歐美當地銀行儲蓄卡帳號、中國香港地區銀行帳號、第三方收款機構簽發的跨境收款帳號中的任意一種都可以）。
（5）品牌商標（非常重要）。
3. 入駐費用
不收任何費用。

【小案例】
　　為更好地幫助消費者解決網絡糾紛，做好用戶與電商服務的橋樑，運行 9 年的「電子商務消費糾紛調解平臺」（www.315.100ec.cn）全新上線了新系統。新系統實現一鍵投訴、24h 在線、自助維權、同步直達、即時處理、進度查詢、評價體系、法律求助、大數據分析等諸多功能，真正實現了「天天 315」，成為千千萬萬電商用戶的「網購維權神器」。目前，平臺「綠色通道」服務向廣大電商平臺開放，電商可自主申請入駐，即時受理、反饋和查詢用戶滿意度評價。
　　2019 年 7 月 17 日，網經社電子商務研究中心重磅發布《2019 年（上）中國電子商務用戶體驗與投訴監測報告》。報告已連續第八年發布，被業內視為「電商 315 風向標」。報告由「電子商務消費糾紛調解平臺」上半年受理全國 195 家電商用戶的真實投訴大數據所得。報告公布了零售電商、跨境電商、生活服務電商、OTA 電商、金融科技電商、電商物流服務 6 份榜單，共計 70 家電商平臺上榜。其中，蘇寧易購、拼多多、京東、網易嚴選、途虎養車、唯品會、網易考拉、攜程、分期樂等獲「建議下單」評級，貝貝、蜜芽、去哪兒、來分期、轉轉、毒 App、拼趣多、達令家、馬蜂窩、轉運四方等獲「謹慎下單」或「不建議下單」評級（資料來源：網購投訴平臺，2019-08-03）。

思考題：

1. 跨境電商促進經濟發展的內在機理是什麼？
2. 跨境電商促進經濟發展的外在機理是什麼？
3. 跨境電商對生產和流通的促進作用表現在哪裡？
4. 跨境電商帶動相關產業發展，優化產業結構的作用是什麼？

第三章

跨境電商的法律法規

【知識與能力目標】

知識目標：
1. 掌握《中華人民共和國電子商務法》的主要內容。
2. 掌握跨境電商通關監管的主要模式及流程。

能力目標：
1. 理解跨境電商的外匯及支付監管的規則並在實際業務中能夠綜合運用。
2. 理解跨境電商的稅收監管規則並在實際業務中能夠綜合運用。

【導入案例】

南京跨境電商出口首單退稅申請成功

2015年，南京跨境電商出口首單退稅申請成功，19萬元的稅款陸續到帳。企業表示，這不僅緩解了資金難題，而且提振了研發、擴大規模的信心，有利於把跨境電商業務做大做強。

「從6月到8月，我們在金陵海關辦理跨境出口的商品共生成了344份報關單，申報退稅總金額達19萬元。從9月10日開始，這些退稅款分批被打進了企業的帳戶，讓我們享受到了實實在在的優惠。」南京快悅電子商務有限公司負責人朱開疆說。

而在以前，跨境電商還沒有「陽光化」的時候。不要說拿到退稅款了，就連貨物出口都是磕磕絆絆。一家跨境電商的相關負責人介紹，他們主要做服裝、鞋帽、飾品的出口生意，通過B2C的方式，向在網站上下單的外國客人發貨。負責人說道：「之前我們都是走行郵物品渠道，通過國際郵件發貨，速度比較慢，趕上高峰期，貨物可能積壓在倉庫裡一兩週都發不出去。最頭疼的是，由於不在海關的監管範圍內，缺乏正規的出口報關單，企業被迫處在『灰色地帶』，既不能獲得合法結匯，也不能享受退稅優惠，出口利潤受到壓縮，甚至還可能面臨法律風險，制約了企業的發展。」

在「海淘」發展得如火如荼的大背景下，國家出抬了一系列政策，逐步將其納入「陽光化」監管的軌道。2014年10月月底，南京首家跨境電商基地——位於龍潭的跨

境電商產業園投入運行，將這一難題迎刃而解。朱開疆說，自從跨境電商「陽光化」後，他們的網站可以直接和海關係統對接，當天上午把貨拖到龍潭，下午就能通關出境。企業通過海關跨境電商監管平臺，再零散的出貨和訂單，系統都會完成記錄並形成報關單，數據也可納入貿易統計，不僅發貨方便了，還能和傳統外貿企業一樣及時享受便捷的出口退稅。

「跨境電商出口對象一般是個人消費者，客戶訂單多、商品數量多、種類多、貨值小，監管起來難度不小。」金陵海關相關人士介紹說，為確保跨境電商企業和一般貿易企業一樣及時享受出口便捷退稅，他們通過將商品簡化歸類解決了企業歸類難題。今年 5 月起，海關通關無紙化改革又將退稅手續簡化不少，報關單結關信息直接改為電子數據傳輸至國稅部門，無須企業再「兩頭跑」（信息來源：中國物流與採購網，2015-09-28）。

問題思考：「南京跨境電商出口首單退稅申請成功」適用了《中華人民共和國電子商務法》中的哪項法律內容？有哪些值得借鑑的地方？

第一節　《中華人民共和國電子商務法》的頒布及調整

「歷經五年、四次審議」，頒布於 2018 年 8 月 31 日，自 2019 年 1 月 1 日起正式實施的《中華人民共和國電子商務法》（下文簡稱《電子商務法》或《電商法》），不僅是中國電商領域首部綜合性法律，更是電子商務法律法規領域的「憲章」，同時也是電商領域被討論最多的法規。

一、與跨境電商相關的法律法規

如何對跨境電商進口零售進行監管，實際上既沒有縱向的歷史經驗可循，也沒有橫向的外國經驗可借鑑，因此中國的跨境電商監管政策是在不斷探索中逐漸定型的，2018 年年末出抬的相關四份文件，是對 2016 年出抬的跨境電商零售進口政策的延續和完善，是擴大開放、更大激發消費潛力的重要舉措，可以看作對這個探索過程的階段性總結，可以預見在今後一段時期內，跨境電商監管政策能夠在這一方向上保持相對穩定，也正因如此，這些文件對於跨境電商業務的今後走向具有舉足輕重的意義。2018 年 11 月至 12 月，中國相關部委就跨境電商監管政策，先後出抬了四份文件，包括：

1. 商務部、國家發展和改革委員會、財政部、海關總署、國家稅務總局、國家市場監督管理總局聯合發布《關於完善跨境電商零售進口監管有關工作的通知》（下文簡稱「六部門通知」）。

2. 財政部、海關總署、稅務總局聯合發布《關於完善跨境電商零售進口稅收政策的通知》（下文簡稱「三部門通知」）。

3. 財政部、發展改革委、工業和信息化部等聯合發布《關於調整跨境電商零售進口商品清單的公告》（下文簡稱「商品清單」）。

4. 海關總署《關於跨境電商零售進出口商品有關監管事宜的公告》（下文簡稱「海關監管事宜公告」）。

這四份文件針對的是直購進口模式和保稅網購模式，並不涉及行郵渠道和一般貿

易渠道。

其他有關跨境電商的國家法規包括：市場監管總局《關於做好電子商務經營者登記工作的意見》（國市監註〔2018〕236號）、商務部、發展改革委、財政部、海關總署、稅務總局、市場監管總局《關於完善跨境電商零售進口監管有關工作的通知》（商財發〔2018〕486號）、《關於跨境電商綜合試驗區零售出口貨物稅收政策的通知》（財稅〔2018〕103號）、國務院《關於同意在北京等22個城市設立跨境電子商務綜合試驗區的批覆》（國函〔2018〕93號）。另外，各地方法規包括：北京市人民政府辦公廳關於印發《中國（北京）跨境電商綜合試驗區實施方案》的通知（京政辦發〔2018〕48號）、陝西省人民政府辦公廳關於印發《中國（西安）跨境電商綜合試驗區實施方案》的通知（陝政辦函〔2018〕332號）、自治區人民政府辦公廳關於印發《寧夏回族自治區推進電子商務與快遞物流協同發展實施方案》的通知（寧政辦發〔2018〕104號）、廣東省人民政府辦公廳關於印發《廣東省推進電子商務與快遞物流協同發展實施方案》的通知（粵府辦〔2018〕35號）、黑龍江省人民政府辦公廳關於印發《黑龍江省加快電子商務平臺建設促進電子商務加快發展實施方案》的通知（黑政辦發〔2017〕53號）、重慶市人民政府辦公廳關於印發《重慶市創新跨境電商監管服務工作方案》的通知（渝府辦發〔2017〕126號）、深圳市市場監督管理局關於發布《跨境電商檢驗檢疫數據報文格式規範》的通知（深市監標〔2017〕14號）、杭州市跨境電商促進條例浙江省商務廳等8部門關於印發《浙江省跨境電商管理暫行辦法》的通知（浙商務聯發〔2016〕89號）、上海出入境檢驗檢疫局關於發布《跨境電商檢驗檢疫管理辦法》的公告、深圳檢驗檢疫局關於印發《深圳地區跨境電商檢驗檢疫監督管理辦法試行》的通知（深檢通〔2015〕66號）等，其他地方政府分別對規範跨境電商的運行及管理出拾了相關的法規。本節重點介紹跨境電商的通關、檢驗、匯兌、徵稅的相關法律法規。

二、《電子商務法》的變化

我們可以對照一下，2016年版與2018年版的海關監管事宜的公告，其中關於跨境電商的適用範圍，具有非常明顯的區別：2016年版中提到電子商務企業、個人通過電子商務交易平臺實現零售進出口商品交易，並根據海關要求傳輸相關交易電子數據的，按照本公告接受海關監管。而2018年版的則是跨境電商企業、消費者（訂購人）通過跨境電商交易平臺實現零售進出口商品交易，並根據海關要求傳輸相關交易電子數據的，按照本公告接受海關監管。

（一）建構跨境電商法律關係

1. 電商企業的變化

2016年版稱作「電子商務企業」，而2018年版則稱作「跨境電商企業」。雖然只多了「跨境」兩個字，但是電子商務企業與跨境電商企業是截然不同的兩種法律主體。什麼是跨境電商企業？文件有專門的解釋。從進口零售角度而言，「跨境電商企業」是指自境外向境內消費者銷售跨境電商零售進口商品的境外註冊企業，換言之跨境電商企業必須是外國企業。那麼2016年版的電子商務企業是什麼性質的企業呢？在2016年的通知中，「電子商務企業」是指通過自建或者利用第三方電子商務交易平臺開展跨境

電商業務的企業。這個定義沒有規定電子商務企業應是國內企業還是外國企業。但是從該通知的相關規定，電子商務企業應當進行工商登記以及向海關提交申報清單來看，這個電子商務企業實際上必須是一個國內企業。

2. 法律關係的明確

在2016年版中電子商務企業與個人通過電子商務交易平臺，實現零售進出口商品交易，那麼電子商務企業這個國內企業與個人在「實現交易」中屬於何等關係，其性質是買賣關係，還是代銷關係，文件沒有明確。而在2018年版中跨境電商企業與個人消費者之間的法律關係，雖然與2016年版一樣表述為「實現交易」，但在六部委通知中，進行了更為明確的表述。首先跨境電商企業是跨境電商交易商品的貨權人［六部門通知二（一）］，其次明確了境外跨境電商企業與境內消費者之間才是交易的雙方［六部門通知二（二）］。原先國內電子商務經營企業實際上只能作為跨境電商企業這個外國企業的代理人介入跨境電商業務，向海關進行進口申報，並承擔相應的法律責任［六部門通知四（一）1］。因此跨境電商的法律關係實質上是由境外企業與境內消費者之間構成的商品買賣關係，境內電商經營企業，即2016年版中的電子商務企業，是境外賣方在中國境內的代理人。

由此可見，民間的跨境電商與官方的跨境電商是兩個不同語境的概念。對於跨境電商零售進口經營者的界定，從本次文件的立場來看實際上是排除了境內賣家，也就是說跨境電商賣方必須是境外註冊企業。

3. 個人的變化

本次新政將2016年版中的「個人」修改為「消費者」（訂購人），實際上是為了與進口零售商品不得二次銷售的規定相統一，因為「個人」這個稱謂並不能排除作為二次轉售賣方的範圍，而「消費者」（訂購人）這個稱謂則明確了其為商業活動的終端。

(二) 深化企業管理措施

使跨境電商參與企業切實承擔起社會責任，是本次新政的一大重點。由於在質量安全的監管上跨境電商模式相對於一般貿易模式要寬鬆，而與一般貿易相比，稅率也有相當程度的降低，借用跨境電商方式進行的違法違規進口現象呈上升趨勢，因此一方面相關企業勢必被要求承擔起相應的主體責任，另一方面海關需要加強對這些企業的控制力度，這主要表現在以下幾個方面。

1. 跨境電商企業管理由備案轉為註冊

海關監事事宜公告第二條第一款規定，跨境電商企業境內代理人、跨境電商平臺企業、物流企業、支付企業，應當辦理註冊登記。「註冊登記」意味著平臺企業、支付企業和物流企業也將被納入海關管理相對人的範疇，接受海關的一系列管理措施，如稽查、核查、行政處罰、信用管理。海關監事事宜公告的第三、二十九、三十條分別對海關的這些權力進行了強調。一般認為，海關的管理相對人包括海關註冊登記和備案企業，包括報關企業、進出口貨物收發貨人、海關監管作業場所經營企業、承運海關監管貨物的境內運輸企業等。但是在海關監事事宜公告之前，平臺企業、支付企業、物流企業只是在海關辦理「信息登記」且「信息登記不屬於海關註冊登記」，換句話說，這三類企業不屬於海關管理相對人範疇。所以海關對這三類企業的管理手段非常

有限，如海關為了核對三單信息而調取物流、支付數據，必須通過公安網偵辦理手續，非常不方便。對這三類企業向海關提交虛假信息的行為，也很難進行行政處罰。改為「註冊登記」後，海關管理力度將大大加強。例如，海關若認為商品價格有問題，則可以啓動稽查或核查程序，對平臺企業、支付企業和物流企業的帳簿、單證、電子數據進行檢查和複製，不再需要通過別的部門。

　　本次新政對五大主體進行了權利義務界定，並特別強調了跨境電商企業的告知義務和溯源責任。其具體包括：需要履行對消費者的提醒告知義務，會同跨境電商平臺在商品訂購網頁或其他醒目位置向消費者提供風險告知書；要建立健全網購保稅進口商品質量追溯體系，追溯信息應至少涵蓋國外啓運地至國內消費者的完整物流軌跡，鼓勵向海外發貨人、商品生產商等上游溯源。健全的商品質量溯源體系，既能為進口商品質量背書，提高消費者對商品的質量信任指數，也有益於優化跨境電商市場環境。正因為跨境電商參與企業的義務增加了，因此，「信息登記」變為「註冊登記」標誌著跨境電商零售進口各參與主體將面臨海關更加直接、嚴格、有效的管理。

　　2. 跨境電商參與企業納入信用管理

　　公告第三條「參與跨境電商零售進出口業務並在海關註冊登記的企業，納入海關信用管理，海關根據信用等級實施差異化的通關管理措施。」根據《中華人民共和國海關企業信用管理辦法》，海關根據企業信用狀況將企業認定為高級認證企業、一般認證企業、一般信用企業和失信企業。海關按照誠信守法便利、失信違法懲戒原則，對上述企業分別適用相應的管理措施。例如，失信企業的進出口貨物平均查驗率會在80%以上，經營加工貿易業務的，全額提供擔保；而高級認證企業的進出口貨物平均查驗率會在一般信用企業平均查驗率的20%以下，且可以向海關申請免除擔保。除了海關的管理措施外，海關還會通過全國信用信息共享平臺提供海關失信企業信息，由發展和改革委員會、中國人民銀行、國家稅務總局、國家外匯管理局等數十個參與聯合激勵和懲戒的部門實施跨部門聯合激勵和懲戒。

　　對於平臺、物流和支付企業，雖然不存在貨物通關的問題，但是一旦因為《中華人民共和國海關企業信用管理辦法》第十二條第六項「向海關隱瞞真實情況或者提供虛假信息，影響企業信用管理的」情形，被認定為失信企業的話，則可能受到其他部門的限制和懲戒。

　　3. 跨境電商參與企業應向開放信息共享接口

　　海關監管事宜通知要求企業開放物流信息共享接口，但早在2018年11月初，海關即發布公告（2018年第165號）要求參與跨境電商零售進口業務的跨境電商平臺企業應當向海關開放支付相關的原始數據，供海關驗核。開放數據包括訂單號、商品名稱、交易金額、幣制、收款人相關信息、商品展示連結地址、支付交易流水號、驗核機構、交易成功時間以及海關認為必要的其他數據，這意味著，進口跨境電商企業的支付單原始數據，都將和海關總署系統打通。結果就是，對於業內所有在電商平臺上相關的轉支付操作、虛假支付單、虛假物流單、低報通關等都將一網打盡。

　　4. 跨境電商參與企業應接受海關稽查

　　海關稽查，是指海關自進出口貨物放行之日起3年內或者在保稅貨物、減免稅進口貨物的海關監管期限內及其後的3年內，對與進出口貨物直接有關的企業、單位的會計帳簿、會計憑證、報關單證以及其他有關資料（以下統稱「帳簿、單證等有關資

料」）和有關進出口貨物進行核查，以監督其進出口活動的真實性和合法性。目前的海關稽查一般以事後為主，主要在進出口貨物放行後的法定時間內開展，對於發現存在違規違法行為的企業，海關可以採取追繳稅款、降低企業信用等級、進行行政處罰等措施。當然，海關稽查理論上一般只能對國內企業開展，作為跨境電商企業的境外企業，海關稽查尚不能延伸其觸角，而只能對其境內代理人實施稽查。

5. 跨境電商參與企業應主動報告違法違規事情

跨境電商平臺企業、跨境電商企業或其代理人、物流企業、跨境電商監管作業場所經營人、倉儲企業發現涉嫌違規或走私行為的，應當及時主動告知海關。根據《中華人民共和國海關稽查條例》的規定，與進出口貨物直接有關的企業、單位主動向海關報告其違反海關監管規定的行為，並接受海關處理的，應當從輕或者減輕行政處罰。

（三）監管政策

本次新政監管政策的重點是延續了過渡期的政策，即對直購模式和試點城市網購保稅模式下（不包括非試點城市的 1239 監管方式），跨境電商零售進口商品按個人自用進境物品監管，不執行有關商品首次進口許可批件、註冊或備案要求。這個政策在六部委通知中進行重述的意義在於，不再僅僅是過渡期政策，具有政策有效期的暫行性，而是作為一個固定的規則確定下來，不再需要每隔一段時期進行政策確認。但是需要注意的是：

首先，這裡所說的按照個人自用物品監管，主要是從許可註冊備案等前期手續豁免的角度而言，並不意味著適用行郵稅率，即儘管按照行郵的個人自用物品進行監管，但是稅率仍然適用 2016 年 4.8 政策所規定的跨境電商稅率。

其次，在重申試點城市不執行許可註冊備案要求之後，本次的監管要求還專門附加了一句話，即「但對相關部門明令暫停進口的疫區商品，和對出現重大質量安全風險的商品啟動風險應急處置時除外」。即出現檢疫風險和質量安全風險時可以突破上述許可註冊備案豁免的便利。

再次，本次新政對檢疫監管給予了高度重視，檢疫主要是對進口商品中動植物病原體（包括菌種、毒種等）、害蟲及其他有害生物傳播的監管。由於檢疫風險是一種社會風險，海關監管事宜通知對此進行了一再強調，比如對須在進境口岸實施的檢疫及檢疫處理工作，應在完成後方可運至跨境電商監管作業場所。不得進出口涉及危害口岸公共衛生安全、生物安全的商品，海關對跨境電商零售進出口商品及其裝載容器、包裝物按照相關法律法規實施檢疫，並根據相關規定實施必要的監管措施等。

最後，零售清單的列名是比較清楚的，這裡從業者還需要繼續關注清單的「備註」項目，有不少產品是僅限網購保稅進口，也有不少產品要同時符合其他文件的限制要求。一方面，有些類目只限特定的商品，例如，稅目號為 38249999 的「其他稅目未列明的化學工業及其相關工業的化學產品及配置品」，在備註中明確說明「僅限蒸汽眼罩、暖寶寶貼、暖宮貼、肩頸及配置品」。另一方面，歸類稅號是容易出問題的方面，有些商品的排除，並非列示於備註之中，而是稅號本身的應有之義。前兩年有個行政處罰案件，當事人跨境電商保稅進口一批電扇，電商額定功率未超過 125 瓦，但是當時跨境清單允許的稅目是 8414599091，即超過 125 瓦的電扇，當事人耍了個滑頭，按照這個跨境清單稅目來報，結果被海關發現，定性為用跨境電商方式進口清單外商品，

申報的監管方式錯誤，因為一般貿易，而因跨境電商享受優惠稅率，所以還涉嫌偷逃稅款，最後被罰了5萬多元。

第二節 跨境電商通關監管模式

自2014年以來，海關頻繁出抬新的貿易監管方式——「1239」「1210」「9610」，印證了跨境貿易及電商的大勢所趨，可歸納總結為「市場採購貿易方式」「保稅電商模式」和「電子商務模式」。為促進跨境貿易電子商務進出口業務發展、方便企業通關、規範海關管理，2016年12月6日，中華人民共和國海關總署（以下簡稱「海關總署」）新增了「1239」監管代碼，全稱「保稅跨境貿易電子商務A」，簡稱「保稅電商A」，適用於境內電子商務企業通過海關特殊監管區或保稅物流中心（B型）一線進境的跨境電商零售進口商品。

一、「9610」——一般出口模式

一般出口模式（「9610」出口），採用「清單核放、匯總申報」的方式，電商出口商品以郵、快件方式分批運送，海關憑清單核放出境，定期把已核放清單數據匯總形成出口報關單，電商企業或平臺憑此辦理結匯、退稅手續，如圖3-1所示。

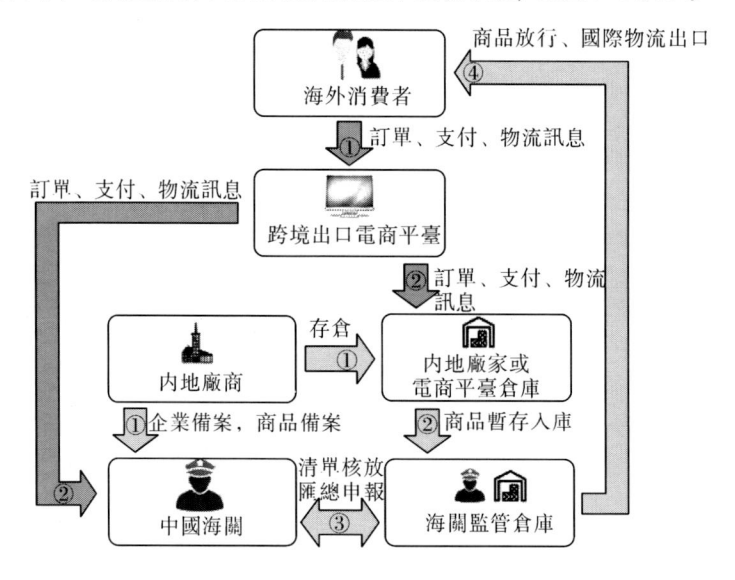

圖3-1 一般出口模式

二、「1210」——保稅出口模式

海關總署發布2014年第57號文件，自2014年8月1日起，增列海關監管方式代碼「1210」，全稱「保稅跨境貿易電子商務」，簡稱「保稅電商」，俗稱「備貨模式」。適用於境內個人或者電子商務企業經過海關認可的電子商務平臺實現跨境交易，並且

通過海關特殊監管區域或者保稅監管場所進出的電子商務零售進出境商品。「1210」監管方式用於進口時僅限經批准開展跨境貿易電子商務進口試點的海關特殊監管區域和保稅物流中小（B型）區域。

「1210」要求開展區域必須是跨境貿易電子商務進口試點城市的特殊監管區域，從2013年開始開展跨境電商試點城市的運行，第一批有上海、杭州、寧波、鄭州、重慶、廣州、深圳前海為前驅，後有福州、平潭、天津，在國家政策支持下發展跨境電商，現在已經有10個試點城市了。

簡單來說，商家將商品批量備貨至海關監管下的保稅倉庫，消費者下單後，電商企業根據訂單為每件商品辦理海關通關手續，在保稅倉庫完成貼面單和打包，經海關查驗放行後，由電商企業委託物流配送至消費者手中，如圖3-2所示。

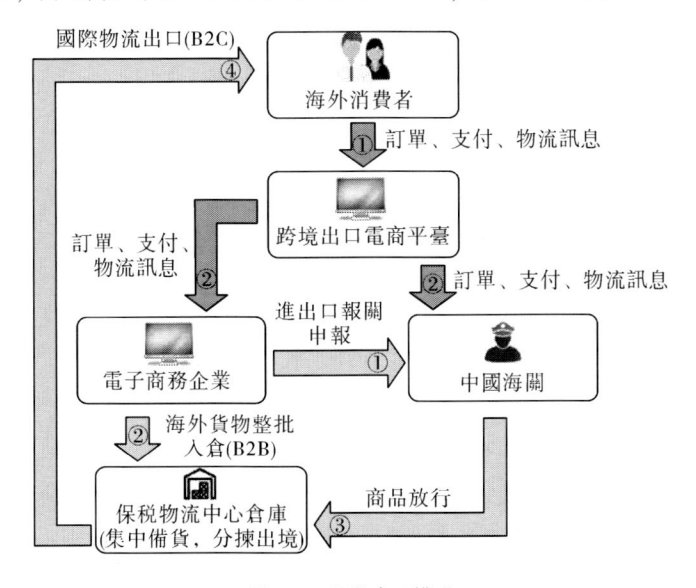

圖3-2　保稅出口模式

優點：提前批量在保稅倉庫備貨，國際物流成本低，有訂單後可立即從保稅倉發貨，通關效率高，並可及時回應售後服務需求，用戶體驗較好。

缺點：使用保稅倉庫有倉儲成本，備貨占用資金大。

適用：業務規模大、業務量穩定的階段。可通過大批量訂貨或備貨降低採購成本，逐步從空運過渡到海運以降低國際物流成本。

三、「9610」──直購進口模式

海關總署曾發布的2014年第12號公告表示，為促進跨境貿易電子商務零售進出口業務發展，方便企業通關，自2014年2月10日起，增列海關監管方式代碼「9610」，全稱「跨境貿易電子商務」，簡稱「電子商務」，俗稱「集貨模式」。它適用於中國境內個人或者電子商務企業通過商務交易平臺（網站、App、小程序等）實現交易，並且採用「清單核放，匯總申報」模式辦理通關手續的電子商務零售進口商品（但是通過海關特殊監管區域或保稅監管場所一線的電子商務零售進口商品除外）。

因為跨境電商有著小額多單的特點，傳統 B2C 出口企業，在物流上主要採用航空小包、郵寄、快遞郵政小包、快件等方式，報關主體是郵政或快遞公司，該模塊貿易都沒有納入海關統計，海關新增的「9610」代碼將跨境電商的監管獨立出來，有利於規範和監管。

簡而言之，商家將多個已售出商品統一打包，通過國際物流運送至國內的保稅倉庫，電商企業為每件商品辦理海關通關手續，經海關查驗放行後，由電商企業委託國內快遞派送至消費者手中。每個訂單附有海關單據，如圖 3-3 所示。

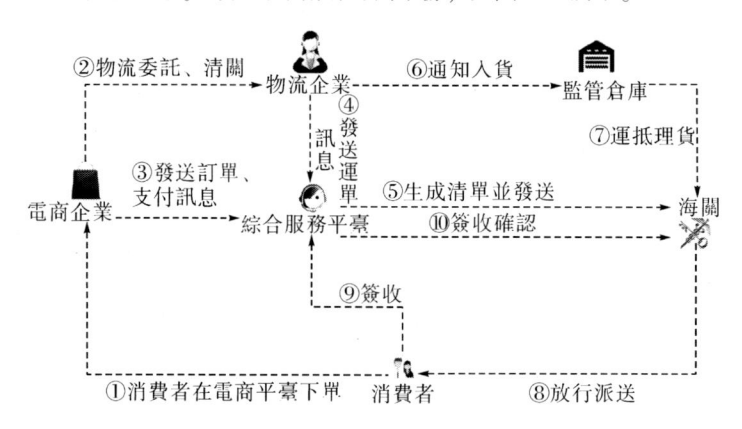

圖 3-3　直購進口模式

優點：靈活，不需要提前備貨，相對於快件清關而言，物流通關效率較高，整體物流成本有所降低。

缺點：需在海外完成打包操作，海外操作成本高，且從海外發貨，物流時間稍長。

適合：業務量迅速增長的階段，每週都有多筆訂單。

由於適用範圍的限定，對於跨境電商進口業務而言，「9610」模式與「1210」模式的對比如下：

「9610」模式僅適用於集貨模式。以鄭州為例，交易發生且產生一定量的訂單後，商品通過國際物流進入機場關區時性質為貨物，之後進入監管倉庫進行拆包，並以「物品」的方式進行清關，再由國內的快遞公司負責國內的物流配送。「9610」模式在信息數據方面要求對參與跨境電商交易行為的企業進行備案，並進行相關數據的傳送（後文將詳細講解）。

「1210」模式對於跨境電商進口模式而言，僅適用於網購保稅進口模式，文件更是特別強調，當貨物用於進口時，僅限經過批准開展跨境貿易電子商務進口試點的海關特殊監管區域和保稅物流中心 B 型，說明僅海關批覆的「8+2」跨境進口試點城市，才能完成網購保稅進口模式清關、發貨，在信息數據方面，除了強調企業備案與信息傳送之外，保稅跨境貿易電子商務的交易平臺也需要得到海關的認可。

四、「1239」——保稅電商 A 模式

海關總署發布 2016 年第 75 號公告，增列海關監管方式代碼「1239」，全稱「保稅跨境貿易電子商務 A」，簡稱「保稅電商 A」。與「1210」監管方式相比，「1239」監管

方式適用於境內電子商務企業通過海關特殊監管區域或保稅物流中心（B型）一線進境的跨境電商零售進口商品。同時，區別於「1210」監管方式，上海、杭州、寧波、鄭州、重慶、廣州、深圳、福州、平潭、天津10個試點城市暫不適用「1239」監管方式開展跨境電商零售進口業務。

至此，在跨境電商實行新政後，國內保稅進口分化成兩種：一是新政前批覆的具備保稅進口試點的10個城市，二是新政後開放保稅進口業務的其他城市，如圖3-4所示。由於新政後續出現了暫緩延期措施，且暫緩延期措施僅針對此前的10個城市，因此海關在監管時，將兩者區分開來：對於免通關單的10個城市，繼續使用「1210」代碼；對於需要提供通關單的其他城市（非試點城市），採用新代碼「1239」。

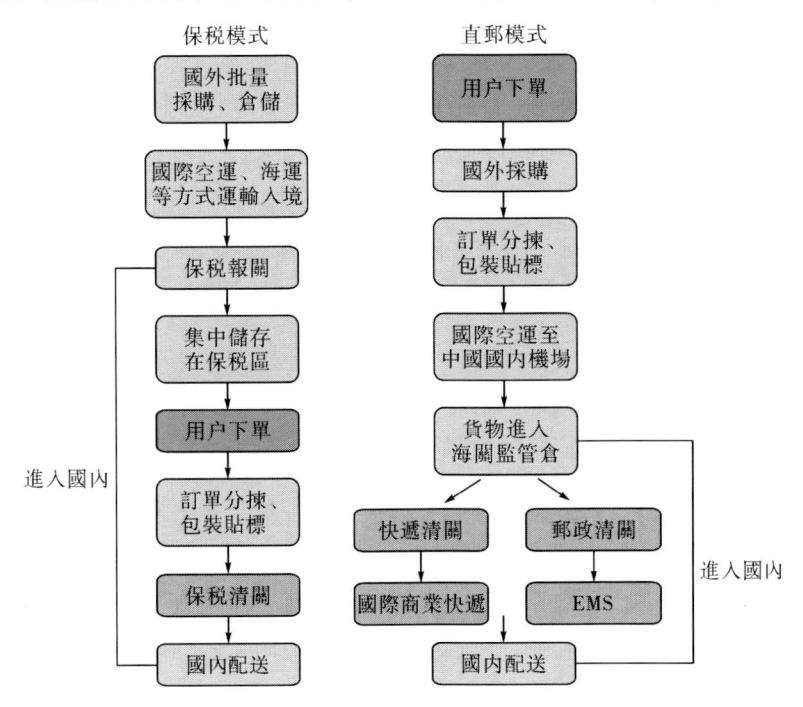

圖 3-4　保稅電商 A 模式

從本質上來看，這次新增代碼是由海關內部的監管所致，對行業並無重大影響。只不過，很多人不知道跨境電商保稅進口業務已經完全放開，很多內陸城市的綜合保稅區都已經開展該業務了。也有人說對全國非試點城市來說，沒多大意義，因為以通關單為代表的單證問題，就會卡死這些城市。自2012年跨境電商試點開始，大部分同行都相信環境總會趨於平穩，因為對於通關單的事情早晚會有一個解決辦法，緩衝期結束後大家都會在一個公平的政策環境裡競爭。

第三節　跨境電商的外匯及支付監管

跨境電商推動了跨境電子支付市場，並進而加速了第三方支付的發展。第三方支

付在跨境電商中越來越重要的地位也促使相關部門在監管過程中不斷進行完善與創新。

一、跨境電商中的外匯管理

外匯管理廣義上是指一國政府授權國家的貨幣金融當局或其他機構，對外匯的收支、買賣、借貸、轉移以及國與國之間的結算、外匯匯率和外匯市場等實行的控制和管制行為；狹義上是指對本國貨幣與外國貨幣的兌換實行一定的限制。

《中華人民共和國外匯管理條例》由國務院於 1996 年 1 月 29 日發布，自 1996 年 4 月 1 日起實施。根據 1997 年 1 月 14 日，國務院關於修改《中華人民共和國外匯管理條例》的決定，2008 年 8 月 1 日，國務院第 20 次常務會議修訂通過，這是中國外匯管理的基本行政法規，主要規定了外匯管理的基本原則與制度。

中國外匯管理體制屬於部分新型匯管制，對經常項目實行可兌換；對資本項目實行一定的管制，對金融機構的外匯業務實行監管；禁止外幣境內計價結算流通；保稅區實行有區別的外匯管理等。這種外匯管理體系既基本適應中國當前市場經濟的發展要求，也符合國際慣例。

為積極支持跨境電商發展，防範互聯網渠道外匯支付風險，國家外匯管理局在總結前期經驗的基礎上，於 2015 年 1 月 20 日發布了支付機構跨境外匯支付業務試點指導意見，在全國範圍內開展支付機構跨境外匯支付業務試點。

由於跨境電商以及跨境電子支付尚屬新興事物，涉及參與方眾多，相關的法規和政策也在逐步完善中。跨境電商中外匯管理的幾個重點方麵包括：

1. 市場准入及第三方支付企業的資質

跨境支付的線上支付方式能夠突破時空限制，將其業務觸角觸及世界，並將世界範圍的企業和個人都變成其業務的潛在客戶。當跨境支付的平臺功能做大，經濟金融信息以及資金鏈等日益在平臺聚集，任何的資金短缺、經營違規、系統故障、信息洩露都會引發客戶外匯資金風險以及業務風險，因此將跨境支付的市場准入規範作為行業門檻尤其重要。

第三方支付企業有必要參照商業銀行辦理結售匯業務的准入標準建立規範的進行跨境業務的准入機制，從外匯業務經營資格、業務範圍、監督等方面建立准入標準，從而防止不具備條件的支付機構辦理跨境支付以及相應的結售匯代理業務。

2013 年 3 月，國家外匯管理局下發《支付機構跨境電商外匯支付業務試點指導意見》，決定在上海、北京、重慶、浙江、深圳等地試點，允許參加試點的支付機構集中為電子商務客戶辦理跨境收付匯和結售匯業務。

跨境支付牌照是國家外匯管理局發放給支付機構，允許其進行跨境電商外匯支付業務的許可證。截至 2016 年 8 月，中國共有 28 家支付企業獲得跨境支付牌照。

2. 第三方支付企業的外匯監管

第三方支付企業在跨境電商外匯管理中是一個非常特殊的主體，對其外匯監管需要注意兩個問題：①第三方支付企業在跨境的外匯收支管理中，承擔了部分外匯政策的執行和管理職責。它與銀行類似，既是外匯管理政策的執行者，又是外匯管理政策的監督者；②第三方支付企業主要為收付款人提供貨幣資金支付清算服務，屬於支付清算組織的一種，但與傳統的金融機構又有區別，因此，在對第三方支付企業經辦的跨境外匯收支業務進行管理時，需要從外匯管理的政策法規以及管理制度等方面進行規範。

3. 交易真實性

相較於傳統的一般進出口貿易，跨境電商的交易真實性更難把握，這主要有兩方面因素：①經常項目下跨境交易的電子化以及部分交易產品的虛擬化；②第三方支付平臺代理交易方辦理購匯、結匯業務，銀行對境內外交易雙方的情況並不瞭解，對交易的真實性以及資金支付的合法性都難以進行相關審核。

跨境交易真實性以及資金支付合法性的審核難題，為資本項目混入經常項目辦理網上跨境收支提供了途徑，導致非法資金的流出或流入，更有甚者會出現通過製造虛假交易洗錢等犯罪活動。

4. 跨部門協調

對跨境電商交易的管理，涉及國家外匯管理局、銀行、工商、稅務、海關、質檢、商務部門等多個監管部門，需要各部門協調配合。國家外匯管理局在監管跨境電商支付時更應該主動與各部門溝通，互相配合以實現有效管理。

國家外匯管理局應對具有跨境支付牌照的企業實施有效的外匯管理，第三方支付企業只有獲得准入資質後才能辦理跨境支付交易，否則，國家外匯管理局應及時通報給有關部門並進行處理。國家外匯管理局要督促將跨境電商支付中的大額、可疑信息及時報送中國人民銀行反洗錢管理部門，並主動加強與反洗錢部門的協調配合，以防止不法分子利用跨境支付交易進行洗錢活動。

國家外匯管理局要加強與海關的相關信息的溝通，加強對物流與資金流的匹配管理，對發現的「低報高出」「高報低出」以及「低報高付」等涉及走私、騙稅、非法逃套匯和非法資金流入等問題，及時移交相關部門進行處理，對一定金額以上的服務貿易類的交易等跨境交易業務，國家外匯管理局應要求銀行除審核合同（協議）或發票（支付通知書）外，還要審核稅務部門出具的完稅憑證；定期將境內機構和個人通過第三方支付平臺支付虛擬產品和服務貿易的數據通報給稅務部門，協助加強稅收徵管，防止限額下服務貿易逃稅以及拆分付匯，逃避稅收監管。

二、跨境電子支付的金融監管

近年來，中國人民銀行先後出抬了一系列法規和政策對第三方支付機構進行規範。2010 年 9 月 1 日開始實施的《非金融機構支付服務管理辦法》首次明確了第三方支付企業的法律地位，將第三方支付企業正式納入國家支付體系監管中。該辦法對申請支付牌照的企業設定了門檻限制，規定未經中國人民銀行批准，任何非金融機構和個人不得從事或變相從事支付業務。為配合該辦法的實施工作，中國人民銀行於 2010 年 12 月發布了《非金融機構支付服務管理辦法實施細則》。

2012 年 3 月 5 日《支付機構反洗錢和反恐怖融資管理辦法》正式施行。該辦法對依據《非金融機構支付服務管理辦法》取得支付業務許可證的非金融機構，從客戶身分識別、客戶身分資料和交易記錄保存、可疑交易報告、反洗錢和反恐怖融資調查、監管管理等方面進行了規範，並明確了法律責任。

2012 年 11 月 1 日《支付機構預付卡業務管理辦法》開始施行，2013 年 6 月 7 日施行的《支付機構客戶備付金存管辦法》對建立統一的非金融機構支付業務市場准入機制，強調資金管理方面客戶備付金的權屬關係、存管方式、客戶備付金與實繳貨幣資本的比例等做出了原則性要求。

2016年7月1日《非銀行支付機構網絡支付業務管理辦法》正式施行，對依法取得支付業務許可證，獲準辦理互聯網支付、移動電話支付、固定電話支付、數字電視支付等網絡支付業務的非銀行機構，從客戶管理、業務管理、風險管理與客戶權益保護、監管管理等方面進行了規範，並明確了法律責任。

根據第三方支付的特點和支付流程，對跨境電子支付的金融監管應著重在准入及退出機制、資金沉澱、反洗錢等幾個方面。

1. 准入及退出機制

與准入機制相對應的是退出機制。對於第三方支付機構的市場退出，一方面是對其業務行為的規範，另一方面更是要求程序的規範。《非金融機構支付服務管理辦法》規定：「支付機構有下列情形之一的，中國人民銀行及其分支機構有權責令其停止辦理部分或全部支付業務：①累計虧損超過其實繳貨幣資本的52%；②有重大經營風險；③有重大違法違規行為；④支付機構應解散、依法被撤銷或被宣告破產而終止的，其清算事宜按照國家有關法律規定辦理。」

第三方支付機構的市場退出不僅涉及清算資金等金融資產的損失或轉移，更重要的是對相關支付信息的分類和轉移，一旦出現意外和信息洩露將會造成重大損失，並影響金融穩定。從現有情況來看，第三方支付企業的退出機制涉及的法律法規尚不健全，操作性和規範性都有待加強。

因此，通過適當抬高第三方支付機構的准入門檻，可以提高第三方支付機構的整體質量，降低第三方支付機構的金融風險。完善第三方支付機構的退出機制將有助於減少摩擦，維護金融穩定。

2. 沉澱資金

《非金融機構支付服務費管理辦法》明確規定「支付機構接受的客戶備付金不屬於支付機構的自有財產。支付機構只能根據客戶發起的支付指令轉移備付金。禁止支付機構以任何形式挪用備付金」「支付機構接受客戶備付金的，應當在商業銀行開立備付金專用存款帳戶存放備付金。中國人民銀行另有規定的除外。支付機構只能選擇一家商業銀行作為備付金存管銀行，且在該商業銀行的一個分支機構只能開立一個備付金專用存款帳戶」「支付機構的實繳貨幣資本與客戶備付金日均金額的比例，不得低於10%」「備付金存管銀行應當對存放在本機構的客戶備付金的使用情況進行監督，並按規定向備付金存管銀行所在地中國人民銀行分支機構及備付金存管銀行的法人機構報送客戶備付金的存管或使用情況等信息資料」。

通過立法的方式規範第三方支付機構備用金的權屬，實行銀行專用存放和定向流動，禁止將客戶資金用於第三方支付公司營運或者其他目的；明確商業銀行在第三方支付市場中的監管義務，監控備付金帳戶的資金流動情況，確保資金的合法使用。

3. 反洗錢

《非金融機構支付服務管理辦法》中明確申請人「有符合要求的反洗錢措施」；《非銀行支付機構網絡支付業務管理辦法》規定「支付機構應當綜合客戶類型、身分核實方式、交易行為特徵、資信狀況等因素，建立客戶風險評級管理制度和機制，並動態調整客戶風險評級及相關風險控制措施。支付機構應當根據客戶風險評級、交易驗證方式、交易渠道、交易終端或接口類型、交易類型、交易金額、交易時間、商戶識別等因素，建立交易風險管理制度和交易監測系統，對疑似詐欺、套現、洗錢、非法

融資、恐怖融資等交易，及時採取調查核實、延遲結算、終止服務等措施」。

《支付機構反洗錢和反恐怖融資管理辦法》明確要求支付機構總部應從七個方面依法建立健全統一的反洗錢和反恐怖融資內部控制制度：客戶身分識別措施；客戶身分資料和交易記錄保存措施；可疑交易標準和分析報告程序；反洗錢和反恐怖融資內部審計、培訓和宣傳措施；配合反洗錢和反恐怖融資調查的內部程序；反洗錢和反恐怖融資工作保密措施；其他防範洗錢和恐怖融資風險的措施等。

雖然一系列法規和政策中都涉及了反洗錢的條款，但從目前來看，相應法規的效力層次與反洗錢的嚴峻形勢不相匹配，規則過於粗疏，可操作性不強。考慮到第三方支付行業的發展和特點，對反洗錢的監管仍然是任重道遠。

第四節　跨境電商的稅收監管

一、跨境電商的徵稅依據

從稅收徵管的角度來看，對跨境電商的稅收監管涉及不同的稅收管轄權主體，對其徵收的稅種除了應徵收國內電子商務的稅種外，還要徵收進出口環節的關稅和其他相關稅收。由於中國當前還沒有專門針對電子商務的稅收法律法規，有不少研究者據此認為，中國對電子商務徵稅存在「稅收真空」。其實，電子商務屬於商業活動中的銷售行為，按照中國稅收制度的規定，對此類銷售行為應該依法徵收增值稅、消費稅。以增值稅為例，在中國增值稅體系中，分為個體工商戶和其他個人兩種類型。對於個人網商，可適用《中華人民共和國增值稅暫行條例實施細則》為個人銷售設定的起徵點，即個人網商月銷售額在 5,000～20,000 元的，免徵增值稅；按次納稅的，每次（日）銷售額起徵點為 300～500 元。同理，在電子商務活動中涉及消費稅的應稅消費品和營業稅的應稅勞務，也應依法徵收消費稅和營業稅。

跨境電商屬於國際貿易，對於傳統貿易中進出口商品徵稅的基本制度同樣適用於跨境電商。對海關徵稅而言，進出口商品的價格審定、商品歸類、原產地規則、關稅稅率適用、進口貨物保稅等方面的基本規定與傳統方式下的進出口商品並無二致。從監管方式來看，海關增列了專門針對跨境電商的監管方式代碼「9610」（全稱「跨境貿易電子商務」，簡稱「電子商務」），適用於境內個人或電子商務企業通過電子商務交易平臺實現交易，並採用「清單核放、匯總申報」模式辦理通關手續的電子商務零售進出口商品（通過海關特殊監管區域或保稅監管場所一線的電子商務零售進出口商品除外）。以「9610」海關監管方式開展電子商務零售進出口業務的電子商務企業、監管場所經營企業、支付企業和物流企業等，都應按照規定向海關備案，並通過電子商務通關服務平臺即時向電子商務通關管理平臺傳送交易、支付、倉儲和物流等數據。

二、跨境電商對海關徵稅的影響

（一）對確定稅收要素的影響

在傳統貿易中，從事商品生產銷售或提供勞務的單位和個人，擁有固定的經營場

所，應向徵稅機關進行稅務登記，以便徵稅機關進行稅款的徵收、管理和稽查。而在跨境電商中，交易在網上進行，交易雙方的身分都可以虛擬化，且並不需要固定的場所，作為徵稅機關的海關很難查實納稅人的真實信息，無法確定納稅人的真實身分，也無從進行後續的管理和稽查，對於納稅人檔案歸集、納稅風險評估、納稅指導和其他屬地化管理措施都很難開展。

同時，徵稅對象難以確定。目前對有形商品的進境由海關徵收關稅、增值稅和消費稅，而服務和數字化產品進口不屬於海關徵稅的範圍。但問題是，在信息技術高度發達的今天，傳統的有形商品大多可以轉化為服務和數字化產品，有形商品、服務、數字化產品的界限已經變得十分模糊，在此情況下，進口服務或數字化產品是否屬於海關稅收的徵稅對象就變得很難確定。例如，境內單位進口一批貨物，並由境外賣方提供與進口貨物相關的技術指導和服務，在傳統貿易方式下，技術指導和服務的價格作為特許權使用費應計入貨物價格一併徵稅，而在電子商務中，技術指導和服務完全可以通過網絡提供，並在一個獨立的合同項下進口，該項服務是否屬於海關徵稅的對象，則變得不確定。

另外，稅率適用也難以確定。在關稅中，稅率的確定取決於商品的歸類、原產地等因素。但從原產地來看，傳統貿易中進出口貨物的原產地比較容易確定，而在電子商務條件下，由於互聯網沒有清晰明確的國境界限，很難判斷電子商務交易雙方所處的國家，且因為電子商務所獨有的虛擬性和無形性，海關難以準確判斷貨物或者服務的提供地和消費地，特別是對於數字化產品，即使海關發現了進口行為，也難以準確判斷其來源地及適用稅率。

（二）對海關審價的影響

審價是指由海關對進出口商品的完稅價格進行審定，海關審價的主要依據是進出口合同、發票、箱單、提貨單、運費單據、保險費單據、企業會計憑證、帳簿、財務報表等資料，依據這些資料，海關審核納稅人申報的進出口貨物價格的真實性和合理性，並確定完稅價格。海關審價是海關徵稅工作中十分重要的一環。在傳統貿易中，海關審價所依據的這些資料都以紙質形態存在，經過貿易雙方簽字確認，法律事實清楚，而且紙質單證有明確的保存期限，便於通關後期對企業開展核查與稽查。但在電子商務活動中，紙質文件和單證資料都已被電子化的文件取代，由於電子資料很容易被修改或刪除，使得海關的審價稽查作業有可能遭遇資料失實甚至消失的困境，同時還面臨著如何固定電子化資料作為證據以備後期檢查稽核等問題。

（三）對海關監管的影響

跨境電商通過網絡平臺實現，商業洽談、下單、合同簽訂、支付結算都在網上完成，而網絡安全正越來越得到重視，為此催生了越來越複雜嚴格的信息安全和保密技術。跨境電商在網絡談判、合同簽訂、貨款支付等環節一般都會採用身分認證、口令秘鑰等措施。這些技術在保證安全的同時，卻造成了海關徵稅和監管的困難。除此之外，網上支付和電子支付的方式和渠道日益增加，一些網上支付平臺和銀行，尤其是國外的銀行和支付平臺對客戶信息實行保密，使得中國海關難以獲得所需要的信息，也不利於海關對相關企業和個人的資金流實施監控，從而進一步削弱了海關的監管能力。

三、跨境電商零售進口稅收徵管

(一) 行郵稅

中國海關對於進口商品有兩種徵稅規則：一種是企業購買國外商品進入中國並用於商店銷售，海關對其徵收關稅和進口環節增值稅；另一種則是由個人帶入或者郵寄的物品，就徵收行郵稅。

行郵稅是對行李和郵遞物品進口稅的簡稱，是海關對入境旅客行李物品和個人郵遞物品徵收的進口稅。由於其中包含了進口環節的增值稅和消費稅，故也是對個人非貿易性入境物品徵收的進口關稅和進口工商稅收的總稱。課稅對象包括入境旅客、運輸工具，服務人員攜帶的應稅行李物品、個人郵遞物品、饋贈物品以及以其他方式入境的個人物品等。行郵稅稅率非常低，大約在10%的水準，而一般貿易進口稅率比行郵稅要高30%左右。行郵稅的徵收最早源於中國海外僑胞回國給國內親屬帶東西，或者往國內郵寄物品。

《中華人民共和國進出口關稅條例》第五十六條規定：「進境物品的關稅以及進口環節海關代徵稅合併為進口稅，由海關依法徵收。」行郵稅的徵管工作既是海關徵稅工作中的重要組成部分，也是海關貫徹國家稅收政策的一個重要方面。通過徵收行郵稅，對一些國內外差價較大的重點商品根據不同的監管對象予以必要和適當的調控，既能有效地發揮關稅的槓桿作用，又能增加國家的財政收入，為國家建設累積資金。

在跨境電商稅收新政出抬之前，跨境電商零售進口一直按照「行郵稅」徵收，執行10%、20%、30%和50%四檔稅率，同時還享有一定的免稅額，即對稅額在50元以下的郵遞物品予以免徵。

(二) 跨境電商零售進口稅收

隨著跨境電商的發展規模越來越大，就產生了兩個問題：一是對購買者來講，稅負輕了、成本低了，但對國家而言，形成了稅收收入的流失；二是如果未來跨境電商發展趨勢很快的話，會衝擊一般貿易。因為跨境電商的稅務成本低，一般貿易的商業模式競爭不過跨境電商。行郵稅不僅會造成跨境電商和一般貿易之間的稅負不公平，也會因為進口商品和國內商品稅負不同而對國內企業產生影響，造成不公平貿易。

2016年3月24日，財政部、海關總署、國家稅務總局聯合發布《關於跨境電商零售進口稅收政策的通知》(財關稅〔2016〕18號)，宣布自2016年4月8日起，中國將實施跨境電商零售（企業對消費者，即B2C）進口稅收政策，並同步調整行郵稅政策。具體如下：

1. 跨境電商零售進口商品按照貨物徵收關稅和進口環節增值稅、消費稅，購買跨境電子商務零售進口商品的個人作為納稅義務人，實際交易價格（包括貨物零售價格、運費和保險費）作為完稅價格，電子商務企業、電子商務交易平臺企業或物流企業可作為代收代繳義務人。

2. 跨境電商零售進口稅收政策適用於從其他國家或地區進口的、在《跨境電商零售進口商品清單》範圍內的以下商品：

所有通過與海關聯網的電子商務交易平臺交易，能夠實現交易、支付、物流電子

信息「三單」比對的跨境電商零售進口商品。

未通過與海關聯網的電子商務交易平臺交易，但快遞、郵政企業能夠統一提供交易、支付、物流等電子信息，並承諾承擔相應法律責任進境的跨境電商零售進口商品。

不屬於跨境電商零售進口的個人物品以及無法提供交易、支付、物流等電子信息的跨境電商零售進口商品，按現行規定執行。

3. 跨境電商零售進口商品的單次交易限值為人民幣2,000元，個人年度交易限值為人民幣20,000元。在限值以內進口的跨境電商零售進口商品，關稅稅率暫設為0；進口環節增值稅、消費稅取消免徵稅額，暫按法定應納稅額的70%徵收。超過單次限值、累加後超過個人年度限值的單次交易，以及完稅價格超過2,000元限值的單個不可分割商品，均按照一般貿易方式全額徵稅。

4. 跨境電商零售進口商品自海關放行之日起30日內退貨的，可申請退稅，並相應調整個人年度交易總額。

5. 跨境電商零售進口商品購買人（訂購人）的身分信息應進行認證；未進行認證的，購買人（訂購人）身分信息應與付款人一致。

（三）跨境電商零售出口稅收

1. 電子商務出口企業出口貨物［財政部、國家稅務總局明確不予出口退（免）稅或免稅的貨物除外，下同］，同時符合下列條件的，適用增值稅、消費稅退（免）稅政策。

電子商務出口企業屬於增值稅，一般納稅人並已向主管稅務機關辦理出口退稅資格認定。

出口貨物取得海關出口貨物報關單（出口退稅專用），且與海關出口貨物報關單電子信息一致。

出口貨物在退（免）稅申報期截止之日內收匯。

電子商務出口企業屬於外貿企業的，購進出口貨物取得相應的增值稅專用發票、消費稅專用繳款書（分割單）或海關進口增值稅、消費稅專用繳款書，且上述憑證有關內容與出口貨物報關單（出口退稅專用）有關內容相匹配。

2. 電子商務出口企業出口貨物，不符合本通知第一條規定條件，但同時符合下列條件的，適用增值稅、消費稅免稅政策。

第一，電子商務出口企業已辦理稅務登記。

第二，出口貨物取得海關簽發的出口貨物報關單。

第三，購進出口貨物取得合法有效的進貨憑證。

3. 電子商務出口貨物適用退（免）稅、免稅政策的，由電子商務出口企業按現行規定辦理退（免）稅、免稅申報。

4. 適用退（免）稅、免稅政策的電子商務出口企業，是指自建跨境電商銷售平臺的電子商務出口企業和利用第三方跨境電商平臺開展電子商務出口的企業。

5. 為電子商務出口企業提供交易服務的跨境電商第三方平臺，不適用本通知規定的退（免）稅、免稅政策，可按現行有關規定執行。

另外，2019年3月21日財政部公布，自4月1日起增值稅一般納稅人發生增值稅應稅銷售行為或者進口貨物，原適用16%稅率的，稅率調整為13%；原適用10%稅率

的，稅率調整為9%。這對跨境電商零售進口商品必將帶來更大的政策紅利。

根據跨境電商政策，跨境電商零售進口商品的單次交易限值為人民幣5,000元，個人年度交易限值為人民幣26,000元。在限值以內進口的跨境電商零售進口商品，關稅稅率暫設為0；進口環節增值稅、消費稅取消免徵稅額，暫按法定應納稅額的70%徵收。完稅價格超過5,000元單次交易限值但低於26,000元年度交易限值，且訂單下僅一件商品時，按照貨物稅率全額徵收關稅和進口環節增值稅、消費稅，交易額計入年度交易總額。

（1）對於無消費稅的商品

對於無消費稅的跨境電商零售進口商品，如果增值稅稅率從16%下調為13%，則進口綜合稅率將由11.2%下調為9.1%；如果增值稅稅率從10%下調為9%，則進口綜合稅率將由7%下調為6.3%。

（2）對於有消費稅的商品

對於增值稅稅率從16%下調為13%，且消費稅稅率為15%的跨境電商零售進口商品，進口綜合稅率將由25.53%下調為23.06%；對於增值稅稅率從16%下調為13%，且消費稅稅率為10%的跨境電商零售進口商品，進口綜合稅率將由20.22%下調為17.89%；對於增值稅稅率從16%下調為13%，且消費稅稅率為5%的跨境電商零售進口商品，進口綜合稅率將由15.47%下調為13.26%，詳見表3-1。

表3-1 增值稅稅率下調跨境電商綜合稅率變化表

增值稅稅率	降稅前	降稅後	降稅前	降稅後
消費稅稅率	16%	13%	10%	9%
15%	25.53%	23.06%	20.59%	19.76%
10%	20.22%	17.89%	15.56%	14.78%
5%	15.47%	13.26%	11.05%	10.32%
無	11.2%	9.1%	7%	6.3%

【小知識】

外貿做商檢似乎是件很平常的事，而跨境電商作為外貿的派生物，常說的檢驗檢疫又是怎麼做的呢？

在此，以一罐奶粉為例，讓我們看一下傳統貿易對於奶粉進口的監管方式是怎樣的。

奶粉進口有很多前置條件：

（1）境外生產企業需要經過國家認監委註冊認可才可以，需要進行評估。

（2）進出口商、經銷商需要進行備案。

（3）它所生產的奶粉必須符合中國的相關標準。

從歐洲進來的奶粉其實很多也是不符合我們國家標準的，不是安全狀況，而是裡面的營養成分指標是針對歐洲小孩的，含量偏低，所以哪怕國外很好的品牌有很多針對中國生產的廠商，這些廠商是經過中國認監委註冊的，同一個牌子有針對中國的牌子也有針對歐洲本土的牌子，所以說在監管中必須符合中國的流程和標準。

（4）包裝必須加貼中文標籤。

同樣地，針對出境電商，檢驗檢疫也是簡化手續，簡而言之，分為四步：先出後報、集中辦理、提前介入、檢疫為主。

> 【小案例】
>
> 違反海關監管政策，造成嚴重後果
>
> 　　2016年4月至6月，當事人以保稅電商監管方式向海關申報進口3票電扇，申報商品編碼均為8414599091，申報數量合計1,650臺，其中1,608臺通過海關跨境電商平臺進行了銷售。經查，發現上述電扇不屬於跨境電商零售進口正面清單內商品，應歸入商品編碼8414519200項下。當事人進口貨物，商品編碼申報不實，影響國家稅款徵收。經核計，上述1,608臺電扇的價值共計131.85萬元，漏繳應納稅款共計102,447.9元。

思考題：

1. 《電子商務法》的主要內容是什麼？
2. 跨境電商通關監管的主要模式及流程是什麼？
3. 如何理解跨境電商的外匯及支付監管的規則？在實際業務中應該如何綜合運用？
4. 跨境電商的稅收監管規則的內容是什麼？

第四章

跨境電商的選品與定價

【知識與能力目標】

知識目標：
1. 熟悉跨境電商的選品原則。
2. 掌握跨境電商的選品的步驟和方法。
3. 熟悉產品定價的方法。

能力目標：
1. 掌握選品工具的使用。
2. 掌握各種定價方式及計算。

【導入案例】

在亞馬遜移動電源市場上，Anker、Lepow 都是比較成功的移動電源品牌，但它們各自的選品和定位各有不同。

Anker 通過調研，發現歐美的商務人士更偏愛黑色，所以 Anker 把產品主色調定為黑色，以方方正正的款型為主打款型，以商務人士作為主要目標客戶群體，取得了成功。然後，很多移動電源就想模仿 Anker 的成功，也紛紛推出黑色款和方正款，但成功的例子並不多。

Lepow 同樣是一個移動電源品牌，但選擇了和 Anker 不一樣的產品定位，它選取了綠色和黃色為主色調，在外觀款式上，選擇了圓潤款型或是帶有卡通形象的款式作為主打，一下子獲得了年輕消費群體的青睞。Lepow 雖然比 Anker 起步要晚，但也是比較成功的移動電源品牌。

比較這兩個品牌的選品，我們發現 Anker 起步較早，憑著先發優勢，定位商務人士為主要目標客戶群體，在短短的時間內占據了移動電源市場的龍頭位置。Lepow 後進入市場，想正面和 Anker 競爭很難成功，於是他們從側面進入，發現未被滿足需求的細分市場——女性和年輕人的市場，針對女性和年輕化群體提出亮色的主色調和活潑的款式，也獲得了成功。

思考題：Anker 和 Lepow 在選品上的經驗是什麼？

第一節　跨境電商平臺的禁限售規則

在跨境電商的商家確定銷售哪些產品之前，首先要確定的是哪些產品不能銷售，也就是各電商平臺的禁限售規則。確切地說，禁止或限制銷售的產品通常分為兩類：第一類是根據各國法律規定禁止銷售的違禁品，通常是武器、化學藥品、毒品等對公共道德、公民健康和環境有危害的產品；第二類是受知識產權保護的產品，雖然可以銷售，但是在上架銷售之前，必須獲得品牌方授權，提供相關授權證明並獲得平臺批准，否則視為侵權並將受到嚴厲處罰。以下將結合平臺規則就這兩類產品做介紹。

一、平臺禁止或限制銷售的產品

各個平臺禁止或限制的產品清單各不相同，以下將簡要介紹全球速賣通和亞馬遜的禁限售產品清單和處罰規則①。

根據全球速賣通公布的禁限售規則，平臺用戶不得在全球速賣通平臺發布任何違反任何國家、地區及司法管轄區的法律規定或監管要求的商品，具體清單如表4-1（清單僅供參考，並不一定包含所有的禁限售信息）。

表4-1　全球速賣通的禁限售產品清單和處罰規劃

禁止銷售產品種類	相應處罰
毒品、易製毒化學品及毒品工具	嚴重違規，最高扣除48分；一般違規，1~6分/次
危險化學品	嚴重違規，最高扣除48分；一般違規，0.5~6分/次
槍支彈藥	嚴重違規，最高扣除48分；一般違規，2~6分/次
管制器具	嚴重違規，最高扣除48分；一般違規，0.5~6分/次
軍警用品	一般違規，2分/次
藥品	一般違規，2~6分/次
醫療器械	一般違規，0.5~6分/次
色情、暴力、低俗用品	嚴重違規，最高扣除48分；一般違規，0~6分/次
非法用途產品	一般違規，2~6分/次
非法服務類（如假冒證書、文件等）	嚴重違規，最高扣除48分；一般違規，0.5~6分/次
收藏	嚴重違規，最高扣除48分；一般違規，2~6分/次

---

①禁限售產品清單內容經常變化，如有不一致的情況，以平臺官方公告為準。

表4-1(續)

禁止銷售產品種類	相應處罰
人體器官、受保護動植物及捕殺工具	嚴重違規,最高扣除48分; 一般違規,1~6分/次
危害國家安全及侮辱性信息	嚴重違規,最高扣除48分; 一般違規,0~6分/次
菸草	一般違規,1~6分/次
賭博	一般違規,2分/次
制裁及其他管制商品	一般違規,1分/次
違反目的國/中國產品質量技術法規/法令/標準的、劣質的、存在風險的商品	一般違規,1~2分/次
部分國家法律規定禁限售商品及因商品屬性不適合跨境銷售而不應售賣的商品	根據不允許售賣商品的類別,平臺有權按照禁限售違禁信息列表中已約定類別處理,包括扣分、商品屏蔽、刪除,平臺有權採取退回、下架、凍結或關閉帳號等處置

二、在某些國家和地區銷售受限的產品

對於有些產品種類平臺雖然並未禁止銷售,但是受到某些國家或地區政策的限制,為了避免包裹無法送達下述地區或被海關扣留,如果商家們銷售以下產品,需要在設置運費模板時,把這些地區設置成不發貨,否則會對商家或平臺造成損害。

表4-2為全球速賣通被禁止向下述國家和地區銷售的產品清單。

表4-2 在某些國家或地區全球速賣通禁售產品清單

國家/地區	禁售產品
美國	吹風機
	兒童帽衫(帶有抽繩的)
	藥片壓片機
	藥片數片機
	實驗室加熱設備
	信號放大器
歐盟	兒童帽衫
	激光筆
	點火器
	打火機
	軍用紅外線及熱像儀瞄準器
	防彈/防刺衣及頭盔
英國	信號放大器

表4-2(續)

國家/地區	禁售產品
俄羅斯	打火機
	種子
	藥品壓片機
	藥片數片機
	實驗室加熱設備
	菸鬥
	膠囊填充機
	膠囊拋光機
	裸鑽
	金屬長劍
	弓、矛
澳大利亞	種子
	藥片壓片機
	藥片數片機
	實驗室加熱設備
	防彈/防刺衣及頭盔
	信號放大器
	戰斧
	彈弓及零件
加拿大	學步車
	信號放大器
新加坡	槍支配件
	玩具槍

表4-3為亞馬遜美國站禁止向下述國家銷售的產品清單。

表4-3 亞馬遜美國站在某些國家部分禁限售產品清單

國家/地區	禁售產品
美國	殺蟲劑及殺蟲設備
	監控設備
德國	LED車燈

三、知識產權保護相關的規則（請參見第十一章內容）

（略）

第二節　跨境電商選品的思路和方法

在搞清楚什麼產品不能在電商平臺銷售後，接下來就要確定要銷售哪些產品，也就是我們所說的「選品」。在電商行業裡，我們經常聽到這麼一句話「七分在選品，三分在營運」，可見選擇合適的貨品對電商企業來說有多麼重要。而中國製造業既具備豐富的產品資源，也有低勞動力成本的優勢，面對浩如菸海的產品，如果選擇銷量好的產品，怕競爭太大；價格高的銷量又不好提升；太小眾的產品怕找不到消費者，因此跨境電商的商家們如何選品，就成了一個難題。本節就為大家介紹跨境電商選品的基本原則和方法。

（一）跨境電商選品的原則和思路

1. 發現和滿足市場需求

從現代營銷理念的角度出發，選品實際上是發現甚至創造需求並滿足客戶需求的過程，「優秀的企業滿足需求，傑出的企業創造市場」就是「現代市場營銷之父」菲利普·科特勒的名言。選品管理者一方面要敏銳地發現市場上已出現的需求或潛在的需求，另一方面，要挑選出質量過硬、價格也有競爭力的、能滿足這種需求的產品。

2. 避免盲目跟風售賣，培育核心競爭力

在現實中，跨境電商選品很容易陷入一種盲目跟風售賣的誤區當中，比如亞馬遜上有熱賣榜（Best seller）的排行榜，商家可能看著哪款產品賣得好就跟著找供應商進貨賣哪款產品，這樣做的後果是企業難以形成自己的核心競爭力，很容易形成同質化競爭，企業對產品的定價能力也很弱，最後陷入惡性的價格競爭當中。

3. 動態、持續地優化選品和選品組合

選品過程並非是一勞永逸的，因為市場需求是不斷發展變化的，產品也有其有限的生命週期，一個爆款不可能永遠都是爆款，為適應不斷變化的客戶需求，跨境電商的商家也需要不斷推出新的產品，更新產品組合，以滿足新的需求。在尋找新的爆品的過程中，商家也要有試錯的心態，每款產品成功的可能性有所不同，在試銷和推廣多款產品的時候，可以根據銷售數據的反饋對下一階段的選品有所傾斜。

4. 考慮平臺的定位

現在主流的跨境電商平臺包括亞馬遜、全球速賣通、eBay、Wish、Shopee 等（參見第一章），每個平臺的定位和目標市場有所不同，比如亞馬遜是定位的中高端市場，該平臺的客戶群體對產品品質要求較高，注重客戶體驗，因此在亞馬遜平臺開店的跨境電商商家在選品的時候，就要注意選擇品質好的中高端產品。又比如，近幾年發展十分迅速的 Wish 平臺，其主要客戶群體是歐美市場 15~35 歲的年輕人，因此在 Wish 開店的商家在選品時，應注意年輕人的購物和審美偏好，可傾向時尚的潮流產品。

5. 確保貨源的穩定性及可控性

跨境電商的商家必須保證有穩定和可控的貨源，這也是為什麼浙江、廣東省等沿海地區的跨境電商零售優先發展起來，因為這些地方本身就是跨境電商零售的主流產品——小商品的貨源地。現在隨著物流體系和信息技術的完善，跨境電商企業並不一定非要靠近貨源地才能經營，但確保貨源的穩定仍然是選品時必須要考慮的，在評估

貨源時，要考慮兩個要點：①時效性：客戶下單後供應商是否能保證及時供貨，如果不能，必然會影響消費者對物流速度這一項的評分，從而導致商家整體評分的下降。②產品品質：供應商是否能保證產品質量的穩定，跨境電商的退換貨遠比境內電商要複雜，如果遇上客戶退換貨，產品原路返回的成本太高，通常是在目標地市場降價處理甚至銷毀，那麼若供應商不能保證穩定的產品品質，則必然導致退換貨率上升，對跨境電商企業造成極大的損失。

因此，跨境電商企業在選品時不能只看哪種產品市場行情好，即便確定了某些產品競爭小、利潤率高、銷量大，但如果暫時找不到穩定可靠的貨源，就不要急於上架銷售。

（二）跨境電商選品的步驟和要點

以下將簡要介紹跨境電商選品的步驟：

1. 確定一級類目

確定一級類目，也就是確定要做哪個行業，可以從現有資源出發，比如從自己熟悉的品類做起，或者考慮公司的管理層或主要負責人中有沒有人有相關品類的從業經驗，又或者是否有鄰近的貨源地，例如廣深地區的跨境電商企業可以考慮做電子產品和服裝，江浙地區的可以考慮做小商品等。

2. 確定目標客戶群體

確定一級類目後，就要定位和瞭解目標客戶群體，瞭解他們的消費習慣和偏好，例如：Wish平臺的目標客戶群在15~35歲，其中，男性客戶只佔據其客戶總體的30%，但其購買金額卻占了Wish總銷售額的60%。那麼，這部分目標群體的收入差異、教育程度、消費偏好、審美需求就是Wish商家們要重點關注和調查的。

3. 類目選品

類目選品，就是商家在確定了自己要做的行業後，接下來就要確定要賣這個行業下哪些類目的產品。

（1）要瞭解你所選擇的行業有哪些類目。這裡以鞋業為例，先看一下鞋子行業目前有哪些類目的產品。例如，以全球速賣通為例，打開全球速賣通首頁，網頁最左邊是類目目錄（Categories），可以看到有「箱包和鞋類」（Bags & Shoes）這一一級類目，鼠標移到上面後，可以看到箱包和鞋類又分為女士箱包、男士箱包、其他箱包、女士鞋子、男士鞋子等，其中女士鞋子又可分為沙灘鞋、平跟鞋、高跟鞋、運動鞋、靴子、拖鞋，先瞭解一下在行業下平臺目前有哪些類目的產品，從而有助於我們認識行業。

（2）登錄跨境電商平臺網站，輸入類目關鍵詞（又或者大多數跨境電商平臺都有熱銷產品排行榜，點開某一類目下的熱銷排行），根據搜索結果判斷在該類目下，哪一類產品的需求較大，消費者的偏好有什麼特徵。下文將舉例說明：

以醫療器械行業為例，在某跨境電商平臺主頁搜索框輸入「血壓計」（blood pressure monitor）。

根據搜索頁面的顯示，我們可以很容易看出在該類目下，消費者對「數顯」的血壓計需求最大，那麼數顯的血壓計就可以作為商家選品的方向。需要注意的是，運用這種方法來確定類目時，是借助搜索結果判斷某一類目下消費者的需求偏好，並不是盲目地按照搜索結果進行跟賣，更不是和銷量最大的商家賣一模一樣的產品。

4. 利用工具進行數據化選品

在大數據時代，決策過程越來越科學化，跨境電商的商家除了運用經驗和感性認識進行選品決策外，更重要的是運用數據分析工具進行科學化和數據化選品，在這方面，既有免費的開放工具可供使用，比如 Google Trends 或者百度指數等，也有各平臺開發的、供商戶使用的工具，如全球速賣通的數據縱橫等（詳情參見第四章第三節）。

5. 聯繫貨源

確定類目後，就可以聯繫貨源，既可以聯繫線上的貨源如 1688 批發網上的供應商，也可以尋找線下的廠家或批發市場，但不管選擇哪種供貨資源，都要確認以下幾點：

（1）產品要安全可靠

無論是境內交易，還是跨境交易，產品的安全性都應該是商家在選品時要考慮的首要因素，跨境電商的交易尤其如此，一是因為跨境交易退換貨的成本非常高，二是因為很多跨境電商的目標市場往往有比國內更高的產品安全標準。例如，食品類的進出口要面臨嚴格的檢驗檢疫程序，出口美國的食品還要通過美國食品藥品監督管理局（FDA）的認證。

（2）供應商是否有現貨、物流速度能否保障、能否代發貨等

跨境電商的客戶下單後，供應商的發貨週期為多長時間，需要幾天發貨？加上跨境物流的週期又是多長時間？供應商是否可以代發貨。如果供應商能代發貨的話，客戶下單後，產品就能直接由供應商寄送給終端客戶，物流速度就能大大提高；如果供應商不能代發貨的話，產品還需要先寄給跨境電商企業，再由跨境電商企業寄送給境外客戶，這中間就會有 3~5 天的誤差，這些也是聯繫貨源時需要考慮的。

（3）盡量選擇復購率較高的產品

復購率指的是消費者對已經購買的產品重複購買的次數或比率。在市場競爭日益激烈的今天，發掘一個新客戶所需的成本和時間要比維護一個老客戶大得多，所以在跨境電商選品時，要盡量選擇復購率高的產品。比如現在跨境電商進口的熱門產品是化妝品和母嬰產品，其主要原因之一就是這類產品復購率較高，消費者會不斷重複購買。

（4）倉儲和運輸的條件較為簡單的產品

由於跨境物流的距離長、環節多，貨物發生滅損的風險較境內物流較大，所以商家在選品和聯繫貨源時，應盡量選擇便於倉儲和運輸、不宜發生貨損的產品。

（5）選擇供應鏈完善的行業

一旦出現爆品或者到了節假日或做大促活動的時候，商家很容易出現供不上貨的情況，這樣就會影響商家的評分，如果出現多次不履約的情況，甚至可能導致關店。

（6）售後簡單

因為跨境電商的客戶遠在境外地區，售後服務的成本很高，對於大部分跨境電商的中小賣家而言，是難以做到的，所以應盡量選取售後服務簡單的產品和供應商。

6. 開發差異化產品

當跨境電商營運到一定階段後，企業可以通過向供應商定制產品來做到差異化經營，以便降低價格競爭，提高議價能力，增加盈利率。

第三節　跨境電商數據化選品的應用

在大數據時代，決策過程越來越科學化，跨境電商的商家們要運用數據分析工具進行科學化和數據化選品，在這方面，既有免費的開放工具可供使用，比如 Google Trends 或者百度指數等，也有各平臺開發的、供商戶使用的工具，如全球速賣通的數據縱橫等，下面將分別予以介紹。

一、開放的外部數據分析工具

跨境電商商家們常用的外部數據分析工具有谷歌趨勢、百度指數、Keywordspy、Google Insight、Google Awards、eBay Pluse、Watcheditem、Watchcount 等，以下將分別以谷歌趨勢和百度指數為例來介紹數據分析工具在選品決策當中的應用。

1. 谷歌趨勢

谷歌趨勢英文為 Google Trends，是谷歌旗下的一款分析工具，谷歌通過在一段時間內對某一關鍵詞的搜索量進行統計，從而告訴用戶在這段時間內該搜索詞被搜索的頻次，也就是告訴用戶該關鍵詞的熱門程度。跨境電商的商家們可以利用這款搜索分析工具來瞭解不同關鍵詞在不同國家和地區的熱度，也能瞭解某些產品的主要市場在哪裡，從而為選品決策提供數據支持。下面我們來看看在跨境電商行業的選品決策中如何運用該工具：

（1）先打開谷歌趨勢網址：trends.google.com，界面顯示如圖 4-1 所示。

圖 4-1　谷歌趨勢首頁

（2）在搜索框中鍵入關鍵詞，如「glass bottle」，按回車鍵後顯示如圖 4-2 所示（可以選擇不同的國家和區域）。

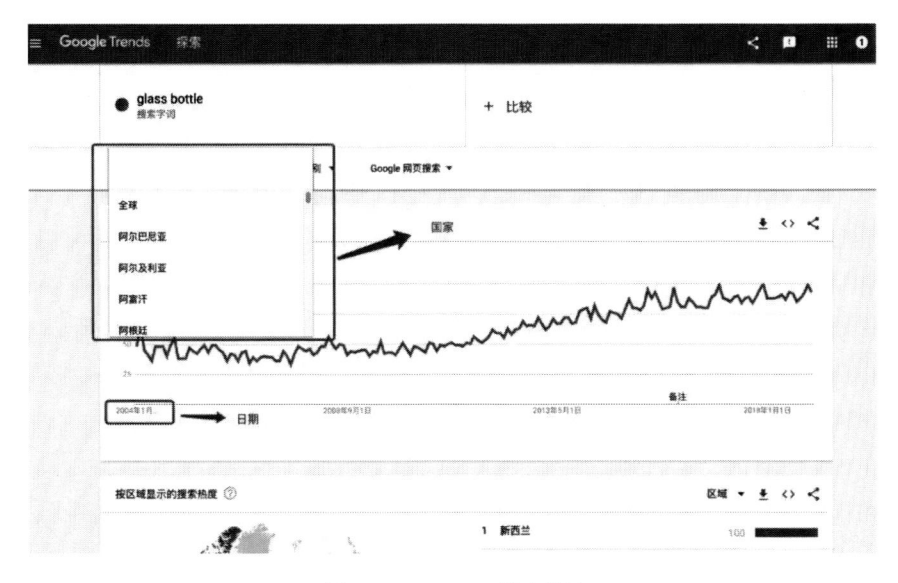

圖 4-2　glass bottle 搜索結果

（3）區域搜索熱度可以根據城市和地區進行細分，如圖 4-3 所示。

圖 4-3　搜索結果換區域細分

（4）可以通過「搜索量上升」或「熱門」進行排序，如圖4-4所示。

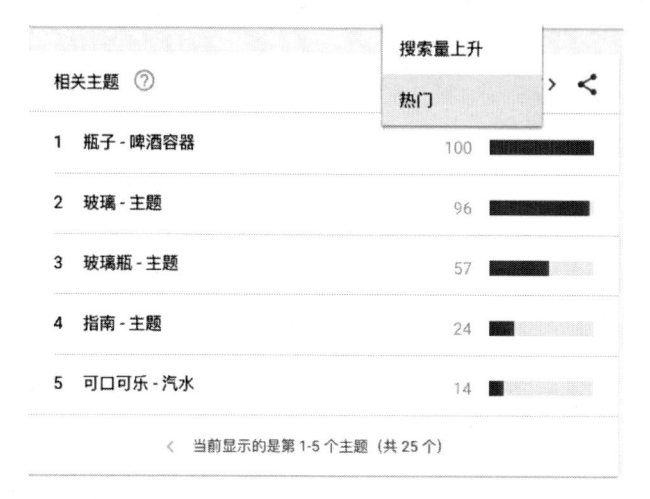

圖4-4　按「搜索量上升」排序搜索結果

2. 百度指數

百度指數是百度旗下的一款搜索分析工具，功能和原理類似谷歌趨勢。下面將舉例介紹這款工具在跨境電商選品決策過程中的應用：

某跨境電商公司主營孕嬰產品，在為下一階段選擇上架產品時，公司決策層想到使用百度指數來幫助分析當前行業內消費者最關注的熱門產品。

（1）打開百度指數的網址：index.baidu.com，顯示如圖4-5所示。

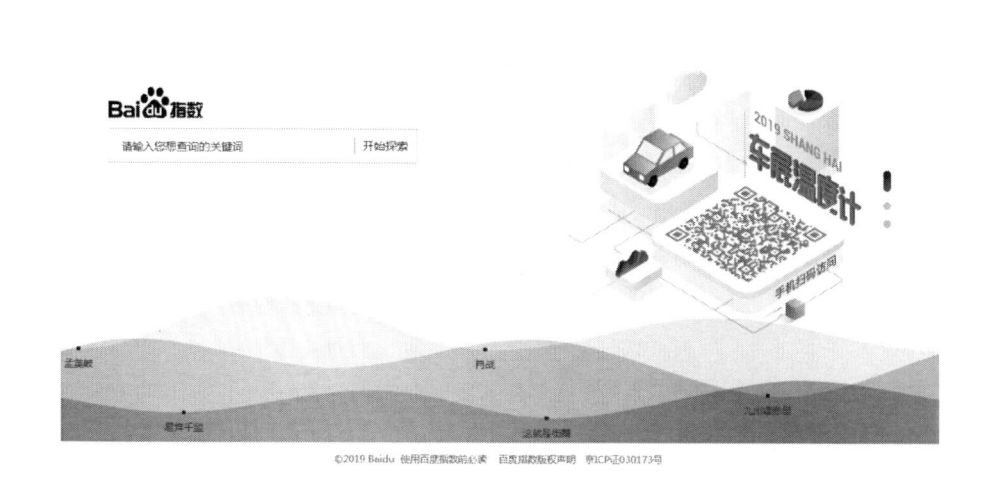

圖4-5　百度指數首頁

(2) 在搜索框中輸入「嬰兒奶粉」，顯示結果如圖 4-6 所示。

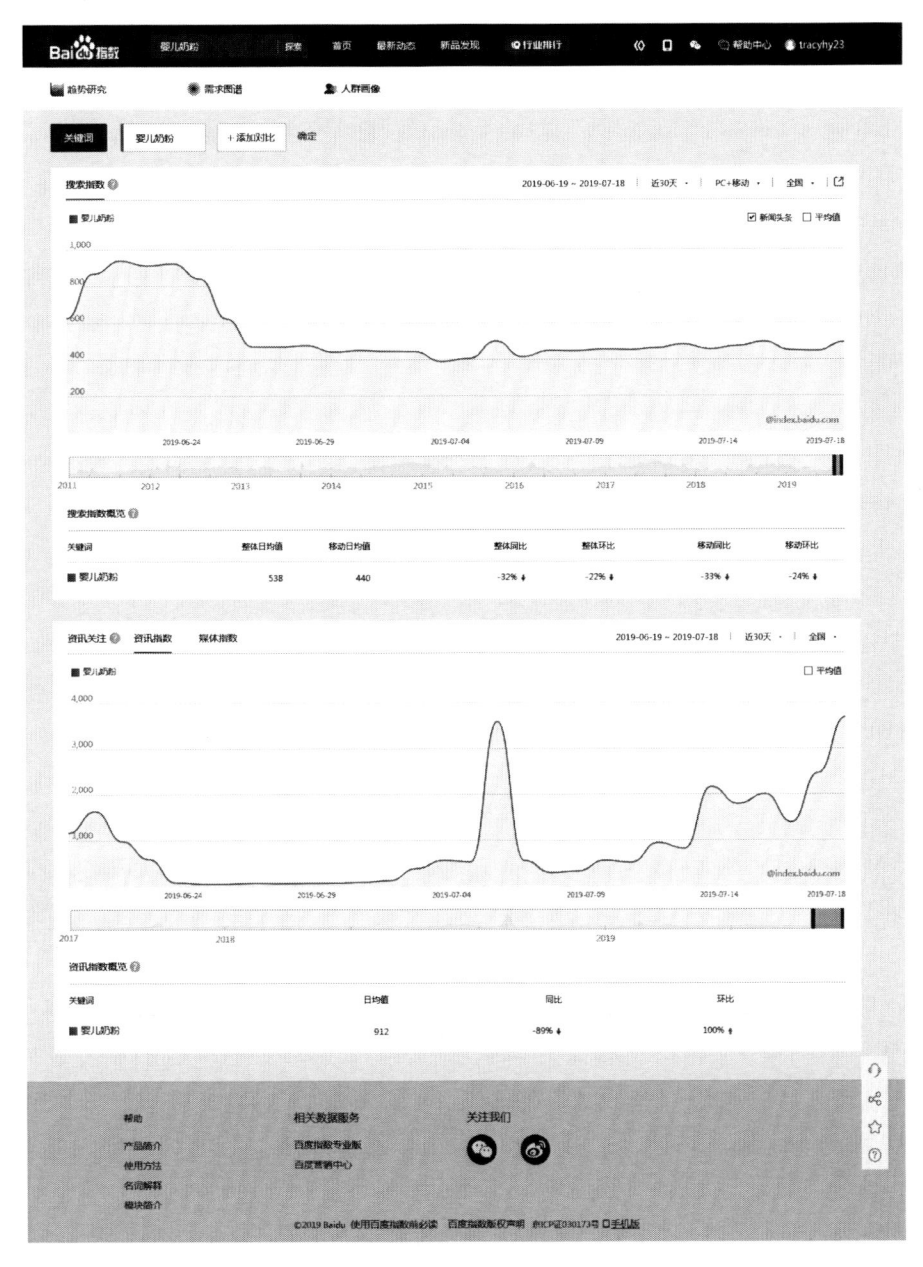

圖 4-6　輸入「嬰兒奶粉」顯示結果

(3) 在左上角「添加對比」裡分別鍵入「嬰兒紙尿褲」和「嬰兒服裝」，搜索結果如圖 4-7 所示。

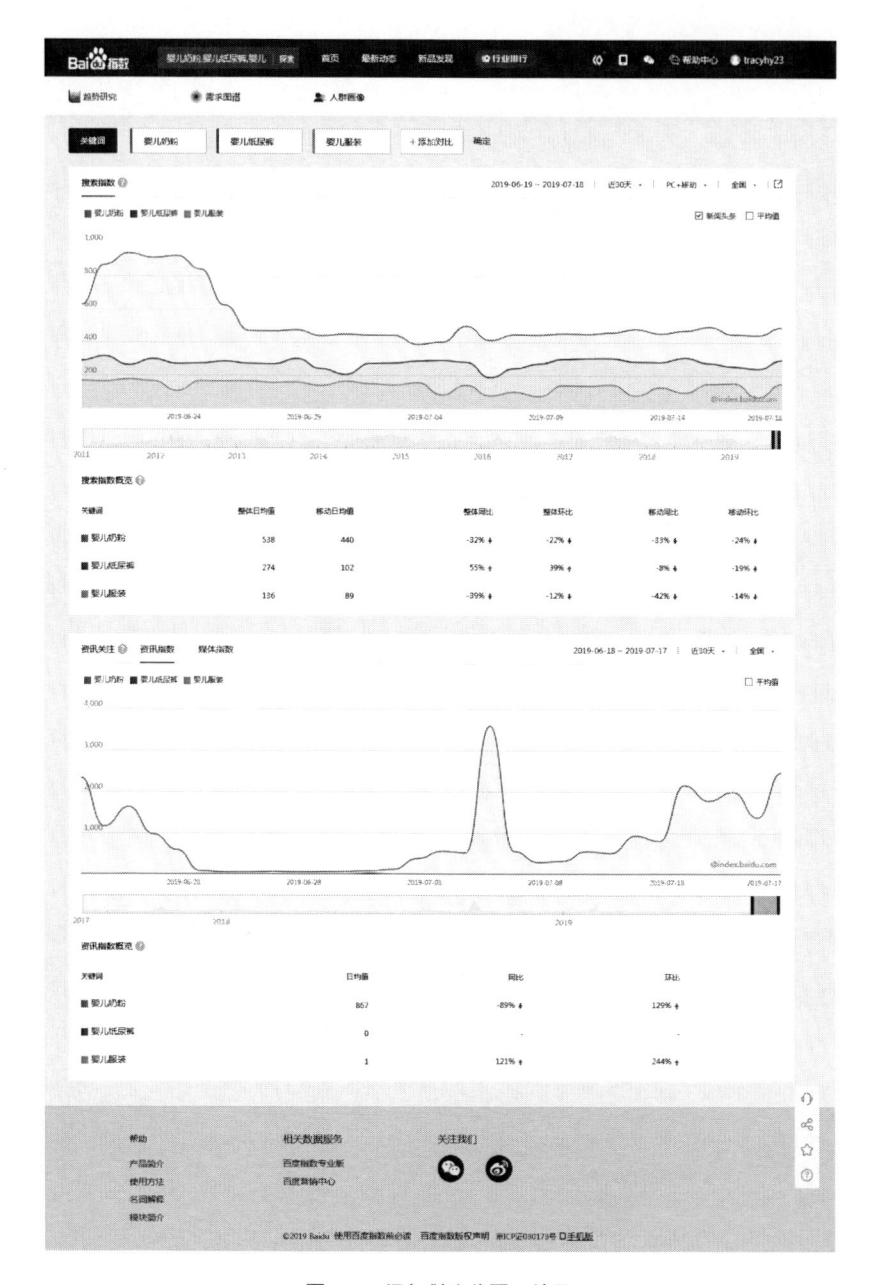

圖 4-7　添加對比後顯示結果

根據搜索結果，嬰兒奶粉比紙尿褲和嬰兒服裝的搜索熱度要高，這就為下一步的選品決策提供了現實可靠的數據基礎。

3. Watcheditem 選品

登錄 www.watcheditem.com，可查看 eBay 各級類目下的熱銷產品，如圖 4-8 所示。

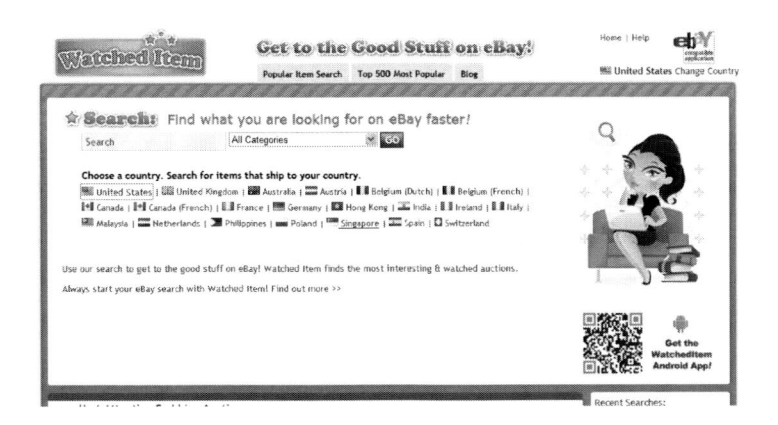

圖 4-8　Watcheditem 首頁

二、各平臺的站內選品工具

在選品決策的過程中，除了谷歌趨勢、百度指數等第三方開放的外部數據分析工具外，跨境電商的商家們還可以使用各平臺開發的、供商戶使用的選品工具，如全球速賣通的選品專家、亞馬遜的熱銷品排行等，以下將分別予以介紹。

(一) 全球速賣通的站內選品

1. 利用全球速賣通的「選品專家」來進行選品

在全球速賣通賣家後臺打開數據縱橫①—商機發現—選品專家，如圖 4-9 所示。

圖 4-9　數據縱橫首頁

---

①數據縱橫是全球速賣通這一跨境電商平臺開發的數據分析工具，它主要包含兩個板塊——「商機發現」和「經營分析」，其中，「商機發現」是針對行業數據的分析，「經營分析」是針對店鋪經營狀況的分析。

點擊「選品專家」，裡面有「熱銷」和「熱搜」兩個模塊。其中，「熱銷」指的是在全球速賣通上熱銷的產品，是從賣家角度衡量的；而「熱搜」指的是全球速賣通的消費者的熱門搜索產品，是從買家角度衡量的。

選擇「熱銷」模塊，在下面下拉菜單中選擇行業、國家和時間區間（有最近7天、最近30天等選項），接著會顯示出在某國家和地區範圍，該行業內哪些產品品類更有市場①，如圖4-10所示。

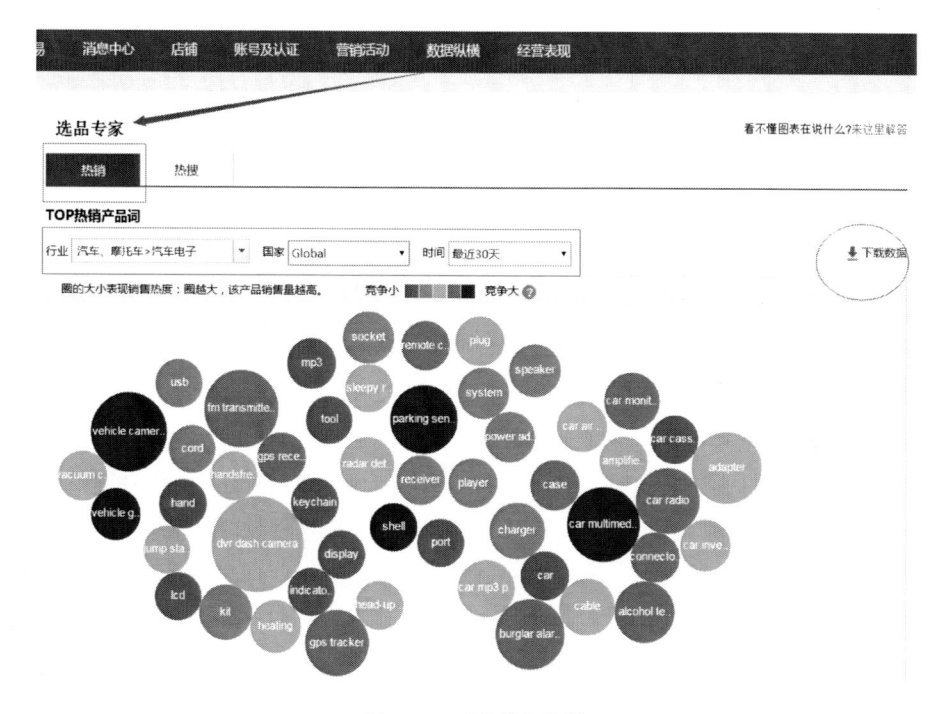

圖 4-10 「熱銷」首頁

接著還可以選擇「熱搜」模塊，同樣在下拉菜單中選擇行業、國家和時間區間，將顯示出在某行業、某國家或地區內消費者熱搜的品類，如圖4-11所示。

---

①其中，圈的大小表示產品銷量，圈越大銷量越大，反之亦然。顏色代表該品類的競爭程度，越紅表示競爭程度越高，灰色居中，藍色的競爭程度較小。

图 4-11 「熱搜」首頁

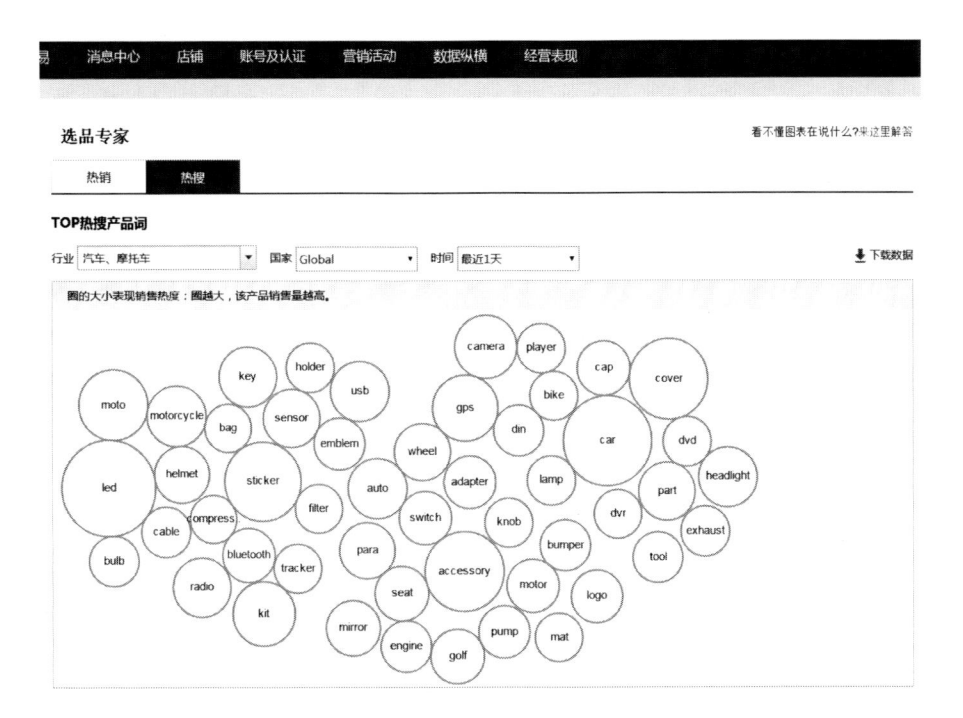

以上兩個模塊都可以對數據進行下載並處理（如表4-4所示）。

表 4-4 數據處理結果

A	B	C	D	E	F	G
行業	國家	商品關鍵詞	成交指數	購買率排名	競爭指數	綜合指數
家居用品	全球	alarm clock	1,066	38	0.78	35.964,912,28
家居用品	全球	aquarium	1,692	24	1.75	40.285,714,29
家居用品	全球	basin faucet	629	26	6.23	3.883,195,456
家居用品	全球	bathroom set	2,766	4	0.95	727.894,736,8
家居用品	全球	bedding set	2,226	34	2.69	24.338,508,64
家居用品	全球	bonsai	17,343	5	4.74	731.772,151,9

對數據進行處理後，得出綜合指數＝成交指數/購買率排名/競爭指數[1]，再降序排列（表格中最後一列），根據綜合指數的結果為選品提供依據。

2. 利用全球速賣通的「搜索詞分析」進行選品

在全球速賣通後臺打開數據縱橫—搜索詞分析—熱搜詞，選擇行業，分析當前行業中哪些品類是買家搜索量大且競爭小的品類，如圖4-12所示。

---

[1] 競爭指數越大，競爭程度越激烈。

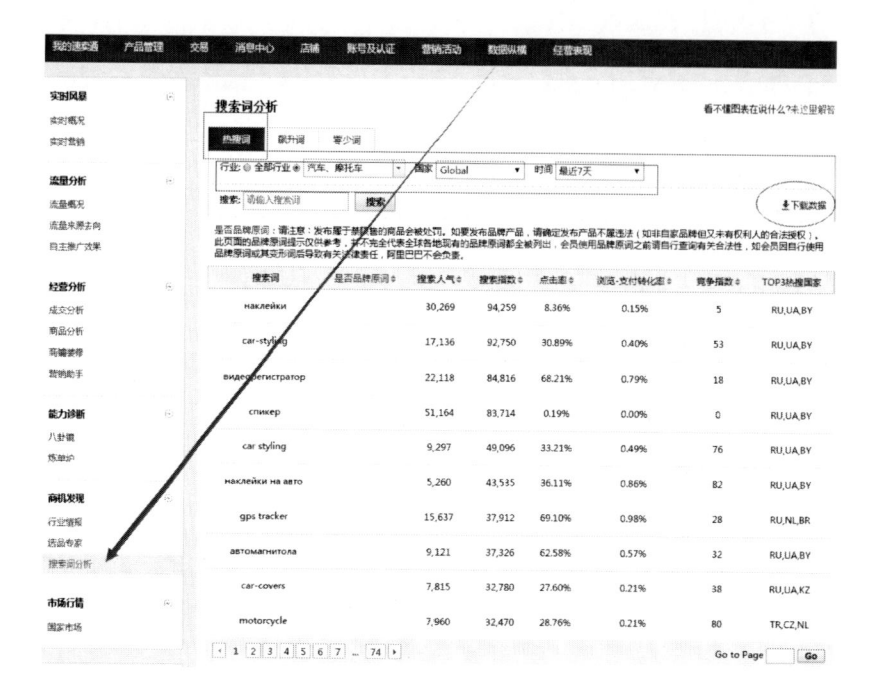

圖 4-12 搜索詞分析顯示

可以點擊下載數據，把品牌原詞刪除（避免侵權），然後把轉化率為 0 的詞也刪除，對剩下的詞，計算並比對出綜合指數，對每一個搜索詞的綜合指數做降序排序，選擇排名靠前的品類（搜索指數較高，但競爭指數低的品類），如圖 4-13 所示。

圖 4-13 搜索詞排名

(二) 亞馬遜的站內選品

亞馬遜有五個榜單：熱銷榜（Best Sellers）、新品熱銷榜（Hot New Releases）、心願榜（Most Wished for）、飆升榜（Movers and Shakers）、禮品榜（Gift Ideas），每一級產品類目都有非常詳細的榜單數據，可以作為選品的依據和參考。比如，你可以點擊進入一個你想經營的一級類目，然後再回到熱銷榜，看看這個類目下排名前幾的都是哪些產品。我們還可以進一步點擊二級類目或三級類目，再返回某一榜單，看看在這一級類目下排名前幾的產品具有哪些特徵。

需要注意的是，運用這種方法來選品時，是借助榜單數據來判斷某一類目下消費者的需求偏好，並不是盲目地按照榜單結果進行跟賣，更不是和銷量最大的商家賣一模一樣的產品。

比如，某亞馬遜賣家是經營寵物產品的，該賣家在選擇「pet supplies」並在該類目下查看熱銷榜時，發現銷量排名前幾的是以下產品（如圖4-14所示）。

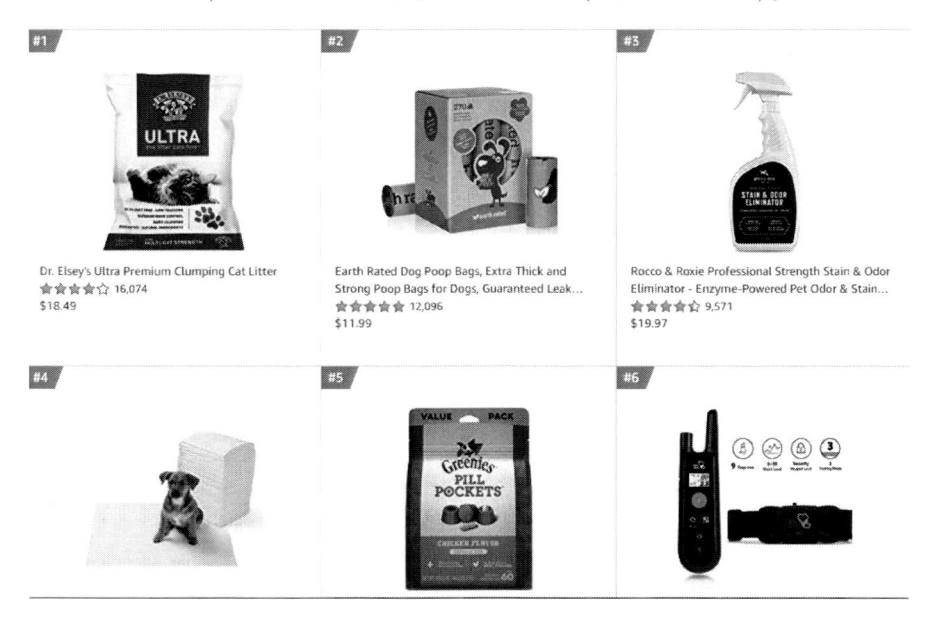

圖4-14 亞馬遜寵物產品排名

從榜單結果來看，在該寵物產品這一類目下，消費者需求大的主要是寵物食品、保健護理類。這一搜索結果可以為商家選品的方向提供參考。

第四節　產品定價

產品定價策略是影響企業最終盈利率的重要因素，因此要合理科學地選擇和指定定價策略。以下將從產品定價的原則思路、影響因素和具體方法三個方面（宏觀、中觀和微觀三個層面）來具體介紹跨境電商的產品定價。

一、產品定價的原則

(一)明確企業定價範圍

要想為產品尋求合適的價格定位，首先，必須明確定價活動的限制空間，定價活動不能超越國家的法律倫理，即定價既要遵循一定的國家法律，也不能違反倫理道德，例如不能以過低的傾銷產品或過高的價格擾亂市場。其次，產品定價的基礎在於企業的競爭優勢或者說產品的競爭優勢，競爭優勢越強，定價能力也就越強。產品的競爭優勢又可分為產品成本優勢、產品性能優勢、資源渠道優勢等，企業要想有充分的議價能力，就要通過對產品、價格、資源、促銷等要素的高效組合，為消費者提供不同的、個性化的服務。

(二)合理進行成本分析

成本是產品價格構成中最基本的要素，通常也是產品定價的下限，雖然從短期來說產品售價可以低於成本，但從長遠來說，產品價格必須能夠彌補成本，這樣企業才能生存並持續經營下去。因此，做好成本核算，是產品定價的基礎。產品的成本又可分為生產成本、採購成本、營運成本、倉儲物流成本、修理退還費用、廣告費用等。此外，對於定價決策來說，需要明確的是：並非所有成本都隨著銷售量的變化而變化，決策者首先要識別出哪些是固定成本，哪些是可變成本。

(三)明確產品的價值

價值反應的是消費者從產品使用過程中得到的全部利益或效用。這也是產品定價的關鍵，通常可拆分成參考價值和差異價值，參考價值是消費者認為最具替代性的產品的價值，差異價值是本企業所提供的產品與參考產品給消費者帶來的價值差。所以，瞭解競爭對手的產品價值和自身產品與競爭對手的價值差異是定價的關鍵。

二、跨境電商領域影響產品定價的具體因素

(一)貨物採購價格或生產成本

跨境電商零售的大部分賣家不是自己生產產品，而是採購廠家的貨品，再上架銷售，貨品的採購價格就構成了最終售價的最主要組成部分，所以要盡可能地挑選到能提供品質好、價格有競爭力貨品的供應商，從而控制採購的成本。

(二)平臺佣金

在第三方電商平臺進行銷售的電商通常要向平臺繳納年費或金額不等的佣金，平臺會隨著每筆交易的履行自動扣除佣金，因而佣金率也大大影響了產品最終的定價。

(三)折扣率

就像國內淘寶網的「雙十一」活動一樣，跨境電商平臺上也經常有各種大促活動，比如歐美的「黑色星期五」，電商賣家在平時也會以優惠券或打折的形式進行推廣，所

以在定價的時候要提前把打折促銷的額度考慮進去，以防止打折時虧本。

（四）管理費用、租金、稅費和人員工資

電商賣家除了要承擔採購成本、人員的工資和場地租金之外，還要繳納各種稅費，比如關稅和進口環節增值稅，還要繳納企業所得稅等，這些也是跨境電商在為貨品定價時需要考慮的因素。

（五）廣告推廣投入

在這個「好酒也怕巷子深」的時代，商家還需要支付廣告費用以吸引流量、推廣自己的產品，跨境電商的賣家也不例外，比如全球速賣通的直通車，其實質是一種關鍵詞競價排名，還有亞馬遜的站內廣告，除了這些平臺上的廣告，商家可能還要在搜索引擎（如 Google 等）、社交網絡（如 Facebook 等）上投放廣告，這些廣告推廣的支出也要計算在產品的定價當中。

（六）運費

當前跨境電商零售的主要物流渠道有郵政包裹、商業快遞、專線物流、海外倉或保稅倉等（參見第六章），每種物流渠道的費率有所差異，這些費率也直接影響著貨品的定價。

（七）匯率變動

該因素是國內電商賣家不需要考慮的，但對於跨境電商賣家來說，卻是定價時必須要考慮的重要因素之一。對於從事跨境電商進口的賣家而言，要採購以外幣標價的貨品，再換算為人民幣標價在國內銷售，如果人民幣升值，賣家的採購成本會下降從而影響定價，反之則會上升；而對於從事跨境電商出口的賣家而言，要採購以人民幣標價的貨品，再換算為外幣標價向境外銷售，如果人民幣升值，賣家以外幣標價的商品價格就要上升，反之則下降。

（八）同行業競爭水準、供需關係

商家在為產品定價時，不能只考慮自己的成本和各項費用支出，還要考慮市場結構和參考競爭對手的定價，尤其是在跨境電商競爭日益激烈的今天，很多跨境電商平臺都逐漸從賣方市場向買方市場轉變，對於同質的產品，如果其他商家的定價比自己的低，那麼就很難有好的銷售業績。

（九）退換貨及售後糾紛費用

跨境電商和國內電商的其中一個主要區別就是對退換貨的處理，因為與目標市場的距離較遠，物流費用也比國內要高，如果遇上消費者退換貨，通常無法像國內電商那樣退回商家二次銷售（海外倉除外），跨境電商的商家遇上客戶退換貨，通常就是降價處理或者當地銷毀，因此這方面的支出遠比國內電商要高。而因為任何一個商家都無法保證每個消費者都完全滿意，退換貨的情況是無法避免的，所以商家在產品定價的時候，也要把這部分損失預留出來一部分。

(十) 平臺類型

平臺的定位也是影響產品定價的重要因素，比如亞馬遜平臺定位就偏向歐美高端市場，產品定價相較於其他平臺較高，相對來說，同樣或同類型產品在全球速賣通、Shopee 等平臺上則定價較低。

(十一) 目標市場經濟發展水準

目標市場經濟發展水準和產品定價也是息息相關的，如果商家的目標市場定位主要在西歐和北美發達國家，由於目標市場的人均收入、消費水準較高，選品則趨向中高端，定價也就較高；反之，如果商家的目標市場定位主要在俄羅斯、東南亞、南美和非洲地區，則選品偏向中低端，產品定價也較低。

需要注意的是，因為每個電商平臺的目標市場有所偏差和側重，所以目標市場的選擇和電商平臺的選擇相關度很高，需要綜合起來考量。

(十二) 店鋪產品組合

跨境電商的商家為了吸引流量和保持合理的利潤率，往往需要科學搭配自己店鋪中售賣的產品，有些產品的定價較低，以便吸引流量，打造爆款，通常被稱為引流款；有些產品的定價則較高，以便保證店鋪合理的利潤，通常被稱為利潤款。所以，在為產品定價時，商家還要和其他產品結合起來，確定哪些是引流款，哪些是利潤款。

(十三) 企業資金週轉情況

在某些時候，企業為了加快資金週轉，減少庫存風險，也會調整定價策略，對某些產品實施降價拋售。

(十四) 行業技術進步

當行業內出現技術進步或勞動生產率的提升時，會造成原有產品在價值上的貶值，從而導致企業將舊產品降價處理。

(十五) 企業或產品形象

有時企業由於企業理念和企業形象設計的要求，會對產品價格做出限制。例如，企業為了樹立熱心公益事業的形象，會對某些涉及公眾利益的產品定價比較低；有些奢侈品企業，為了塑造產品奢華、高貴的形象，會把價格定得比較高。

三、產品定價的方法和工具

(一) 基於成本的定價

這是電商行業最常用、也最受歡迎的一種定價方法，這種定價方法最大的特點及優勢就是簡單，因為不需要大規模的市場調查就可以設定價格，而且可以較容易地算出保本價格，以避免虧損。

該方法基本的定價公式為：

（採購價格+運費及其他費用）×（1+目標利潤率）／（1-平臺佣金率）／匯率

例題（該例題為便於說明問題，簡化了條件，並未列出所有費用）：

某跨境電商賣家採購一批女裙，進貨價為50元，運費及其他費用為40元，平臺佣金是8%，人民幣兌美元匯率為7元兌換1美元，請問該產品在跨境電商平臺上的上架美元價格可定為多少（假設目標利潤率為50%）？

該產品可定價為：

（50+40）×1.5÷（1-8%）÷7＝20.96（美元）

(二) 基於競爭對手的定價

這種定價方法是不直接計算自己的成本和各項支出，而是調查和監控競爭對手同類產品的價格，設置與其相當或更低的價格。這種定價方法也相對簡單，它假設你的競爭對手已經進行了成本的核算，但缺點是只適用於競爭對手的產品與自己的完全同質、沒有差別。另外，這種定價方法也很容易造成惡性的價格競爭，例如，你在亞馬遜平臺上銷售一件兒童服裝，你發現你的主要競爭對手的該款產品的售價為29美元，那麼你決定定價為28美元，期望以更低的價格吸引流量，但上架一段時間以後，你發現訂單數量並沒有像預期一樣源源不斷，經過調查後發現，原來競爭對手已經把價格降到了27美元。雙方的利潤率就會在這種定價策略中不斷被擠壓。

(三) 基於消費者心理價位的定價法

這種定價方法首先通過對市場結構和客戶心理進行調查分析，瞭解不同客戶群體對貨品的最高心理價位，然後再參照這個心理價位對產品進行定價。例如，某電商企業向供應商定制生產了一批新款的充電寶，和市面上同類產品相比，該款產品的造型新穎別致，更貼近年輕女性消費者的審美偏好，經過專業的客戶心理分析，得知其目標客戶群——年輕職業女性對該新款充電寶的心理價位是7美元，約比市面上同類產品高出2美元，因此商家就對這款產品定價為7美元左右。

這種定價方法的優點是可以最大限度地賺取消費者剩餘，增加企業的利潤額。而其局限之處在於：該定價方法僅僅適用於市場還沒有出現同質或同類產品的情況，競爭較小，因此商家具有一定的定價權，如果市場有大量同質的產品，價格競爭較為激烈的話，則不宜採用該定價方法。

(四) 邊際成本定價法

邊際成本是經濟學當中的一個概念，指的是產品產量每增加或減少一單位時，總成本的變化量，在現實當中，邊際成本非常接近於變動成本，所以邊際成本定價法也就是以變動成本作為定價基礎，只要價格高於變動成本，企業就可以獲得邊際收益，用於彌補固定成本。

該定價方法可以和其他定價方法綜合使用，例如：某跨境電商企業推出「第二件半價」的促銷措施，該措施就是綜合使用了邊際成本定價法和其他定價方法，客戶購買的第一件產品是以通常的平均成本加成方法定價的，價格中既包含平均固定成本，也包含平均變動成本，而第二件產品則是以平均變動成本為基礎定價的。該方法非常適合於固定投資較高而產品邊際成本較小的產品行業，有利於迅速擴大銷量，攤薄固定成本，不過成本核算較為複雜。

思考題：

1. 跨境電商的選品原則都有哪些？
2. 跨境電商商家的選品步驟是什麼？
3. 跨境電商的選品工具都有哪些？舉例說明。
4. 跨境電商產品定價的影響因素都有哪些？
5. 跨境電商成本定價法的公式是什麼？

案例分析題：

1. 某商家剛做跨境電商不久，資金有限，在選品上選擇了貨值不高的戶外燈具，因為歐美人熱衷於戶外活動，所以該品類又同時具有剛需的特徵，由於選品思路適宜，產品銷量不錯，隨著銷量的擴展，該商家在供應商那裡有了更多的話語權，不僅拿到了更優惠的價格和更長的帳期，而且供應商根據其要求對產品進行了升級改造，這樣該商家的產品比起同行就有了差異化優勢，隨著品質的逐步提高和成本的降低，該商家在主營品類的幾個單品上的優勢越來越凸顯出來，月銷量達到了6萬美元。

思考：

（1）該跨境電商商家在選品上有什麼值得借鑑的經驗？

（2）在選品過程中，都有哪些需要考慮的因素？

2. 某跨境電商商家從2015年開始在亞馬遜上開店，最初該商家採用了Listing跟賣①的模式，今天手機殼好賣就跟賣手機殼，明天寵物用品好賣就跟賣寵物用品，由於2015年的亞馬遜美國站競爭相對較小，利潤率可觀，一件進貨價才五六元人民幣的拴狗繩在亞馬遜上標價20美元，該商家覺得這種跟賣方式既輕鬆又賺錢，就一直採取這種方式，但隨著時間的推移，越來越多的中國賣家湧入跟賣行列，價格戰越來越激烈，還不斷有商家被投訴侵權，被亞馬遜關店凍結帳號。不出所料，該商家的一個亞馬遜帳號被封了，三個月後另一個帳號也被封了。

思考：

該商家在對選品和銷售模式的選擇上，有什麼應該吸取的教訓？

---

①Listing跟賣是亞馬遜特色的銷售模式，指的是在別人創建的產品頁面下銷售同樣的產品，共享Listing，是亞馬遜許可的銷售模式，但規則複雜，如果不注意，跟賣的賣家容易被投訴侵權。

第五章

跨境電商產品發布與管理

【知識與能力目標】

知識目標：
1. 熟悉常見平臺產品發布的流程。
2. 掌握跨境電商產品上傳的方法與步驟。
3. 熟悉常見跨境電商 ERP 軟件的使用。

能力目標：
1. 會擬訂產品標題，確定產品關鍵詞。
2. 能製作產品詳情頁，會優化產品信息等。
3. 能夠在常見平臺發布產品。
4. 會使用 1~2 種跨境電商 ERP 軟件進行產品管理。

【導入案例】

全球速賣通規定同一件商品一個賣家只允許在平臺發布一次，若違規重複鋪貨則會影響商品搜索排名。那麼，哪些行為會被認定為重複鋪貨呢？下面給出一個圖片案例（如圖 5-1 所示）。

問題思考：①如何避免重複鋪貨？②若違規重複鋪貨會有哪些影響？

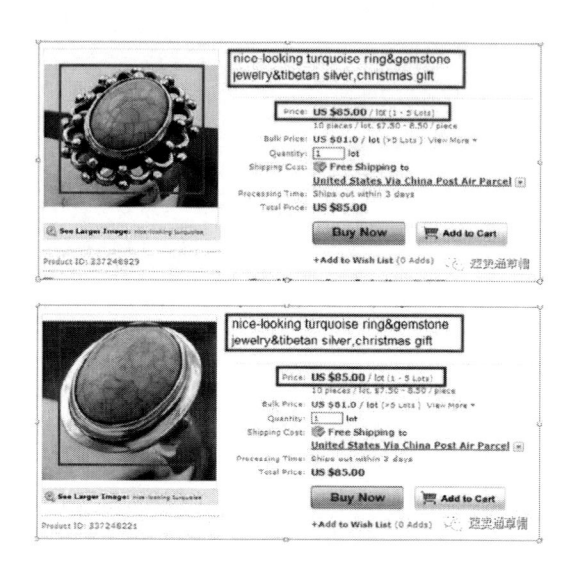

圖 5-1 全球速賣通重複鋪貨案例

　　跨境電商是指以網絡上的虛擬店鋪即網店或平臺為媒介，讓買賣雙方在其中達成交易。因此，營運跨境電商網店的重要工作內容就是發布產品。不同的跨境電商平臺產品上傳流程和方式有所差異，但都大致包括選擇商品類目、調配設置商品屬性、設置商品標題、製作商品主圖、設置產品價格等環節。產品的發布可以手動上傳，可以批量上傳，使用 ERP 軟件還可以實現多平臺操作。為了便於熟悉產品發布流程，本章將以常見平臺全球速賣通和亞馬遜為例來進行介紹。

第一節　全球速賣通產品發布流程

　　全球速賣通（AliExpress）是阿里巴巴推出的一個在線購物網站，於 2010 年 4 月在杭州成立。全球速賣通幫助中小企業接觸終端批發零售商，提供集訂單、支付、物流於一體的外貿在線交易服務，是全球第三大英文在線購物網站，被賣家稱為「國際版淘寶」。全球速賣通覆蓋 3C、服裝、家居、飾品等共 30 個一級行業類目，其中優勢行業主要有服裝服飾、手機通信、鞋包、美容健康、珠寶手錶、消費電子、電腦網絡、家居、汽車摩托車配件、燈具等。目前，全球速賣通已經覆蓋 220 多個國家和地區，每天海外買家的流量已經超過 5,000 萬，最高峰值達到 1 億，已經成為全球最大的跨境交易平臺。下面將先介紹全球速賣通的產品發布流程。

一、登陸全球速賣通後臺，找到發布產品入口

　　在實際操作前，應該準備好一系列產品信息文件，包括「標題. doc」「屬性填寫. doc」「主圖. jpg」等，開始上傳產品時，先找到發布產品入口，如圖 5-2 所示。

圖 5-2　發布產品

二、選擇產品類目信息

對於商品類目的劃分，各大平臺略有不同。是否選對商品類目將直接影響商品能否得到曝光，從而影響銷量。在發布商品時要注意商品實際類別與發布商品所選擇的類目是否一致，全球速賣通後臺會檢測商品是否選對類目。如果知道自己所售商品應該放到哪個類目下，既可以直接選擇類目發布，也可以選擇類似產品導入，從而在類目推薦列表中選擇最準確的類目。對於部分無法確定其類目的商品，賣家可以通過最簡單直接的辦法來確定該商品的類目，那就是用商品關鍵詞去平臺買家搜索頁搜索同類商品，看排名靠前、成交量大、評分高的商品屬於什麼類目，這樣就能最大限度地避免類目錯放，如圖 5-3 所示。

圖 5-3　選擇類目

三、填寫產品屬性

產品屬性是指產品本身所固有的性質，是產品不同於其他產品的集合，是對商品

特徵及參數的凝練，便於買家在屬性篩選時快速找到商品。屬性填寫不全會影響信息完整度，影響搜索結果及後續的點擊轉化。各跨境電商平臺的產品屬性填寫略有差異，全球速賣通的商品屬性有系統屬性和自定義屬性之分，自定義屬性是對系統屬性的補充。對於系統提供的屬性一般賣家只能選擇屬性值，而自定義屬性的屬性名和屬性值都需要手動添加，屬性填寫要真實、準確、完整率應達到78%以上，如圖5-4所示。

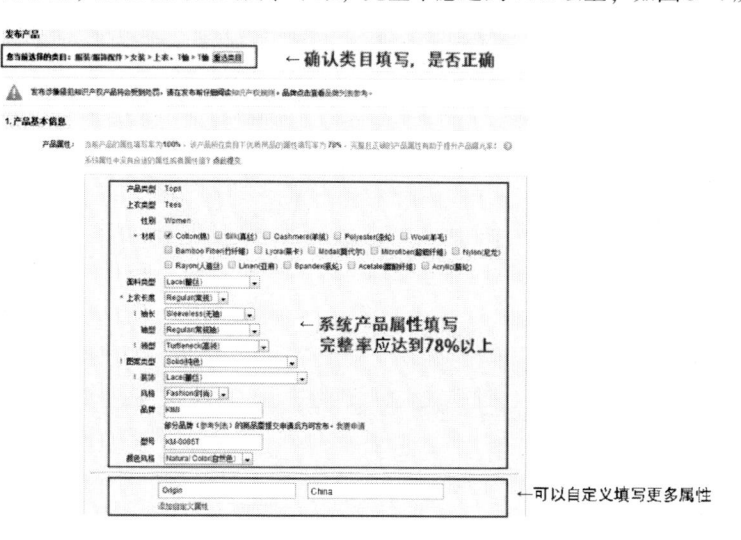

圖5-4　產品屬性

四、填寫產品標題和關鍵詞

標題是標明文章、作品、產品等內容的簡短語句，一般包含類目詞、核心詞、屬性詞、修飾詞、場景詞等，標題的好壞將直接影響商品能否得到更多的曝光。產品名稱、產品材質、產品特點、物流運費、服務、銷售方式等都可以用來設置標題，在產品標題上寫「Free shipping」比較有吸引力，但是，在運費設置時一定要有免郵的運輸方式，否則全球速賣通要查處。標題設置時要先挖掘商品自身屬性詞，再去系統後臺尋找買家搜索詞，最長可包括128個字符，核心關鍵詞應在前35個字符中出現，不能重複出現3次以上，多放熱搜詞。標題和關鍵詞應有所差異，以便有效引流。關鍵詞必須精準，容易被搜索到，可以參照同行的設置，如圖5-5所示。

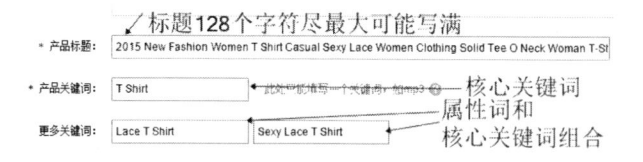

圖5-5　關鍵詞和標題

五、添加產品主圖

產品主圖是買家首要關注的地方，清晰、豐富、全方位、多角度的詳細描述圖片，

既能幫助賣家賺取買家眼球，又能突出產品特徵，體現賣家的專業度。在主圖的選擇中，圖片的清晰度是首要條件，還應從不同角度對產品進行拍攝，能夠從不同側面展現產品的特徵，讓客戶通過主圖對產品有比較全面的瞭解。主圖的順序也比較重要，第一張圖最為重要，因為這張圖會默認顯示到買家的搜索結果頁面中，直接影響商品的點擊，後面的圖片稱為副圖，可以從不同側面展示商品。不同平臺對主圖的要求不盡相同，全球速賣通不主張多產品拼圖，主作白底正方形單件產品圖。全球速賣通對圖片有具體的規範要求，符合行業標準的優質圖片會得到更多的曝光機會，如圖5-6所示。

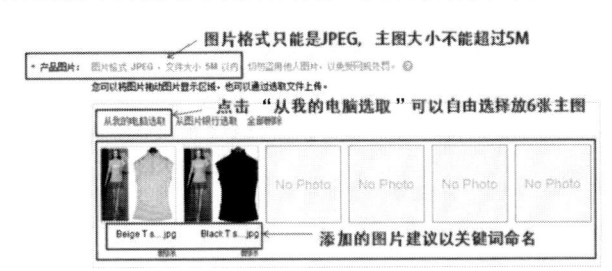

圖 5-6　產品主圖

在此需要特別指出，為保證買家的購物體驗以及平臺的公平性，同一件商品同一時間一個賣家只允許在平臺發布一次，而且一個賣家不允許通過多個帳戶分別或同時發布同一件商品，否則視為重複鋪貨行為。重複鋪貨行為包含但不局限於：商品主圖完全相同，且標題、屬性雷同；商品主圖不同（如主圖為同件商品以不同角度拍攝等），但標題、屬性、價格高度雷同。同個商品可允許設置不同的打包方式，但發布商品數量不能超過 3 個，多餘的商品將被視為重複鋪貨處理。重複鋪貨、合併 Listing、引起關聯等會被強制要求下架，嚴重的也會被封。對於不同商品，在發布時請不要直接引用已有商品的主圖或者直接拷貝已有商品的標題和屬性等關鍵信息；對於不同的商品，必須在商品的標題、屬性、詳細描述、圖片等各方面體現商品的不同，否則會被判定為重複鋪貨。不同的商品，除了在主圖上體現差異外，請同時在標題、屬性兩方面填寫商品的不同關鍵信息。如：某賣家銷售發廊專用理髮剪，相同款式有 5 個不同尺寸，當商品主圖相同，只有尺寸不同時，盡量將相似產品發布為一個產品，可通過商品不同的報價屬性來區別，也可在發布產品的其他屬性裡，明確填寫不同的規格以區分這 5 個尺寸，並在每個標題最後也寫明不同的尺寸，同時也建議在產品詳細描述中、圖片上均反應尺寸的區別，以避免重複鋪貨。

六、商品銷售屬性

銷售方式建議零售和打包都選擇，但要設置不同的運費模板。全球速賣通上的買家還是個人用得比較多，因此不要忽略零售方式，如果是一次買很多的客戶，建議和買家多溝通，爭取建立長期合作的關係。在貨源充足的情況下，發貨期設置的時間越短越好，一般在 3 天以內。買家都更青睞能在較短的時間內獲得購買的產品，因此越短的交貨時間越能獲得買家的關注。避免將零售價和批發價各發布一次，這樣會被判為重複鋪貨。在發布產品時，允許同時設置零售價和批發價以適應不同買家的採購需求，在發布產品信息時註明即可，如圖5-7、圖5-8所示。

图 5-7　销售属性

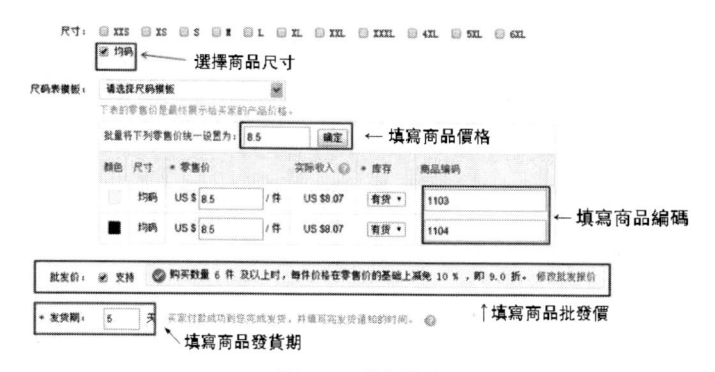

图 5-8　销售属性

七、填写产品详情属性

产品详情描述是让买家全方面瞭解商品并产生购买意愿的重要因素。这部分是产品重要的指标参数、功能描述，例如服饰类产品建议描述材质选择、颜色选择、测量方法，电子、工具、玩具类的产品需要对产品功能及使用方法进行全面说明。使用「产品互链工具」，产品互链工具是指在产品信息展示页中添加其他近似或不同类型的产品。买家可以通过展示页面中的产品入口进入到他感兴趣的其他产品展示页面，利用「关联产品模块」可以点带面，全面提升商品曝光度，如图 5-9 至图 5-15 所示。

图 5-9　产品详情描述（1）

圖 5-10　產品詳情描述（2）

圖 5-11　產品詳情描述（3）

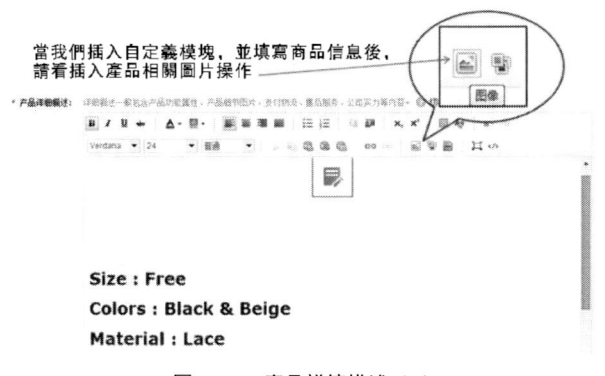

圖 5-12　產品詳情描述（4）

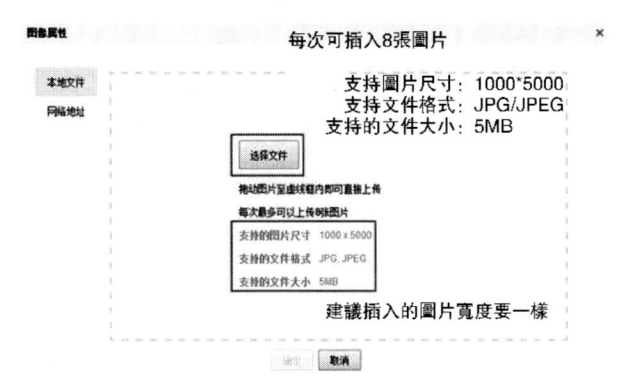

圖 5-13　產品詳情描述（5）

圖 5-14　產品詳情描述（6）

圖 5-15　產品詳情描述（7）

八、物流信息填寫

產品包裝後的重量要如實填寫。產品包裝後的尺寸如果是紙箱包裝，按低箱規定填寫；如果是快遞袋包裝的，建議不要直接按量出的長寬高填寫，最長邊不要超過該運輸方式的規定長度，否則全球速賣通容易算成拋貨，致使顯示出來的運費價格高於實際重量算出的價格，如圖 5-16、圖 5-17 所示。

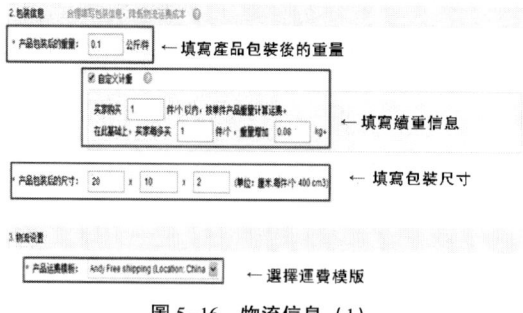

圖 5-16　物流信息（1）

圖 5-17　物流信息（2）

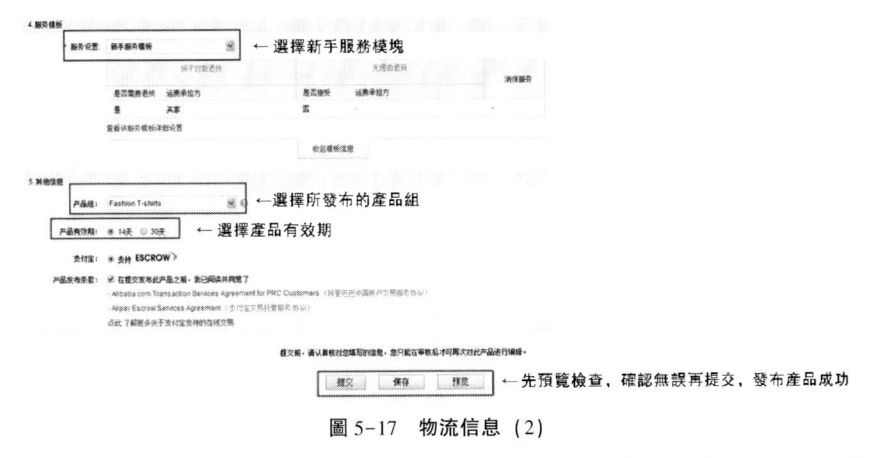

上述流程是全球速賣通手動發布產品的流程，如果商品數量過多的話可以通過使用相關的 ERP 工具批量上傳全球速賣通產品，大致流程如下：首先我們把要複製、採集的目標商品或者貨源連結地址準備好，整理到一個文本裡面備用。然後打開跨境電商 ERP，點擊批量採集、一鍵搬家功能按鈕，把文本中要搬家的店鋪網址或者某個貨源平臺的產品網址放進採集框，點開始採集就可以採集了，採集完的產品會在草稿箱裡面。當你點擊開始採集後，跨境電商 ERP 就會自動幫你複製採集好所有內容，包括寶貝標題、價格、主圖、描述內容、描述圖片、類目、產品屬性等，根據實際情況需要適當修改參數即可。

第二節　亞馬遜產品發布流程

亞馬遜（Amazon）是一家財富 500 強公司，總部位於美國華盛頓州的西雅圖。它創立於 1995 年，已成為全球商品品種最多的網上零售商和全球第二大互聯網公司，在公司名下，還包括了 AlexaInternet、a9、lab126 和互聯網電影數據庫（Internet Movie Database，IMDB）等子公司。亞馬遜及其他銷售商為客戶提供數百萬種獨特的全新、翻新及二手商品，如圖書、影視、音樂和游戲、數碼下載、電子和電腦、家居園藝用品、玩具、嬰幼兒用品、食品、服飾、鞋類和珠寶、健康和個人護理用品、體育及戶外用品、玩具、汽車及工業產品等。本節我們將以亞馬遜平臺為例來介紹產品的發布流程。

一、添加商品

進入亞馬遜美國站賣家後臺，在「庫存」下拉框中，點擊「添加商品」。在最顯眼的長方框中輸入任何產品關鍵詞都屬於跟賣，長方框下「我要添加未在亞馬遜銷售的商品」是上架新產品，也就是做自建的時候，從這裡上傳；「我正在上傳文件來添加多個商品」是通過表格批量上傳產品；目前主流就是自建產品，如圖 5-18 所示。

圖 5-18　添加商品

二、選擇商品類別

選擇商品類別要求在上架產品之前確定產品屬於哪個類目，可以參考競爭對手所在的類目，多個競爭對手不同的類目，可以先把產品上架到大類目，後期衝熱銷榜時，再換到小類目，需要按照系統一步步選擇細分類目。有的類目有「請求批准」和「鎖」圖案字樣，對應這樣的類目就需要提交相關產品發票和認證，供亞馬遜審核之後，才能銷售。前期建議放在不需要審核的類目內，如圖 5-19 至圖 5-21 所示。

圖 5-19　選擇商品類別（1）

圖 5-20　選擇商品類別（2）

有時候選擇的類目不合適，可以點擊紅色箭頭上方的文字倒退到前面一步，重新選擇，直接點擊「選擇類別」進入上架頁面。

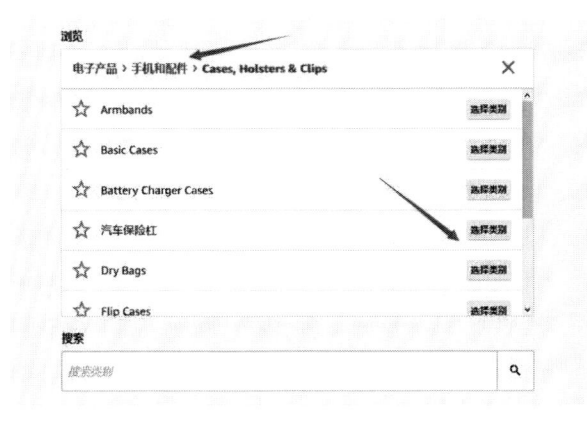

圖 5-21　選擇商品類別（3）

三、點擊「高級視圖」，輸入重要的商品資訊

最上面的紅色箭頭所示的圓圈部分是可以隨意調整填寫順序的，填錯了也可以倒退回去更改。每個商品都需要一個產品 ID 才能夠在亞馬遜上售賣，你可以向製造商查詢或直接為自己的商品購買新的 UPC 碼，如圖 5-22 所示。

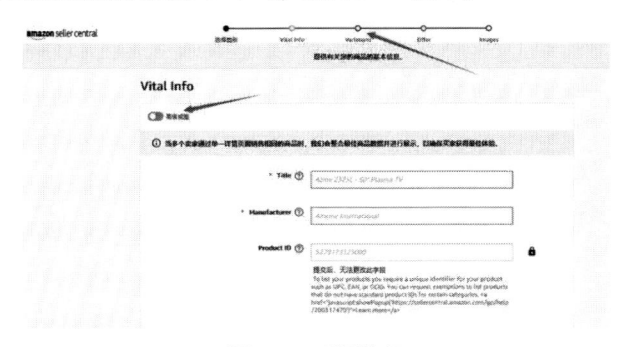

圖 5-22　重要資訊

四、選擇對應產品的變體

亞馬遜上的變體不是所有產品類別都有的，如果賣家在上傳產品時出現了「Variation」，那麼表明這個類目支持變體。變體既可能是單一的顏色變體、單一的尺寸變體，也可能是混合的顏色尺寸雙變體或者多變體。多屬性商品一般適用於服飾類、珠寶首飾類商品，我們稱之為變體商品。如某種商品的展示買家可以選擇尺寸和顏色，當買家選擇不同尺寸和顏色時，商品的圖片、價格庫存等會隨之變化，如圖 5-23 所示。

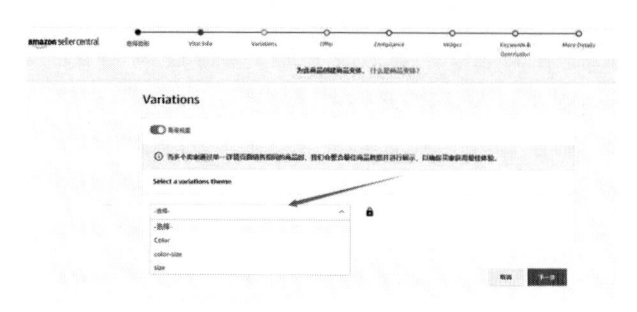

圖 5-23　商品變體

五、選擇自發貨或者 FBA 發貨

自發貨是指在通過亞馬遜平臺收到訂單後，直接從自己家、企業或倉庫發貨的賣家。這意味著，管理庫存、包裝、安排配送和客戶服務等都是賣家的直接責任。自發貨最大的優點就是相對於 FBA 庫存的不可控和占壓資金，自發貨的庫存在自己手上（甚至在供應商那裡），賣家既可以做到對庫存風險的把控，又可以加快資金週轉率。FBA 發貨的賣家需要支付一筆費用將其產品存儲在亞馬遜的物流中心，從而享受亞馬遜世界一流的物流配送服務。FBA 發貨的優點是帳號安全系數更高，Listing 可以獲得的流量更多，訂單更多，產品的售價也相對較高等，缺點就是其成本較高，亞馬遜會按照每立方英尺（1 立方英尺＝0.028,316,8 立方米）的倉庫使用空間收取月費。不論賣家選擇 FBA 發貨還是選擇自發貨，最好還是從產品本身出發考慮，根據產品自身的特點和屬性，選擇適合產品的運輸方式，如圖 5-24 所示。

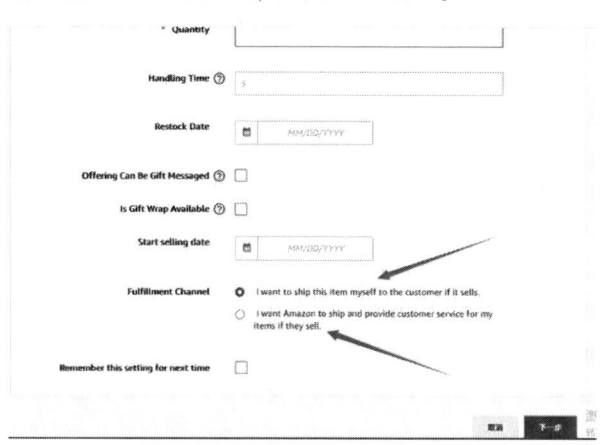

圖 5-24　發貨方式

六、進入商品詳情頁面

在這一頁面，很多人都不怎麼填寫，但這裡會直接影響產品在系統中的權重，對新品來說是很重要的，原則上應全部填滿，如圖 5-25 所示。

圖 5-25　商品詳情頁面

七、上傳圖片

亞馬遜對賣家的上架銷售產品有一個明確的規定，其中圖片是一個很關鍵的環節，特別是在分類審核的過程中，賣家提交的圖片必須首先符合亞馬遜的圖片標準。同時不同的分類下對圖片還有細節的要求。例如，圖片必須準確展示商品，且僅展示待售商品；主圖片應該採用純白色背景，圖片的高度或寬度應至少為 1,000 像素等。圖片上傳 7 張即可，有品牌備案的，可以上傳視頻。在上傳圖片之前，請確定自己的圖片符合亞馬遜的商品圖片規定，如圖 5-26 所示。

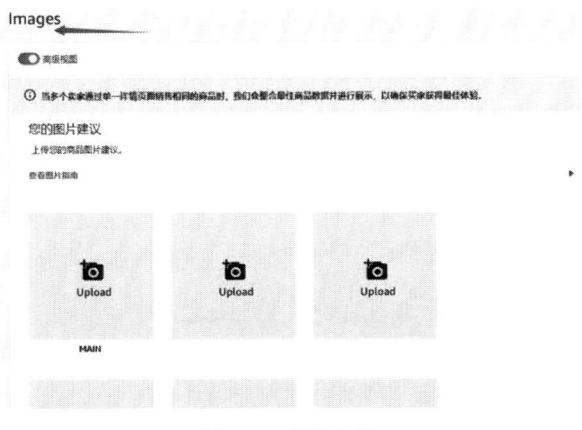

圖 5-26　圖片上傳

八、填寫關鍵詞及產品描述

在跨境電商平臺，關鍵詞、產品描述占據了 90% 的重要性，關鍵詞或標籤決定買家能否看到你，描述決定買家是否購買，甚至自有網站的推廣和優化也離不開這兩大因素。在賣家的立場上，最關鍵的詞應該是產品賣點，但在買家的立場上，需要根據不同的產品來設定，比如產品名稱、大功能等較寬泛的賣點，要先被搜索到，才能去

吸引用戶。做關鍵詞優化時，除了參考對手賣家的關鍵詞外，還可以利用熱銷產品下方的評論，熱銷品的評論多，參考價值大。填寫關鍵詞可以提升商品排名，因為買家很容易通過搜尋搜到你的商品，每個段落只能填寫 100 個字。一個好的商品還要有完備的商品詳細資訊，以便買家透過商品資訊更瞭解你的商品，上限為 2,000 個字，如圖 5-27 所示。

圖 5-27　關鍵詞及產品描述

九、更多細節

這部分是最容易被人忽視的，亞馬遜系統在 Listing 詳情頁面，我們看到的和競爭對手的對比，都是根據這裡填的信息去匹配的，如果你不填，會錯失很多流量。原則是越詳細越好，每一個空格都要填，除非你的產品不適用。當你的信息全部填完之後，右下角的「保存更改」按鈕會變亮；如果是灰色的，說明你沒有填完整，需要返回去補充，如圖 5-28 所示。

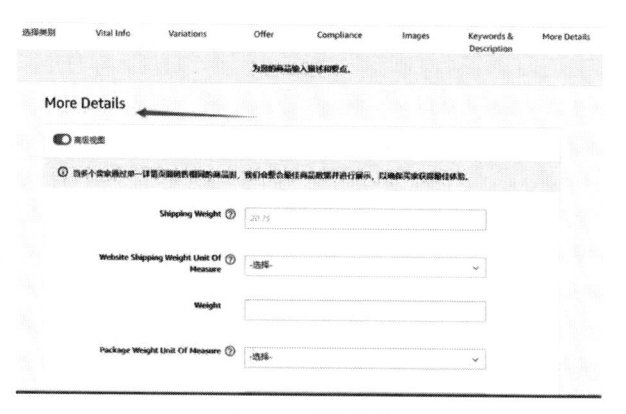

圖 5-28　更多細節

第三節　跨境電商平臺產品管理

一、使用平臺商鋪首頁的「產品管理」功能

針對商鋪首頁產品管理問題，全球速賣通推出了商鋪首頁產品自定義功能，可以對商鋪首頁產品進行自由管理，而且操作採用所見即所得的控制方式，可最大限度地方便賣家控制首頁產品的排序及內容。賣家可以通過設置自身商鋪首頁 15 個產品，將推薦的產品展示在商鋪首頁的相關位置，根據平臺數據，最適於首頁推薦的商品包括：銷量最好的商品，有明確促銷特性、價格有優勢的商品，市面上的熱門新品，有潛力成為暢銷款的商品。如何使用首頁產品管理功能？現以全球速賣通為例。進入賣家 My AliExpress 後臺，點擊商鋪管理中的商鋪首頁產品管理頁面，即可見當前首頁正在展現的 15 件商品。這 15 件商品與商鋪前臺的位置是一一對應的。如果要調整某件商品的首頁展示位置，只要用鼠標左鍵點選並拖動該產品到你想要的位置即可，完成調整後點擊「保存排列」即可。當想要替換首頁某件產品，只要將鼠標停放在想要更換的產品圖片上，點擊「更換產品」選擇另外商品替換當前產品。完成替換後，同樣點擊「保存排列」即可在首頁應用該產品排序。完成調整後，新的展現會在 24 小時內展現到商鋪首頁。另外，在商鋪首頁展示的產品下架後，需要重新調整設定。產品管理需要考慮的環節有：

(一) 產品選擇

從理論上來說，在互聯網中可以銷售任何產品，無論是虛擬產品還是實體產品。但受目前的通信技術、信任機制及物流運輸等方面的限制，一些產品並不適合在線上進行銷售。在通常情況下，賣家入駐跨境電商平臺時，可以選擇銷售的產品有如下特徵：存在大量潛在消費群體的名牌產品，易於進行物流配送，市場規模較大，易於在網絡中獲取相關信息並進行消費決策，通過線上渠道營銷具有明顯的成本優勢，不宜開設線下門店。產品選擇要考慮如下因素：

1. 要充分考慮所選產品與網店定位一致

在描述產品時，最為關鍵的一個因素就是所選的產品與開設的線上網店的定位以及風格保持一致。如果是針對高端目標群體的紅酒網店，就需要在包裝、產地、年份等方面予以重點強調；如果選擇銷售人們經常使用的日用百貨產品，就需要盡可能地擴大產品品類，爭取提升網店在平臺中的曝光率，從而吸引更多的用戶流量。

2. 要充分考慮自身產品的性能

在信息經濟學維度上，產品被分為兩種：其一是消費者在進行消費決策時，就能夠對產品品質進行評價的可鑑別產品，比如，從硬件配置方面就能夠確定其性能以及品質的智能手機、筆記本電腦等；其二是只有消費者在使用或者體驗後，才能確定其質量的經驗性產品，比如食品等。

此外，還可以將產品劃分為個性化產品或者標準型產品，服裝就是一種典型的標準化產品，而電子類產品則是典型的標準型產品。在通常情況下，標準型產品及可鑑別性產品更容易通過電商渠道大幅度提升銷量，而個性化產品及經驗性產品在線上渠

道的銷量會受到一定的影響。

3. 要充分考慮產品的營銷區域範圍及物流配送體系

電子商務的出現打破了時間空間的限制，但在實際營運過程中，商家卻不得不考慮自身產品所覆蓋的市場範圍，從而盡量避免地處偏遠的消費者在購買後出現物流配送服務不到位等問題。對目標市場進行一定的地域限制，可以有效地控制物流成本，減少不必要的用戶投訴，從而通過保持較好的服務體驗來維護自己的品牌形象。

（二）產品分類展示

跨境電商商家在對產品進行分類展示的時候，需要嚴格按照入駐平臺對產品分類的規則進行劃分。全球速賣通的主營產品是服裝、3C 及日用百貨產品，因此官方給予了其十分明確的分類方法。而當商家銷售比較小眾的產品時，可以選擇劃分至與其相近的產品類目上，從而有效提升產品的曝光率。

（三）產品上架

產品上架也並非一件簡單的事情，如果想要提升產品的銷量，就必須結合上架組合、上架頻率及上架時間來制定出正確的上架策略。

1. 產品上架組合

具備一定的關聯性、能夠在功能上進行互補的產品，以及同一系列的產品，可以作為一種組合一起上架，例如，筆記本電腦就與鼠標、鍵盤等外設具有較強的關聯性，而且主打功能不同的筆記本也分別對應著相應類型的外設產品，將其同時上架可以有效帶動產品銷量。

2. 產品上架頻率

產品上架也存在著一個週期性問題，每天都更新產品或者幾個月才更新一次產品都不是明智的選擇。賣家需要及時補充那些熱銷產品，而且平臺通常會設置產品上架的時長，當達到期限時，產品會自動下架，因此賣家需要通過及時地調整來保證上架產品的品類能夠吸引消費者。

3. 產品上架時間

產品上架時間也是影響產品銷量的一個重要因素，較為理想的時間就是網民們線上購物相對集中的時間，需要注意的是，跨境電商的賣家必須考慮不同地域的時差問題。此外，對某些產品而言，其最佳上架的時間也有可能會出現在較為特殊的時間節點，平時賣家可以多關注平臺發布的用戶調查報告、市場分析數據來瞭解不同產品的銷售時間。

上架時間，用來保證每個商品都有機會展示，產品上下架的時間對產品的排序有著重大的影響，因此商家上架時間很重要，因為上架的產品會在 7 天或者 14 天後的同一時間段內下架，所以上架時間決定著下架時間。要讓商品在不同時間段內都有所展示，最好在產品展示的時候，賣家能在線服務，否則買家想買也聯繫不到賣家。建議在最多人上網購物的時間段內讓產品上架，這樣下架時間段也是排位靠前的時間段，正好也是最多人瀏覽的時間段，這樣的時間段在一天之內有三段：上午 10∶00～12∶00，下午3∶00～5∶00，晚上 8∶00～10∶00。在正常情況下，週一至週五的瀏覽人數比週末要多。在上架的時候主要考慮兩個項目——產品數量和時間計算。舉例如下：

禮尚品皮具是某賣女包電商平臺的商戶，有 300 個產品，如何安排上、下架時間

比較合理呢？從數據魔方中他得出，一天當中有 9 個小時用戶搜索女包的概率很大。要讓產品盡量出現在 10：00~11：00、14：00~16：00、20：00~22：00。但是我們要考慮在上午 9：00、下午 17：00、晚上 23：00 也會有不少買家來購物，所以我們時間的安排可以是：9：00~12：00、14：00~17：00、20：00~23：00。

方案一：7 天全部平均分配。
(9×7×60)/300 = 12.6（分/個）
方案二：7 天時間分權重，5+2 模式。商品數量分權重，80%+20%模式。
300×80% = 240 個，300×20% = 60（個）
把 240 個產品在週一至週五上架，60 個寶貝在週六、週日兩天上架。
週一至週五：(9×5×60)/240 = 11.25（分/個）
週六至週日：(9×2×60)/60 = 18（分/個）
也就是說在週一至週五，每天根據選好的時間段，每隔 11.25 分鐘上架一個女包，在週末的時候每隔 18 分鐘上架一個寶貝。

(四) 產品下架

下架是相對於產品上架而言的。下架就是將貨物從貨架上去除。有四種原因會導致產品下架：

1. 自主下架

自主下架是指產品還在有效期內，可以自主將該產品下架，自主下架後的產品，可通過「更新有效期」重新上架。

2. 到期下架

在上傳產品時會選擇產品的有效期，通常這個有效期為 90 天、30 天、14 天（系統默認為 90 天），當超過產品的有效期時，系統便會將該產品做下架處理，這種情況可以通過「更新有效期」對下架的產品進行重新上架的操作。

3. 違規下架

違規下架是指上架的產品在銷售期間，因涉嫌平臺禁限售產品的問題，而由平臺工作人員做的下架處理，如毒品、槍支武器、易燃易爆物品、色情暴力產品、菸酒、國家保護文物等都屬於嚴重違規產品。違規下架的產品賣家將無法通過「更新有效期」重新上架，必須將產品修改成符合產品發布規則的產品，並重新通過審核後方能上架。

如何才能避免出現禁限售商品的爭議呢？請在購物時關注賣家的產品名稱、產品描述是否符合需求，若發現商品違反國家法律法規或者電商平臺規則規定的，請及時向平臺舉報。若不知道商品違規而購買，後續出現問題的，請及時申請退款。若買家知道商品屬於禁限售而依舊拍下付款且後續以禁限售為理由申請退款，交易支持退貨退款，同時買家也有可能被處罰。

4. 備貨售完下架

當產品在銷售中備貨數量不足或為零時，則產品為備貨售完下架。其包括兩種情況：
（1）零售產品：有備貨產品的庫存數量目前已售完。
（2）批發產品、批發或零售產品：當前的產品數量小於最小起訂量時，則均為備貨售完下架。

二、使用跨境電商 ERP 軟件管理產品

跨境電商賣家和企業通常在全球多個不同的電商平臺上銷售成千上萬個 SKU, 如何對多個平臺銷售的 SKU 進行同步更新和管理？如何更科學有效地進行銷售營運？跨境電商 ERP 系統可以滿足這一需求。ERP 的英文全稱為 Enterprise Resource Planning（企業資源規劃），它是建立在信息技術的基礎上，以系統化的管理思想為企業決策層及員工提供決策運行手段的管理平臺。做跨境電商的賣家都會使用 ERP 管理店鋪產品、訂單，目前市場上有一些主流的跨境電商 ERP，每個 ERP 軟件都有各自的優勢，現介紹如下幾個以方便選擇。

（一）全球交易助手

全球交易助手是深圳市江勝科技有限公司針對全球速賣通及其他外貿平臺打造的線下管理軟件，官方地址為：http：//www.cnfth.com，可提供全方位的店鋪管理方案。它的主要功能包括：數據搬家，可以快速地將其他平臺店鋪的產品遷移至全球速賣通；對全球速賣通進行多店鋪管理、訂單管理、買家管理、批量留言、評價、站內信以及物流追蹤等，全球交易助手最大的特點就是和全球速賣通深度對接。全球交易助手是全球速賣通授權的第三方 ERP 軟件，在本地端操作，也有網頁版的，使用同一個帳號，因為是主打全球速賣通的 ERP，所以對全球速賣通店鋪收費 299 元/年。全球交易助手讓賣家在線下可以處理其產品、快速操作產品、圖片銀行本地化、多店鋪管理產品、多店鋪管理訂單，後期即將集成線下進銷存等功能。其中的多店鋪管理產品的網店交互功能，可以將一個或多個產品發布到或保存到其他全球速賣通網店，快速優化產品關鍵字，支持淘寶網數據包導入全球速賣通，中文自動翻譯成英文，支持 .zip、.pkg、.csv 和任意格式的 .xls、.xlsx 等後綴格式，產品數據包可以在任何地方導入其他任何全球速賣通網店，實現快速數據互通。交易助手中的批量修改能快速地修改產品名稱、關鍵字、計量單位、銷售方式、價格信息、交貨時間、商家編碼、產品簡述、產品描述、包裝重量、包裝尺寸、運費模板、產品分組、有效期等。只需點按鈕就可以優化好多產品信息，從而更好地配合產品數據優化。

產品管理主要分為五個區域：「分類查看」「功能菜單」「搜索」「列表」和「詳情」。當產品處於銷售中的時候，賣家想把產品從銷售中批量下架，點批量下架按鈕就可將銷售中的產品下架。當產品處於下架狀態，可以用批量上架按鈕將已經下架的產品上架到銷售中。當產品即將下架時，軟件支持定時上架。鼠標點擊左上角軟件帳號名稱，彈出菜單，出現任務計劃，點擊「新增」填寫任務名稱，選好任務執行時間，然後點擊「保存」會彈出要選擇哪些產品在任務裡執行上架操作。保存完後，只要電腦開著，到了任務處理時間點，軟件就會自動處理自動上架的任務。軟件可以批量修改產品，可選擇多個需要修改的產品，選擇完產品後，單擊「批量修改」按鈕，在打開的窗體左下方「添加或編輯」區域，選擇修改項、修改方式並填寫相應的內容，單擊「添加」按鈕可在窗體右下方「修改記錄」區域看到一條記錄，重複上述操作可再次添加修改。最後單擊「修改記錄」區域下方的「執行修改」按鈕即可實現批量修改，批量修改將自上往下執行修改記錄中的修改，可以在「任務管理器」中查看修改進度。

(二) 亞馬遜船長 (AMZCaptain)

官方地址為：https://www.amzcaptain.com/amz_index.html。費用分為免費版、精華版 399 元/月、2,999 元/年、大賣家獨享版 98,000 元/年。亞馬遜船長是金蟾雲跨境電商管理系統旗下的產品，是專業開發亞馬遜賣家的營運工具。亞馬遜船長是一款專業、簡單、好用的營運系統，最大賣點是集合了跟賣三件套（批量定時跟賣、防跟賣監控、智能調價），為亞馬遜賣家提供了極大的營運價值。

(三) IBAY365 ERP

官方地址為：http://www.ibay365.com/。企業版新套餐費用為 8,000 元/年，支持功能為刊登+訂單（無功能限制）。它是中國最早根據 eBay 研發的 ERP，對接的平臺有 eBay、全球速賣通、Wish、Joom、Lazada、Shopee、Shopify、Cdiscount 等。IBAY365 ERP 在 eBay 這塊功能強大、操作流程順暢，既可以批量獲取別人的 item 生成自己的模板，也可以自定義刊登風格，並且在汽配兼容表這一塊也有相當大的優勢。如果主做 eBay 的話可以考慮使用這個 ERP。

(四) 易倉 ERP

官方地址為：https://www.eccang.com/。易倉 ERP 根據不同版本會有不同的價格，費用報價為 70,000～78,000 元。易倉 ERP 系統是一個精準的全鏈條生態，目前對接全球速賣通、亞馬遜、eBay、Wish 等 17 家主流跨境平臺，還包括獨立站 Magento、Shopify、Zencart、Bigcommerce、PPCart 等。而易倉 ERP 專為初創團隊研發，簡單易用的交互配合自助問題查詢系統，可以在短時間內上手，節省了跨境賣家的上線成本、使用成本和維護成本。

(五) 賽盒 ERP

官方地址為：http://www.irobotbox.com/index.html。費用為 8,000 元/月、9.6 萬元/年。賽盒 ERP 完美對接全球速賣通 eBay、Wish、Walmart、Lazada、Cdiscount 等主流平臺和自建站，支持亞馬遜訂單管理、eBay 訂單管理、Wish 數據分析、海外倉管理，賽盒 ERP 能有效地縮短工作週期，降低跨境成本，高效解決跨境電商營運問題。

(六) 速脈 ERP

官方地址為：http://www.sumy.org.cn/。費用為 ERP 版本按訂單量收費。速脈 ERP 專業解決跨境電商企業管理難題，全面管控賣家的訂單、採購、庫存、財務、客戶。其支持全球速賣通、亞馬遜、敦煌網、Lazada、eBay、Wish、1688、Cdiscount、Shopee、Joom、TopHatter、Shopify、Vova、Mymall 各大平臺。

(七) 通途 ERP

官方地址為：http://www.tongtool.cn/。支持免費試用，ERP 在線版基本使用費為 299 元/月（包含 6,000 個訂單，超出部分加收 0.05 元/單），ERP 雲部署版基本使用費為 20,000 元/年（訂單無限制）。通途整體來說功能也都比較齊全，分 ERP（刊

登）和 listing（訂單）兩套系統，收費比較合理，根據訂單量來計算，用多少花多少，不限制帳號。其深度對接亞馬遜、全球速賣通、eBay、Wish、Lazada、京東國際、Cdsicout、Priceminister 等主流平臺。

（八）芒果店長 ERP

官方地址為：http://www.mangoerp.com/index。支持免費試用，VIP 費用為 168 元/30 天、1,680 元/360 天，對年付用戶贈 EDM 郵件群發 10,000 封。芒果店長 ERP 能夠對產品進行輕量化營運。芒果店長可以進行批量操作，包括對運輸時間、運輸數量、產品運費、標籤價格、產品標題等進行增刪改查，從而提高賣家的效率，使發布產品、維護產品的速度加快，從而減少賣家的重複勞動。平臺與 20 餘家頂級電商平臺實現了無縫對接，支持 300 多家物流公司 API 接口，日處理訂單超 250 萬。芒果店長 ERP 深度打通電商平臺、物流倉儲與商家，通過電商大數據和雲技術，提供優質貨源、物流對接、倉庫管理以及智能化網店營運等多維度服務，旨在為中國電商賣家提供一站式網店營運管理服務。

（九）馬幫 ERP

官方地址為：http://www.mabangerp.com/index.html。支持免試用，費用為馬幫 ERP mini 免費；馬幫 ERP2.0 企業版初裝 6,000 元，次年續費 5,000 元；馬幫 ERP2.0 旗艦版初裝 14,800 元，次年續費 5,000 元。馬幫 ERP 以 SaaS 切入，服務出口跨境電商賣家，為賣家接入海外電商平臺、優化產品選擇、降低物流成本、擴展銷售渠道。目前馬幫 ERP 已經不單單是一個 ERP 軟件，而是一個綜合的跨境電商服務平臺，既有面向中小賣家的馬幫 3.0 SAAS 版本，也有面向高階用戶的馬幫 2.0 以及馬幫 WMS 倉庫管理系統。除此之外，馬幫 ERP 還提供很多在線的付費應用和 ERP 模塊。支持對接的平臺有：全球速賣通、亞馬遜、eBay、Wish、Dhgate、Lazada、Joybuy、Cdiscount、Linio、Tophatter、Kilimall、Shopify、Shopee、1688、Joom、Bigcommerce、Shopyy、Jumia 等。

（十）店小秘 ERP

官方地址為：https://www.dianxiaomi.com/index.html。店小秘 ERP 提供全面的產品刊登、訂單處理、訂單打印、庫存管理、智能採購、數據統計、數據分析、圖片管理等一站式的管理服務，通過數據挖掘和大數據分析技術，讓傳統的管理軟件方式轉向智能化。店小秘 ERP 有免費版，基礎功能永久免費；VIP 版有 168 元/月、6,000 元/年和 9,888 元/年等收費標準，有多種套餐方式可供選擇，無論是大中小賣家都有合適的資費套餐。其支持對接全球速賣通、亞馬遜、敦煌網、京東海外購、Wish、eBay、Lazada、shopify、Cdiscount、Magento、Woocommerce、Shopee 等平臺。

（十一）ECPP ERP

官方地址為：http://www.ecpperp.com/。費用為 2,400~30,000 元，ECPP ERP 按功能拆分收費，較適合小型賣家，收費標準為費用包括基礎月費、初始費用、平臺費、刊登費，小型客戶可隨便使用，對大型賣家來說費用則比較高。ECPP 支持亞馬

遜、全球速賣通、Wish、eBay、Magento、Newegg 等。

(十二) 小老板 ERP

官方地址為：http：//www.littleboss.com。費用免費。小老板 ERP 是一款免費的在線 ERP 平臺，提供全面的產品刊登、訂單打印、庫存管理、智能採購、數據統計、數據分析、圖片管理等一站式的管理服務。除了堅持在訂單管理、刊登管理以及採購、發貨和倉庫等 ERP 模塊徹底免費外，小老板 ERP 還開發了不少免費和部分功能收費的獨立應用，包括和 17track 合作開發的物流追蹤、全球速賣通好評助手、小老板雲站和 Cdiscount 跟賣終結器等。全球支持全球速賣通、亞馬遜、敦煌網、eBay、Wish、Lazada、Linio、PriceMinister、Cdiscount、Jumia、Newegg。

跨境電商 ERP 系統以其整合端到端的解決方案，圍繞採購、物流、訂單和產品上傳等內容服務，已成為當今大型電商賣家的必備工具。跨境電商 ERP 管理平臺的主要優勢有：提高公司運作效率（發貨效率、回覆站內信息效率、公司管理效率等），多店鋪營運、防關聯（有效避免一個人營運多個店鋪需要來回切換的困擾），統計報表、財務（告別傳統低效率的 Excel 統計模式），採購（採購合適的庫存，避免產品滯銷或者發貨不及時），庫存管理（多倉庫庫存統一管理）。目前國內的跨境電商 ERP 系統種類比較多，多達二十幾種，性能也是參差不齊，對於龐大的中小賣家來說，免費的 ERP 是踏入跨境電商的首選，隨著銷量的逐步提升和企業體量的增長可逐漸過渡到服務和功能更好的收費軟件。

【小知識】
實重、體積重與計費重量：
1. 實重
實重是指需要運輸的一批物品包括包裝在內稱出的實際總重量稱為實重。
2. 體積重
當需郵寄物品體積較大而實重較輕時，國際快遞中因運輸工具（飛機、火車、船、汽車等）承載能力及能裝載物品體積有限，須採取量取物品體積折算成重量的辦法作為計算運費的重量，稱為體積重量或材積。體積重量大於實際重量的物品又常稱為拋貨。
材積計量方式：長×寬×高/5,000＝貨物重量（kg）
註：貨物的長寬高計量單位都是 cm，以最突出位置算起。
3. 計費重量
按實重與材積兩者的定義與國際航空貨運協會的規定，貨物運輸過程中計收運費的重量是按整批貨物的實際重量和體積重量兩者之中較高的計算。目前只有國際 EMS 是按照實際重量來計算的，其他的國際快遞（DHL、UPS、FEDEX、TNT）都是按照實際重量和體積重量兩者之中較高的來計算。
在國際快遞中，21kg 以下貨物的通常進位為 0.5kg，21kg 以上貨物的進位為 1kg。例如，貨物重量 12.3kg，則計費 12.5kg。貨物重量 23.2kg，則計費 24kg。

【小案例】
標題以及直通車選詞都是重中之重。我們可以去參考競爭對手店鋪的操作。通過全球速賣通魔鏡可以看到競爭對手的數據，以手機類目 Xiaomi Online Store 這個店鋪為例，我們通過速賣通魔鏡，可以看到 Xiaomi Online Store 這個店鋪 30 天的銷售額。2016 年 12 月 25 日，銷量為 492，銷售額為 5.50 萬美元，2016 年 12 月 24 日，銷量為 499 美元，銷售額 5.72 萬美元。還可以去看這個店鋪的主要引流寶貝，我們以 Official Global Version Xiaomi Redmi Note 3 pro prime special Edition Smartphone 5.5 Inch 3GB 32GB 16.0MP& B4 B20 B28 LTE 這個寶貝為例，它的周銷量排行是下降的，我們可以看到這個寶貝自然搜索曝光的關鍵詞排名，對於排名最高的關鍵詞我們可以借鑑用在自己的寶貝標題裡面的。

【核心知識小結】（包括導入案例的思考方向）

關鍵詞設置的重要性不言而喻，關鍵詞的好與壞將直接影響著買家是否會搜索到賣家銷售的產品，更多地出現在搜索結果中就意味著更多的訂單。一定要把產品最核心、最精準的關鍵詞體現在標題中，建議大詞不要漏，精準詞要相關性強，長尾詞要恰當配合。

發布商品過程中切勿將同一商品發布多次；對於不同的商品，在發布時請不要直接引用已有商品的主圖或者直接複製已有商品的標題和屬性；不同的商品，除了應在主圖上體現差異外，請同時在標題、屬性、詳細描述等方面填寫商品的關鍵信息，以區分於其他商品。例如，圖片不一樣，而商品標題、屬性、價格、詳細描述等字段雷同，也視為重複鋪貨。如果需要對某些商品設置不同的打包方式，發布數量不得超過3個，超出部分的商品則視為重複鋪貨。同一賣家（包括擁有或實際控制的在全球速賣通網站上的帳戶），每件產品只允許發布一條在線商品，否則視為違反重複鋪貨的政策。

對於重複鋪貨的商品，全球速賣通將在搜索排名中進行靠後處理，並將該商品記錄到搜索作弊違規商品總數裡，當店鋪搜索作弊違規商品累計達到一定量時，將給予整個店鋪不同程度的搜索排名靠後處理；針對違規情節嚴重的店鋪，將對店鋪進行屏蔽、凍結帳戶或直接關閉帳戶。

實務操作練習：

1. 學習操作如何在全球速賣通上發布產品？
2. 學習操作如何在亞馬遜上創建新品？
3. 什麼是跨境電商 ERP？目前主要的跨境電商 ERP 軟件有哪些？

購買違禁品案例：

一天，小白在某電商平臺上看到有菸標賣，便聯繫賣家小龍詢問商品的具體情況。小龍直白地跟小白說：「實際是香菸，你要不要？」小白想著確實自己有需要，便與小龍達成了交易。小白收到後，發現香菸是假菸，便申請不退貨退款且表示商品是禁售品，要求電商平臺處罰小龍。小龍不同意，表示交易前小白明明知道是香菸，現在再來說商品是禁售品並要求不退貨退款肯定不行，自己可以同意退貨退款。雙方一直爭執不下，申請了平臺介入。平臺介入後，根據雙方舉證核實，商品屬於禁限售範圍的，交易支持撤銷處理，但由於買家購買前就已知道商品屬於禁限售且收貨後以禁限售為理由申請不退貨退款，因此交易做退貨退款處理，來回運費由賣家承擔，且對小龍和小白分別進行了相應處罰。小白事後後悔不已，表示早知道就不要貪心，現在還多了一個帳戶處罰。

第六章

跨境電商物流與通關

【知識與能力目標】

知識目標：
1. 熟悉跨境電商的各種物流方式。
2. 瞭解跨境電商中各種物流方式的優勢與缺陷。
3. 熟悉跨境電商的各種通關模式。

能力目標：
1. 掌握跨境物流操作的具體流程。
2. 掌握平臺運費模板的設置。
3. 掌握運費的計算。

【導入案例】

歐美人經常搬遷，需要便攜拆裝的生活用品，某福州家具外貿供應商的主營產品為可自由組合的家具，該廠商的產品系列非常符合歐美市場的需求，海外銷量一直不錯。但憑藉多年做外貿的經驗累積，該廠商發現傳統貿易的局限在於只能批量出口給目標國家的進口商，賺取一些批發利潤和獲得一些出口退稅。進口商卻在當地進行高附加值的零售。久而久之，該供應商管理層開始逐步獨立進行海外市場的零售業務。短短一年時間就在亞馬遜、全球速賣通、eBay 等平臺上建起了店鋪，受到了許多終端買家的關注，隨之有了銷售訂單。然而一單單從國內進行直接派送，面臨著許多麻煩：首先，家具屬於出口需要商檢的產品，以前傳統貿易整櫃出口批量進行商檢，而現在單件商品商檢流程繁瑣，耗時耗力；其次，每一單從國內直發海外的時效過長，經常導致客戶抱怨，終端客戶認為不如購買本國當地商家的產品方便，至少時效更快；再次，到達目標國家後，如果清關產生關稅，經常會尋找收件人進行支付，導致終端客戶頗有意見；最後，萬一遇到買家需要退貨，流程就變得非常麻煩，家具好不容易運到國外，又要退回國內，不僅運費支出高昂，而且需多次報關。

基於以上種種問題，該供應商決定大力發展海外倉。首先，使用頭程批量海運出口方式直發海外倉，由於批次出口統一進行了商檢，解決了商檢繁瑣等問題，並且也

獲得了原本傳統貿易的出口退稅。其次，商品存儲於各國海外倉，一旦有訂單，直接從當地倉庫發給買家，時效比原本從國內直發大大縮減了，並且進口關稅已在頭程端進行了處理。故終端買家不會再遇到被要求付關稅後拿貨的情況，等同於和當地的同行站在了同一起跑線上。最後，退貨服務也可以做得有聲有色。終端買家不需要的商品可以退回海外倉，重新從海外倉發出一個買家需要的商品，而這個買家所不需要的商品依然可以重新進行銷售，賣給其他買家，完全沒有物流和清關的壓力。

思考：海外倉模式都有哪些優勢？

第一節　跨境電商物流概述

一、跨境電商物流的概念

由於跨境電商的買賣雙方分屬不同的國家或地區，產品需要從供應方國家通過物流方式實現空間轉移，運送到消費者所在的國家。它與境內電商的物流配送相比較有以下兩點主要區別。一是從空間移動的角度來講，跨境電商物流可分為三段：第一段為供應國境內的物流；第二段為國與國之間（或地區與地區之間）的物流，即跨境物流；第三段為目的國（地）境內的物流與配送。二是經跨境電商物流配送的產品要經過出口國和進口國的關境，需要進行報關和報檢，流程較為複雜，這一點與境內電商物流尤其不同。

二、跨境電商物流的主要模式

跨境電商零售的物流方式主要分為以下幾種：一是郵政包裹，如中國郵政小包、E 郵寶、EMS 等；二是國際商業快遞，如 Fedex、UPS、DHL 等；三是專線物流；四是海外倉模式；五是保稅倉物流模式；六是平臺自建物流模式。以下將逐一介紹。

（一）郵政包裹

在介紹這種跨境電商物流模式之前，我們需要先瞭解「萬國郵政聯盟」（Universal Postal Union，UPU，以下簡稱「萬國郵聯」）。萬國郵聯是協調國際郵政事務的政府間國際組織，其前身是 1874 年 10 月 9 日成立的「郵政總聯盟」，1878 年改為現名。其宗旨是組織和改善國際郵政業務，發展郵政方面的國際合作。萬國郵聯規定了國際郵件轉運自由的原則，統一了國際郵件處理手續和資費標準，簡化了國際郵政財務結算方法。截至 2014 年 12 月，萬國郵聯一共有包括中國在內的 192 個成員方。正是由於這個組織的存在，我們可以通過郵政系統將一個包裹或信件從中國寄送到其他國家或地區，又或者從其他國家或地區寄送到中國境內。據不完全統計，跨境電商目前有超過 70%的商品是通過國際郵政小包業務運輸的。

具體來說，跨境電商郵政物流體系又包括以下幾種：

1. 中國內地郵政小包

據不完全統計，跨境電商 60%的包裹都通過郵政系統投遞，而其中中國內地郵政又占據了 50%左右的市場份額，中國香港地區郵政和新加坡郵政也是中國跨境電商賣家們常用的

物流方式。

中國郵政航空小包（China Post Air Mail），是中國郵政開展的一項國際、國內郵政小包業務服務，屬於郵政航空小包的範疇，包裹重量要求在 2kg 以內，外包裝長寬高之和小於 90cm，且最長邊小於 60cm，可寄達全球 230 多個國家和地區的各個郵政網點，是一項經濟實惠的國際快件服務項目。中國郵政航空小包出關不會產生關稅或清關費用，但在目的地國家進口時有可能產生進口關稅，具體根據每個國家海關稅法的規定而各有不同（相對於其他商業快遞來說，航空小包能最大限度地避免關稅）。

它分為中國郵政掛號小包和中國郵政平郵小包兩種服務。掛號服務費率稍高，可提供網上跟蹤查詢服務。物流詳情的查詢平臺是中國郵政官網（http://intmail.11185.cn）。

(1) 中國內地郵政小包的主要優勢

①價格實惠：中國郵政小包相對於其他運輸方式（如 DHL、UPS、Fedex、TNT 等）來說有絕對的價格優勢，同時比中國香港地區小包價格也要便宜（具體資費標準見後文）。

②郵寄方便：可以寄達全球各地，只要有郵局的地方基本都可以送到（極少數國家地區除外）。

③中國郵政小包安全、掉包率低，對掛號小包可全程跟蹤。

④速度優勢：直接交接中國郵政，無須中轉中國香港地區，包裹交郵局後當天可在中國郵政網查到包裹狀態。

(2) 中國郵政小包的寄送要求

①郵政小包重量限制：郵政小包限重 2kg（阿富汗除外）。

②郵政小包體積限制：

非圓筒貨物：長+寬+高≤90cm，單邊最長為 60cm，最小尺寸的單邊長度≥17cm，寬度≥10cm。

圓筒形貨物：直徑的兩倍+長度≤104cm，單邊長度≤90cm，直徑的兩倍+長度≥17cm，長度≥10cm。

③產品寄送種類要求：禁止郵寄國家規定的不能郵寄和出口的物品，如色情物品、武器等；禁止郵寄帶有危險性、爆炸性、放射性、易燃性的物品，如酸性物質、毒性物質、生化製品、麻醉品、化肥、液體類、油漆、放射性物質等；禁止郵寄鮮活的動植物以及易腐爛的產品；禁止郵寄若丟失、損壞而給委託人或承運人造成重大損失的物品，如空白發票、現金、貴重物品、珠寶、郵票、股票證券等；禁止郵寄仿牌、侵權產品。

(3) 寄送時效

①到亞洲鄰國需 5~10 天。

②到歐美主要國家需 7~15 天。

③到其他國家和地區需 7~30 天。

(4) 運費計算標準

掛號資費：標準資費×實際重量×折扣+掛號費 8 元=總額

平郵資費：標準資費×實際重量×折扣=總額

備註：掛號件，每件加收掛號費 8 元。

中國內地郵政航空小包資費情況如表 6-1 所示。

表 6-1　中國內地郵政航空小包資費表

區域	國家/地區	資費標準/元/kg	掛號費/元
1	日本	62	8
2	新加坡、印度、韓國、泰國、馬來西亞、印度尼西亞	71.5	8
3	奧地利、克羅地亞、保加利亞、斯洛伐克、匈牙利、瑞典、挪威、德國、荷蘭、捷克、希臘、芬蘭、比利時、愛爾蘭、義大利、瑞士、波蘭、葡萄牙、丹麥、澳大利亞、以色列	81	8
4	新西蘭、土耳其	85	8
5	美國、加拿大、英國、西班牙、法國、烏克蘭、盧森堡、愛沙尼亞、立陶宛、羅馬尼亞、白俄羅斯、斯洛文尼亞、馬耳他、拉脫維亞、波黑、越南、菲律賓、巴基斯坦、哈薩克斯坦、塞浦路斯、朝鮮、蒙古、塔吉克斯坦、土庫曼斯坦、烏茲別克斯坦、吉爾吉斯斯坦、斯里蘭卡、巴勒斯坦、敘利亞、阿塞拜疆、亞美尼亞、阿曼、沙特、卡塔爾	90.5	8
6	俄羅斯	96.3	8
7	南非	105	8
8	阿根廷、巴西、墨西哥	110	8
9	老撾、孟加拉國、柬埔寨、緬甸、尼泊爾、文萊、不丹、馬爾代夫、東帝汶、阿聯酋、約旦、巴林、阿富汗、伊朗、科威特、也門、伊拉克、黎巴嫩、秘魯、智利	120	8
10	塞爾維亞、阿爾巴尼亞、冰島、安道爾、法羅群島、直布羅陀、列支敦士登、摩納哥、黑山、馬其頓、聖馬力諾、梵蒂岡、摩爾多瓦、格魯吉亞	147.5	8
11	斐濟、美屬薩摩亞、科科斯群島、庫克群島、卡奔達、聖誕島、新喀里多尼亞、密克羅尼西亞、南喬治亞島和南桑德韋奇島、赫德島和麥克唐那島、英屬印度洋領土、基里巴斯、聖基茨和尼維斯聯邦、馬紹爾群島、北馬里亞納、諾魯克島、瑙魯、紐埃、法屬波利尼西亞、巴布亞新幾內亞、皮特凱恩群島、所羅門群島、斯瓦爾巴和揚馬延島、特里斯達庫尼亞群島、法屬南部領土、托克勞、湯加、圖瓦盧、美屬太平洋各群島、瓦努阿圖、西薩摩亞、阿森松島、加納利群島、亞速爾群島和馬德拉群島、約翰斯敦島、關島、帕勞、瓦利斯和富圖納、埃及、蘇丹、摩洛哥、吉布提、埃塞俄比亞、肯尼亞、突尼斯、布隆迪、烏干達、盧旺達、乍得、尼日利亞、布基納法索、貝寧、喀麥隆、阿爾及利亞、加蓬、幾內亞、馬達加斯加、毛里塔尼亞、津巴布韋、安哥拉、中非、佛得角、西撒哈拉、厄立特里亞、岡比亞、赤道幾內亞、幾內亞比紹、科摩羅、利比里亞、萊索托、馬拉維、莫桑比克、納米比亞、尼日爾、留尼汪、塞舌爾、聖赫勒拿、聖多美和普林西比、斯威士蘭、馬約特、伊夫尼、讚比亞、利比亞、毛里求斯、馬里、索馬里、加納、博茨瓦納、剛果（金）、剛果（布）、坦桑尼亞、多哥、科特迪瓦、塞拉利昂、塞內加爾、委內瑞拉、古巴、厄瓜多爾、巴拿馬、蘇里南、哥倫比亞、安提瓜和巴布達、安圭拉、荷屬安的列斯、阿魯巴、巴巴多斯、百慕大、玻利維亞、巴哈馬、伯利茲、哥斯達黎加、多米尼加、馬爾維納斯群島、格林納達、法屬圭亞那、瓜德羅普、危地馬拉、圭亞那、洪都拉斯、海地、牙買加、開曼群島、聖盧西亞、馬提尼克、蒙特塞拉特、尼加拉瓜、聖皮埃爾和密克隆、波多黎各、巴拉圭、薩爾瓦多、特克斯和凱科斯群島、特立尼達和多巴哥、烏拉圭、聖文森特和格林納丁斯、英屬維爾京群島、美屬維爾京群島、復活島、扎伊爾、格陵蘭島	176	8
掛號統一加收 8 元/票的掛號費
北京小包不通過第三地中轉，安全快捷，旺季有優先上網發貨優勢

示例：以 0.2kg 貨物發韓國為例，貨代折扣為 7 折，試進行運費計算。
查表得知，到韓國的標準資費為 71.5 元/kg，那麼：
平郵小包運費：71.5 元/kg×0.2kg×70% = 10.01 元
掛號小包運費：71.5 元/kg×0.2kg×70%+8 元掛號費 = 18.01 元

（5）其他信息

①平郵若丟失將不能獲得賠償，如義大利、尼日利亞等國，郵包丟包率極高，請最好選用掛號或快遞方式。

②具體根據申報價值來賠償，但最高不超過 320 港元，並退還郵費，但掛號費不予退還。

③中國郵政航空小包可提供保險服務，具體保費可以諮詢中國郵政或者保險公司。

④若國外收件地址不正確或收件人拒收，郵政小包可從國外返還至寄件人地址，退回來一般不會產生郵費，退回後寄件人可以去郵局領取郵件。

2. 中國郵政大包

中國郵政大包是中國郵政區別於中國郵政小包的業務，可寄達全球 200 多個國家和地區，對時效性要求不高而重量稍重（重量在 2kg 以上）的貨物，可選擇使用此方式發貨。中國郵政大包又分為普通空郵（Normal Air Mail，非掛號）和掛號（Registered Air Mail）兩種。前者費率較低，郵政不提供跟蹤查詢服務，後者費率稍高，可提供網上跟蹤查詢服務。

（1）優勢

價格低廉，相對於其他運輸方式（如 EMS、DHL、UPS、Fedex、TNT 等）來說，中國郵政大包服務有絕對的價格優勢。採用此種發貨方式可最大限度地降低成本，提升價格競爭力。不計算體積重量，沒有偏遠附加費。

（2）劣勢

時效性不高，有退件費用。

由於大包在運輸和處理上相對難於小包，所以妥投速度相對較慢，且有退件費用，根據用戶選擇的退回方式收取相應的運費，郵局都會給發件人收費憑據。

（3）重量尺寸限制

寄往各國的包裹的最大尺寸限度分為兩種：

第一種尺寸：最長一邊不超過 150cm，長度與長度以外的最大橫周合計不超過 300cm。

第二種尺寸：最長一邊不超過 105cm，長度與長度以外 r 最大橫周合計不超過 200cm。

（橫周面積的計算公式：橫周面積=2 高+2 寬+長）

（4）禁止郵寄產品

①根據國際航空條款規定的不能郵寄或限制郵寄的所有貨物，比如仿牌、液體、粉末、膏狀體、毒品、軍火等。

②純電池和大量手機不可以郵寄，電池作為配件可以適當郵寄，但電池最好獨立包裝，最終是否能順利通關，在於海關的政策。

（5）資費標準①

中國郵政大包資費標準如表6-2所示。

表6-2　中國郵政大包資費標準

國家/地區	航空/kg	續重/kg	SAL/kg	續重/kg	海運/kg	續重/kg	限重/kg
美國	158.5	95	104.6	51.1	83.5	20	30
英國	162.3	76.6	126.2	50.5	108.1	22.4	30
加拿大	137.7	72	99.2	45.7	86.2	22.7	30
澳大利亞	143.8	70	117.2	53.4	88.8	15	20
法國	185.3	68.3	149.1	42.1	131	14	30
義大利	159.3	71.2	121.2	43.1	99.8	11.7	20
德國	190.9	69.5	154.7	43.3	140.8	19.4	30
西班牙	166	72	126.1	42.1	無	無	20
奧地利	153.8	60.4	123.9	40.5	116.1	22.7	20
荷蘭	158.9	68.5	122.8	42.4	104.7	14.3	20
新西蘭	171.1	101.5	無	無	116.4	18.8	20
日本	124.2	29.6	110.9	26.3	108	13.4	30
波蘭	139.4	56.1	117.8	44.5	無	無	15
愛爾蘭	162.2	72.4	124.1	44.3	無	無	無
法屬波利尼西亞	234	107.5	無	無	143.4	21.7	無
韓國	98.3	21.3	96	29	87.9	10.9	20
瑞典	184.9	57.6	161.8	44.5	152.8	25.5	20
瓜德羅普	229	107.3	155.7	48.7	無	無	20
瑞士	161	68.8	124.6	42.4	115.2	23	20
羅馬尼亞	150.3	57.7	128.2	45.6	無	無	20
以色列	192.2	95.8	無	無	112.8	16.4	20
南非	210.2	117.1	無	無	110.9	17.8	20
丹麥	161.2	70.8	121.3	40.9	105.3	14.9	20
比利時	210.2	51.7	182.3	33.8	164.2	5.7	20
挪威	179.4	75.9	138	44.5	134.6	31.1	20
冰島	179.8	83.4	140.5	54.1	無	無	20
馬提尼克	229.7	108	155.7	48.7	無	無	20
賽普路斯	156.8	75.9	無	無	99.4	13.7	30
匈牙利	145.1	57	121.4	43.7	106.5	18.4	20

①該資費標準參照中國郵政官網，如有更新，以官網為主。

表6-2(續)

國家/地區	航空/kg	續重/kg	SAL/kg	續重/kg	海運/kg	續重/kg	限重/kg
俄羅斯	170.2	59.3	144.9	44	無	無	20
中國香港	76.9	21	無	無	60.7	4.8	30
哥倫比亞	212.7	137.6	132.6	67.5	無	無	20
新加坡	91	35.1	無	無	66.8	10.9	40

(6) 免責聲明

①因托寄物固有瑕疵或本質成分而引致的損失或損壞；或目的地海關當局因貨件疑似不合法，而產生的扣關、清關延誤；錯誤的商品說明、錯誤申報、過低錯誤申報或其他原因而導致貨件遭充公、毀滅、沒收或扣留等。

②不妥善的包裝引致貨件的延誤或損毀。

③更改收件人姓名或地址或未派送成功的退件再次投寄後而引致派遞延誤及未能完成此額外服務。

④投交時郵件封裝完好，無拆動痕跡，且收件人已按規定手續簽收，事後收件人發現內件有遺失或損毀的。

⑤因天災、政治因素、工潮、核爆或戰爭而引致的延誤、損失或破壞。

3. E郵寶

E郵寶是中國郵政為適應國際電子商務郵遞市場的需要，為中國電商賣家量身定制的一款全新經濟型國際郵遞產品，利用郵政渠道清關，經合作郵政輕小件網絡投遞。主要參考時效為7~10個工作日，價格實惠，比中國郵政小包稍貴，但比國際商業快遞便宜。

(1) 優勢

雖然E郵寶價格略高於中郵小包，但其時效性強，因此對跨境電商的賣家們而言性價比較高。比如一個2kg以內的包裹寄往美國，如果用中郵小包的話，正常時效在15~30個工作日，而E郵寶的時效是7~10個工作日，而且還可追蹤物流信息。

(2) 劣勢

服務範圍小，E郵寶目前只開通了30多個國家和地區的服務。

(3) 參考時效

主要目標國家或地區為7~10工作日，墨西哥為20個工作日，沙特、烏克蘭、俄羅斯為7~15個工作日。

(4) 體積重量限制

重量限制：單件最高限重2kg。

體積限制：

最大尺寸：單件郵件長、寬、高合計不超過90cm，最長一邊不超過60cm。圓卷郵件直徑的兩倍和長度合計不超過104cm，長度不得超過90cm。

最小尺寸：單件郵件長度不小於14cm，寬度不小於11cm。圓卷郵件直徑的兩倍和長度合計不小於17cm，長度不少於11cm。

（5）查詢

提供收寄、出口封發、進口接收即時跟蹤查詢信息，不提供簽收信息，只提供投遞確認信息，客戶可以通過www.ems.com.cn或目標國郵政網站或撥打客服專線查看郵件跟蹤信息。

（6）賠償及退件服務

暫不提供郵件的丟失、延誤和損毀賠償服務。對於出口時安檢或海關退回的郵件，將退回寄件人，但不提供個性化退貨服務，美國郵政將定期將郵件匯總退回中國，由中國郵政投遞給客戶，目前退運貨件不收費。

4. EMS

EMS（Express Mail Service）是郵政特快專遞服務，是由萬國郵聯管理下的國際郵件快遞服務，在中國境內是由中國郵政提供的一種快遞服務。該業務在海關、航空等部門均享有優先處理權，可為用戶傳遞信函、文件資料、金融票據、商品貨樣等各類文件資料和物品。EMS還提供包裝、報關、辦理保險等服務。

（1）優勢

①通關能力強，這也是郵政物流普遍的優勢。
②可發帶電和純電產品。
③不以體積計算運費，比較適合寄送拋貨①。
④服務範圍廣，可送達全球200多個目的地。
⑤沒有燃油附加費和偏遠地區附加費。
⑥時效性較好。
⑦丟包率較低。

（2）劣勢

①速度相對於商業快遞要慢一些。
②物流跟蹤信息更顯較慢，查詢時間較長。
③價格相對於郵政體系的其他小包業務要貴。

（3）時效

東南亞地區在3個工作日內妥投，大洋洲地區為4個工作日，歐美地區為5個工作日，無法正常妥投時，可免費退回。

5. 中國香港地區郵政小包

中國香港地區郵政小包（以下簡稱「香港小包」）是指包裹直接被送往中國香港地區郵政機場轉運中心，通過香港郵政發送到境外客戶手中的小包，是最早被用於跨境電商物流領域的郵政物流。同樣，香港小包也分為平郵小包和掛號小包，前者費率較低，不提供跟蹤查詢服務，後者費率較高，可提供網上查詢服務，通常，跨境電商賣家們所說的香港小包都是指中國香港地區郵政掛號小包。

（1）優勢

其優勢是時效快。香港小包是郵政的航空小包，幾乎可以做到當天投遞，大部分國家和地區只需要5~12個工作日甚至更快的時間。

具體參考時效：亞洲為3~7個工作日，英國、愛爾蘭為3~10個工作日，美國、

---

① 拋貨：通俗地講就是輕貨，是指體積大而重量輕的貨物。

加拿大、澳大利亞為 5~12 個工作日，西歐地區為 7~21 個工作日。

不過，需要注意的是包裹需要轉運到中國香港地區，所以其上網時效是 2~4 個工作日，但不影響其總體時效。

（2）劣勢

其劣勢是價格相對較高，退件需要支付費用。不管是基礎資費，還是掛號費，中國香港地區掛號小包的資費比中國郵政掛號小包要貴。另外，包裹退回後事先退往中國香港地區，再從中國香港地區到內地，而且退件費是和發出時的運費一樣的。所以，發件時應填寫是否退回，否則如果妥投失敗，中國香港地區郵政會默認丟件。

6. 新加坡郵政小包

新加坡郵政小包（以下簡稱「新加坡小包」），又稱新加坡郵政掛號小包，是新加坡郵政推出的針對重量在 2kg 以下的郵政小包業務，其時效性較高，通關能力強。

（1）優勢

可寄送帶電產品，在東南亞有優勢。大部分郵政小包業務是不允許寄送帶電產品的，但新加坡小包可以，這也是其主要的一個優勢。而且，因為其地理優勢，目標國如果是東南亞地區的話，新加坡小包的配送時效和收費都具有優勢。

（2）劣勢

新加坡小包的資費要高於中國郵政小包，退件也比較麻煩。

（3）時效

到達大部分國家和地區需要 7~15 個工作日。

7. 德國、比利時、荷蘭、瑞士、瑞典等郵政小包

就像香港小包和新加坡小包一樣，以某個國家或地區名字命名的郵政小包都是要先將包裹運到該地轉運。這些小包業務各有優勢，具體請參照官網。

（二）國際商業快遞

國際商業快遞是快遞公司將貨物在兩個或兩個以上的國家或地區之間進行配送，也是跨境電商賣家常用的物流模式。常見的國際快遞公司包括 UPS、Fedex、DHL、TNT 等。中國某些快遞公司也拓展了自己的國際快遞業務，如 EMS、順豐速遞等。總的來說，國際商業快遞的優勢是時效性較高、丟包率低、可追溯查詢等；但是，其劣勢是價格偏高，尤其是寄送到一些偏遠國家或地區還要收取高額的附加費。另外，在一些國家或地區，某些貨物會被列為禁運品，比如在美國，有價證券、動植物製品等被列入國際快遞的禁運清單。以下將分別介紹幾種常用的國際商業快遞：

1. UPS

UPS（United Parcel Service），即聯合包裹服務公司，在 1907 年成立於美國華盛頓州西雅圖，是世界上最大的快遞承運商與包裹遞送公司。

（1）優勢

速度快、服務好、物流信息更新及時（幾乎也是所有國際商業快遞的優勢）。

（2）劣勢

運費高，對托運物品的種類限制比較嚴格。

（3）服務種類及資費

UPS worldwide express plus——UPS 全球特快加急服務；

UPS worldwide express——UPS 全球特快服務；

UPS worldwide saver——UPS 全球速快服務；

UPS worldwide expedited——UPS 全球跨界服務；

UPS worldwide express freight—— UPS 全球特快貨運；

在這幾種快遞服務中，第一種的派送速度最快，資費也最高；第四種速度最慢，資費最低。

計費方式：以包裹的實際重量或體積重量兩者中費用較大的一項為計費方式。不足或等於 0.5kg 的以 0.5kg 計費，超過 0.5kg 不足 1kg 的以 1kg 計費。

註：具體可參見 UPS 官網（www.ups.com）或諮詢貨運代理。

（4）尺寸重量限制

尺寸限制：最大長度≤270cm。每個包裹的最大尺寸：長度+2×(高度+寬度)≤330cm。

重量限制：70kg。

提示：如果是超重超長的包裹，要收取一定的附加費。

（5）時效

表 6-3 展示了參考時效（以官方公布的信息為準）。

表 6-3 UPS 各類服務的遞送時效

服務種類	遞送時效
UPS worldwide express plus	1~3 個工作日
UPS worldwide express	1~3 個工作日
UPS worldwide express freight	1~3 個工作日
UPS worldwide saver	1~3 個工作日
UPS expedited	3~5 個工作日

（6）跟蹤查詢

跟蹤查詢網址：www.ups.com。

2. Fedex

Fedex（Federal Express），即聯邦快遞，是一家國際性速遞集團，提供隔夜快遞、地面快遞、重型貨物運送、文件複印及物流服務，總部設於美國田納西州孟菲斯，隸屬於美國聯邦快遞集團（FedEx Corp）。

（1）服務種類

Fedex 分為 Fedex IP（International Priority，聯邦快遞優先性服務）和 Fedex IE（International Economy，聯邦快遞經濟型服務）。

Fedex IP：時效快，需 2~5 個工作日，清關能力強，可為全球 200 多個國家和地區提供服務。

Fedex IE：價格比 Fedex IP 優惠，遞送時效比 Fedex IP 略慢，一般為 4~6 個工作日，可為全球 90 多個國家和地區提供服務。

（2）計費方式

計算包裹的體積重量和實際重量，二者相比取較大者來收費。

體積重量計算公式：

長度（cm）×寬度（cm）×高度（cm）÷5,000＝體積重量

註：具體資費標準請參見 Fedex 官網（www.fedex.com.cn）或諮詢貨運代理。

（3）尺寸重量限制

尺寸限制：最長邊≤274cm，最長邊＋2×（寬度＋高度）≤330cm。

重量限制：每件≤68kg，一票多件的總重量不超過 300kg，不管是單件超重還是一票多件超重都要提前預約。

3. DHL

DHL 隸屬於德國郵政，是全球著名的郵遞和物流集團 Deutsche Post DHL 旗下公司，總部在德國波恩，也是全球第一的海運和合同物流提供商。像中國郵政和 EMS 一樣，它也分郵政和速遞，我們通常所說的 DHL 是指 DHL 速遞業務，在全球提供緊急文件和物品的運送服務。

（1）優勢

歐美航線有優勢；適合寄 5.5kg 以上或者 21kg 以上 70kg 以下的大件，可送達的目的地較多；查詢信息更新及時。

（2）劣勢

小件商品沒有價格優勢；對貨品種類的限制較嚴格，拒收許多特殊商品；不提供 DHL 服務的國家有秘魯、巴西、烏拉圭、阿根廷、巴拉圭、敘利亞、沙特、俄羅斯。

（3）計費方式及資費標準

計算體積重量和實際重量，二者中取較大者來計費。

體積重量＝長度（cm）×寬度（cm）×高度（cm）÷5,000

對於 21kg 以內的小件貨都是按首重加續重計費，對於 21kg 以上的大件貨按重量來計費。

當選擇「寄件人支付目的地關稅、稅款」時，DHL 即開始計算由寄件人或在目的地產生的稅費，並向寄件人收取相關的服務費。

註：具體資費請參照 DHL 官網（www.cn.dhl.com）或諮詢貨運代理。

（4）尺寸重量限制

尺寸：單件貨物最長不超過 1.2m。

重量：不超過 70kg。

（5）參考時效

大部分國家和地區為 3~7 個工作日（不包括清關時間）。

（6）跟蹤查詢

全程可跟蹤包裹信息，並可以查到簽收時間和簽收人。跟蹤查詢地址為：www.cn.dhl.com。

4. TNT

TNT 英文全稱是 Thomans National Transport，是全球四大商業快遞公司之一，總部位於荷蘭的阿姆斯特丹。TNT 公司利用遍布全球的航空和陸運網絡，提供門到門、桌到桌的文件和包裹快遞服務，特別是在歐洲、亞洲和北美具有優勢，其電子查詢網絡也是最先進的。

（1）優勢

速度較快，提供代理報關服務；沒有偏遠地區附加費；在歐洲、中東及政治不穩

定地區有優勢。

(2) 劣勢

價格相對較高，綜合時效相對較慢。

(3) 資費標準

除基本運費之外，還要收取燃油附加費。

計算體積重量和實際重量，二者中取較大者來計費。

體積重量＝長度（cm）×寬度（cm）×高度（cm）÷5,000

註：具體資費請參照 TNT 官網（www.tnt.com）或諮詢貨運代理。

(4) 尺寸重量限制

尺寸限制：三條邊分別不超過 2.4m、1.5m、1.2m。

重量限制：單件包裹≤70kg。

(5) 時效

需要 3~7 個工作日。

(6) 跟蹤查詢

跟蹤查詢網址為：www.tnt.com。

(三) 跨境物流專線

跨境物流專線也叫國際物流專線，也是在跨境電商興起的背景下發展起來的一種跨境物流模式。當跨境電商的包裹運往某一目的地的數量比較大時，貨代公司可以通過包艙的方式將貨物運輸到國外，再通過合作公司進行目的地國國內的派送，這種跨境物流模式具有很大的規模化優勢，可以有效降低物流成本。

1. 優勢

跨境物流專線模式集中大批量貨物發往目的地，通過規模效應降低成本，因此，價格比商業快遞低，速度快於郵政小包，丟包率也比較低。

2. 劣勢

運費相對於郵政小包還是較高；而且因為只有走貨量比較大，貨運公司進行包艙才劃算，而走貨量較大且穩定的目的地是有限的，所以跨境物流專線服務範圍有限，這是其相比郵政小包和其他物流方式最大的劣勢。

(四) 海外倉

海外倉，又稱境外倉，是指由物流服務商為賣家在銷售目標地提供的貨品倉儲、分揀、包裝、派送的一站式控制與管理服務。跨境電商賣家先將貨物批量運送到目標國，存儲到目標市場的倉庫，當地消費者下單時，第一時間做出快速回應，及時進行貨物的分揀、包裝以及遞送。

海外倉模式對跨境電商物流水準的提升是革命性的，一直以來，物流一直是跨境電商的一根軟肋，時效性差、丟包率高，而海外倉非常有效地解決了這個問題。

1. 優勢

海外倉的優勢是加快物流時效，由於貨品已提前運送到目標國海外倉，客戶下單後，可以以很快的速度在當地進行配送。其能提高產品曝光度，提升客戶滿意度；可提供靈活可靠的退換貨方案，提高了海外客戶的購買信心。

2. 劣勢

由於貨品已經在消費者下單之前批量發往目標國，如果一定時間內銷售不出去，就有庫存積壓的風險，所以不是任何產品都適合使用海外倉，最好是庫存週轉快的熱銷單品。同時，海外倉對賣家在供應鏈和庫存管理等方面提出了更高的要求。

3. 海外倉流程

海外倉整個流程包括頭程運輸、倉儲管理和本地配送三個部分，如圖6-1所示。

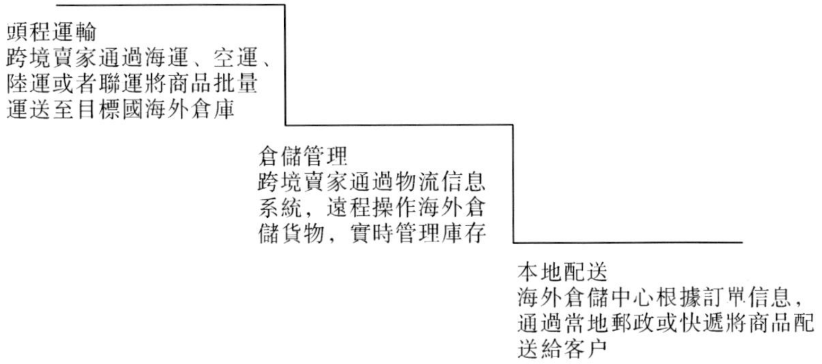

頭程運輸
跨境賣家通過海運、空運、陸運或者聯運將商品批量運送至目標國海外倉庫

倉儲管理
跨境賣家通過物流信息系統，遠程操作海外倉儲貨物，實時管理庫存

本地配送
海外倉儲中心根據訂單信息，通過當地郵政或快遞將商品配送給客戶

圖6-1　海外倉流程圖

4. 海外倉運費計算

海外倉的費用＝頭程運費＋倉儲費及處理費＋第二程運費＋關稅/增值稅/雜費

其中，頭程運費是指把貨物運送到海外倉目的國的運費，根據運送方式可分為空運運費或海運運費；倉儲費即在目的地海外倉的倉儲費用；處理費是入庫、出庫、揀選和訂單處理費；第二程運費是指在目的地派送的快遞費用；關稅及增值稅主要是指在目的國的進口關稅和進口環節增值稅。

（五）保稅區或自貿區物流

保稅區或自貿區物流是指跨境電商賣家預先將商品運至保稅區或自貿區倉庫，再通過跨境電商平臺實現貨品銷售活動，然後通過線下的保稅區或自貿區物流服務商實現商品的分揀、包裝、配送等活動。

首先，保稅和自貿區物流具有規模化優勢，有利於縮短物流時間，降低物流成本；其次，這不僅便於商家利用保稅區的資源優勢和政策優惠，而且保稅區和自貿區倉庫在海關監管之下可為貨物在報關、報檢、退稅方面提供諸多便利。比如，目前非常熱門的跨境電商進口備貨模式（「1210」模式）就屬於這種，跨境電商的商家從境外採購，發貨至國內保稅區倉庫，電商平臺上有客戶下單後，再從保稅區倉庫發貨到當地配送，可以說，這種模式既具備海外倉時效性強的優勢，也兼具保稅區的資源和規模化優勢。目前，天貓國際、蘇寧全球購、網易考拉等知名電商平臺都紛紛推出保稅區物流模式。

第二節　跨境電商物流運作流程

跨境電商成交商品的配送距離較遠，而且要通過出口國和進口國的關境進行報關報檢等，這就決定了跨境電商物流的運作流程要遠遠複雜於境內物流。其主要流程可參見圖6-2。

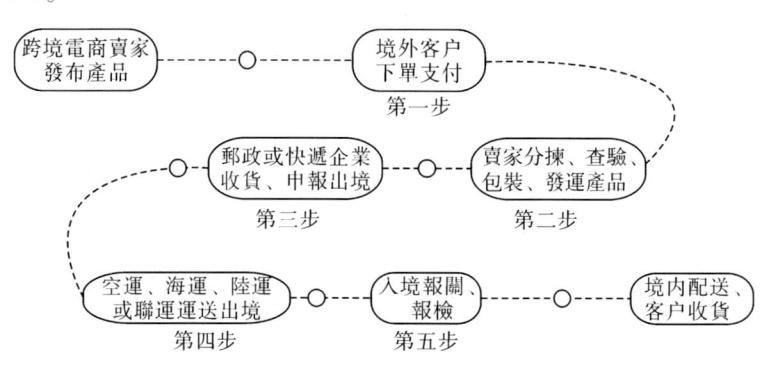

圖6-2　跨境電商物流的運作流程

那麼，下文就從第二步跨境電商賣家收到訂單後開始詳細介紹跨境物流流程。

（一）發運前查驗

為了避免發錯貨，或者發出殘次品導致客戶退換貨，跨境電商賣家在訂單之後、發貨之前需要對產品型號、產品質量進行最後確認。需要注意的是，如果跨境電商賣家本身有庫存，那麼這一步驟由電商的賣家自己完成，如果是由供應商代發貨，則由供應商來完成。

（二）包裝

跨境電商物流路途遙遠，其間還要轉運，在運輸和倉儲過程中難免受到擠壓和碰撞，所以選擇合適的包裝，保證產品在長途運輸中不受損壞是非常必要的；此外，與境內物流有所不同的是，跨境物流通常是按克收費的，所以在為產品挑選包裝時，要精打細算，兼顧包裝的堅固安全和運輸成本。

跨境電商物流常用的包裝材料有：氣泡信封、氣泡膜、氣柱袋、珍珠棉、紙箱、自封包裝袋、泡沫箱、膠帶，以下將進行逐一介紹。

1. 氣泡信封

氣泡信封為兩層結構，外層是牛皮紙，內襯有氣泡，如圖6-3所示。氣泡信封外部美觀大方，牛皮紙韌性好，內部氣泡具備良好的緩衝作用，可有效防止碰撞、擠壓造成的包裝損壞，特別適用於寄送一些小件商品。其價格根據信封尺寸的大小有所差異。為適用不同產品運輸包裝的需要，氣泡信封外層的材料可以定做，分為牛皮紙復合氣泡信封、導電膜復合氣泡信封、屏蔽膜復合氣泡信封、網格膜復合氣泡信封等（後三種都是用於電子產品包裝的氣泡信封，電阻各有不同）。

(a) 外觀　　　　　　　　(b) 內部

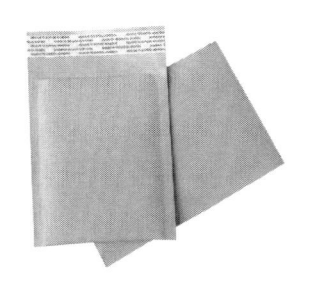

圖 6-3　氣泡信封

2. 氣泡膜

氣泡膜（如圖 6-4 所示）是以高壓聚乙烯為主要原料，再添加增白劑、開口劑等輔料，經 230 度左右的高溫擠出吸塑成氣泡的產品，是一種質地輕、透明性好、無毒、無味的新型塑料包裝材料，可對產品起防震、防濕、緩衝、保溫等作用，被廣泛應用於陶瓷、玻璃製品、電子產品、工藝品等的緩衝包裝。對於氣泡膜可按重量、尺寸或者按卷來購買。

圖 6-4　氣泡膜

3. 氣柱袋

氣柱袋（如圖 6-5 所示）又稱緩衝氣柱袋、充氣袋、氣泡柱袋、柱狀充氣袋，是用自然空氣填充的新式包裝材料，氣密性好，堅固抗壓性好，據檢測，單管氣柱可承受 100kg 的壓力，而且有全面性包覆的緩衝保護，可將損壞率降至最低。若遇到破損，只有破損的單根氣柱部分失效，其餘氣柱，完全不受影響，仍然維持保護效果。氣柱袋的成本很低，可回收利用。

圖 6-5　氣柱袋

4. 珍珠棉

珍珠棉（如圖 6-6 所示），又稱 EPE 珍珠棉，是一種新型環保的包裝材料，由低密度聚乙烯脂經物理發泡產生無數的獨立氣泡構成。珍珠棉既具有隔水防潮、防震、隔音、保溫、可塑性能佳、韌性強、循環再造、環保、抗撞力強等諸多優點，又具有很好的抗化學性能。另外，珍珠棉還具有輕便、方便切割的優點，但相對於氣泡膜和氣泡柱，珍珠棉容易被撕裂。

圖 6-6 珍珠棉

5. 瓦楞紙箱

瓦楞紙箱（如圖 6-7 所示）除了能保護商品，便於倉儲、運輸，便於加工循環使用之外，還能起到美化商品、宣傳商品的作用。所以，瓦楞紙箱在境內物流業的用量一直是各種包裝製品之首。但因為在跨境物流中運費通常是按克計算的，而紙箱的重量大，會導致運費成本偏高，所以氣泡信封的使用相對更多一些。

跨境電商賣家在使用紙箱包裝時，可以根據自己的產品定制尺寸合適的紙箱，不僅方便打包，而且可最大限度地減少運費支出；對於沒有條件定制紙箱的中小賣家，可以在打包過程中自行對紙箱進行切割處理，以便配合不同的商品。

圖 6-7 瓦楞紙箱

6. 自封包裝袋

自封包裝袋（如圖 6-8 所示），在跨境電商物流中主要用於包裝服裝或其他不用擔心被擠壓、被碰撞的產品。

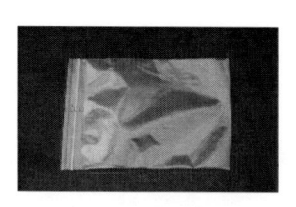

圖 6-8 自封包裝袋

7. 泡沫箱

泡沫箱（如圖6-9所示），是以泡沫塑料（多孔塑料）為材料制成的箱式包裝容器，泡沫塑料是内部具有很多微小氣孔的塑料。泡沫箱在跨境電商普貨物流中使用得很少，但在手機等貨值較高的3C產品中使用較為廣泛，可保護產品不受外力碰撞。使用時，通常先以氣柱袋或氣泡膜包裹產品，再放入泡沫箱，以防止產品在箱内晃動。然後再用膠帶給泡沫箱封箱。

圖6-9　泡沫箱

8. 膠帶

膠帶是日常打包封箱時最常用的一種材料，在市面上，膠帶的規格和品質參差不齊，推薦使用厚實的黃色或透明膠帶。在跨境電商物流業中，膠帶除了封箱打包，還有以下作用：貼在面單上，起到防水、防破裂的作用；貼在氣泡信封的封口處，以便買家收貨時辨認是否被拆封過。

（三）打印並粘貼面單

面單又稱快遞面單，是指快遞行業在運送貨物的過程中用以記錄發件人、收件人以及產品重量、價格等相關信息的單據，像是快遞物品的身分證一樣。目前快遞行業多用條碼快遞單，以保證快遞行業的連續數據輸出，便於管理。圖6-10為中郵小包的面單示例。

圖6-10　中郵小包面單

在產品包裝完畢後，就要打印並粘貼面單了。目前，跨境電商的賣家或供應商通常都使用軟件打印面單，可事先設置好面單的格式，並向郵政或快遞公司要來快遞單號號段（就是一組連號的快遞單號）輸入軟件，發貨時輸入收貨人及地址，軟件會按順序或隨機匹配快遞單號進行輸出打印，再將面單粘貼在貨物包裝上就可發運了。

(四) 發貨

跨境電商的賣家進行發貨，按發貨渠道的不同，可分為線上發貨和線下發貨，以下將逐一介紹：

1. 線上發貨

線上發貨是指跨境電商的賣家通過跨境電商平臺的後臺創建物流訂單，然後物流上門攬件，賣家可在線支付運費並在線發起物流維權。跨境電商平臺作為第三方全程監督物流商服務質量，以保障賣家權益。圖6-11為線上發貨的大致流程：

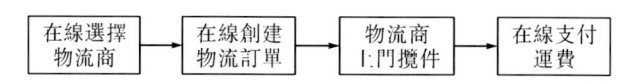

在線選擇物流商 → 在線創建物流訂單 → 物流商上門攬件 → 在線支付運費

圖6-11 線上發貨的大致流程

線上發貨有以下幾點優勢：

(1) 方便查看物流信息

使用線上發貨並且成功入庫的包裹，賣家和買家雙方都可以在後臺查看全部的物流信息。

(2) 避免物流低分，提高帳號表現

在每個月進行賣家服務等級評定時，賣家使用線上發貨的訂單，如果有因物流導致的糾紛，可以免除賣家責任，而這個責任由平臺承擔，低分可以抹除。

(3) 物流問題賠付保障

在賠付保障方面，平臺將會作為第三方，對物流商的服務進行全程的監督管理，賣家可針對丟包、貨物破損、運費爭議等物流問題在線發起訴訟，從而獲得賠償。

基於以上幾點線上發貨的優勢，尤其對跨境電商的中小賣家而言，初期訂單量很小，很難拿到線下發貨的折扣，所以線上發貨是個不錯的選擇。

下面以全球速賣通為例，介紹出口線上發貨的具體步驟：

①首先，進入全球速賣通後臺，點擊「交易」，進入訂單處理頁面，如圖6-12所示。

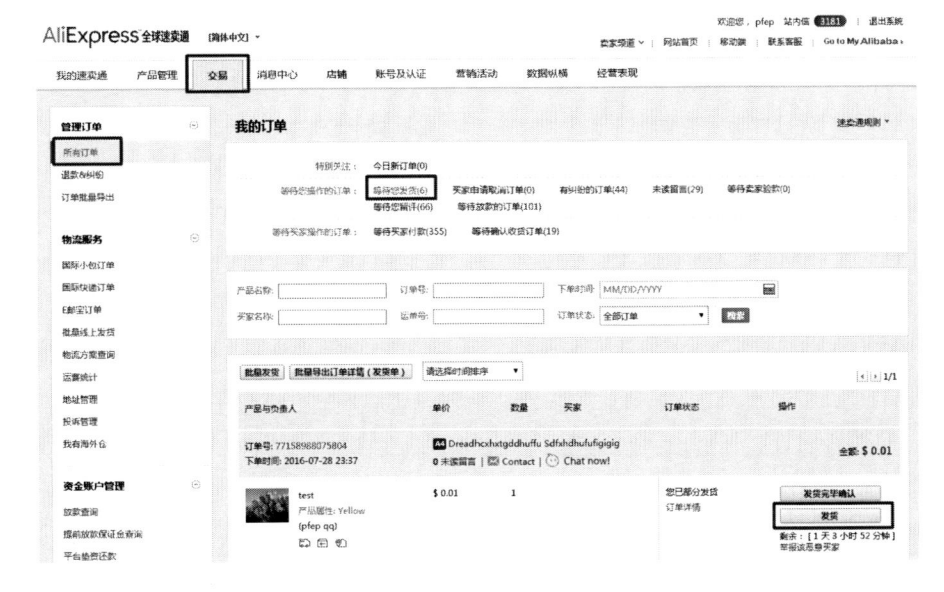

圖 6-12　訂單處理頁面

②找到需要線上發貨的訂單，點擊右側的「線上發貨」，就可以選擇物流方案了，如圖 6-13 所示。

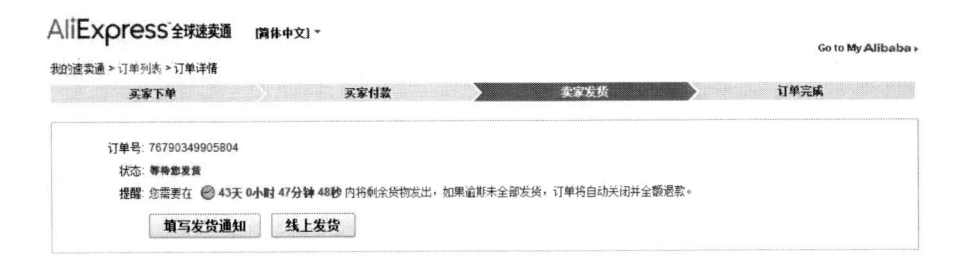

圖 6-13　選擇「線上發貨」

③進入到物流模式選擇頁面，選擇所需要的物流服務，選完後，點擊「下一步，創建物流訂單」，如圖 6-14 所示。

圖 6-14　創建物流訂單（1）

④上一步選定後，出現以下界面，如圖 6-15 所示。

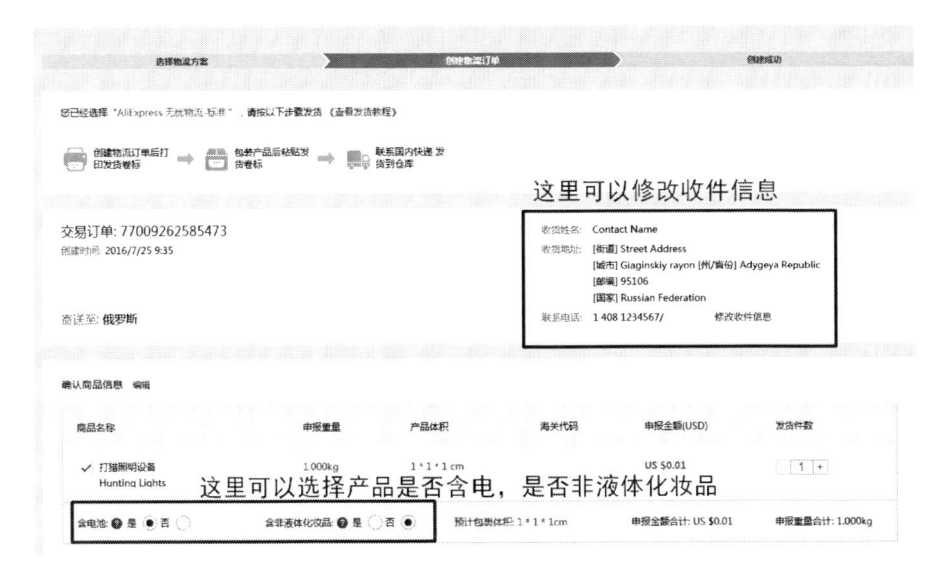

圖 6-15　創建物流訂單（2）

在創建物流訂單的時候，底部會顯示對無法投遞的包裹的處理方案，你可以根據自己的需要選擇退回或是當地銷毀，當選擇「退回」時，每單會產生固定的退件費用。

以上步驟完成後，鈎選「我已閱讀並同意《在線發貨——阿里巴巴使用者協議》」，並選擇「提交發貨」，物流訂單創建完畢。

⑤下一步是查看物流單號，打印並粘貼面單。在創建完物流訂單後，會顯示以下界面，如圖 6-16 所示。

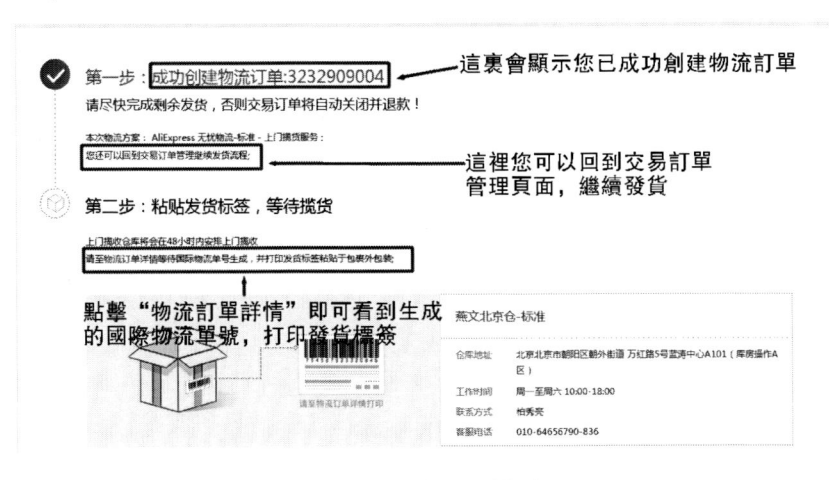

圖 6-16　查看物流單號（1）

圖 6-17　查看物流單號（2）

⑥接著填寫發貨通知：物流訂單創建成功後，系統會生成運單號給賣家，賣家在完成打包發貨、交付物流商之後，即可填寫發貨通知，如圖 6-18 所示。

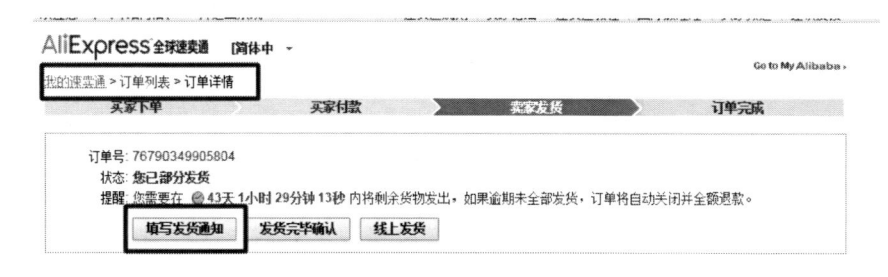

圖 6-18　填寫發貨通知

⑦全部設置完成後，點擊「確定」，就等著物流公司上門攬件了。

2. 線下發貨

線下發貨是指跨境電商賣家不通過平臺，直接和物流服務商對接或者通過貨代和物流商對接（商家一般都會選擇貨代①，因為貨代走貨量大，可以拿到折扣）。每家貨代都有自己的特色或者優勢渠道，有些貨代在某些線路上有優勢，跨境電商賣家在選擇貨代時，要選擇適合自己、服務優質並且價格合理的。圖 6-19 是線下發貨的大致流程。

圖 6-19　線下發貨的大致流程

3. 使用 ERP 軟件智能發貨

很多電商企業在亞馬遜、全球速賣通、Wish 等多個平臺進行經營，如果分別登錄

---

①貨代即貨運代理公司，是指專門為貨物運輸需求方和運力供給者提供各種服務的公司，可以理解為貨主與承運人之間的中間人、經紀人和運輸組織者。

各個平臺管理店鋪、導出訂單、進行發貨的話，會非常耗費時間和精力，所以多平臺、多帳號營運的企業大多選擇使用第三方 ERP 軟件（比如超級店長、店小秘、芒果店長等），發貨時不需要登錄每個電商平臺的每個帳號，而是使用 ERP 軟件中的訂單自動下載合併功能，就能把企業當天在各個平臺的各個店鋪中的訂單下載合併好，並將訂單自動分發到對應的倉庫，提醒倉庫發貨。

倉庫發貨人員收到訂單信息後，在系統中打印揀貨單，到貨架揀選產品，然後直接掃描產品上的二維碼自動打印出對應的快遞面單，貼在貨物包裝上就可以等待快遞來發貨了，發貨後，ERP 軟件會自動將已發貨的訂單標記為「已發貨」狀態，ERP 軟件通過和物流企業信息對接，可以直接往平臺錄入物流跟蹤號，免去了很多繁瑣的、重複性的操作。而且，ERP 軟件採用掃單發貨，極大地提高了發貨速度，降低了發錯貨的概率。

(五) 報關行、貨代或物流服務商報關報檢

因為跨境電商的成交商品要通過出口國和進口國的關境，需要報關報檢，所以跨境電商物流離不開通關流程，離不開關務，這是和境內物流最大的不同之處。因為這部分內容較多，所以在本章第三節中做單獨介紹。

(六) 物流服務商在目的地將商品配送至消費者

物流服務商在倉庫攬件後，根據客戶選擇的不同物流方式，對產品安排發運，對於可追蹤的物流方式，消費者可隨時追蹤商品到了什麼地方，貨物到達目的地後，消費者簽收貨物，在電商平臺客戶端後臺點擊「確認收貨」（或者客戶沒有點擊確認收貨，平臺在一段時間後自動確認收貨），電商企業就可收到平臺的打款，如果這筆交易既沒有退貨退款，也沒有其他售後服務的話，交易和物流就順利結束。

第三節　跨境物流的選擇與運費模板的設置

通過之前章節的介紹，我們可以瞭解到跨境電商的商家有多種物流模式可以選擇，對於沒有經驗的新手來說，物流選擇確實是個難題，一般可以按照產品的特性、消費者對時效性和安全性的要求、物流的成本來選擇合適的物流。

(一) 選擇物流模式的影響因素

1. 產品的重量

如果產品小於 2kg，可供選擇的跨境物流包括郵政小包、E 郵寶、郵政大包、專線物流、EMS、商業快遞；若產品大於 2kg，則只能選擇郵政大包、EMS、商業快遞和某些專線物流。

2. 產品是否帶電，是否為液體

選擇哪種物流模式，與產品特性也有很大關係。若產品帶電，只能放棄中郵小包和 E 郵寶等，選擇可派送帶電產品的新加坡小包等。

3. 產品的貨值

若產品的貨值較小,則不建議選擇物流成本較高的國際商業快遞,否則會造成物流成本在最後消費者的購買支出中占比過大,從而大大削弱產品的價格競爭力。

4. 消費者對時效性的要求

客戶體驗由產品質量、服務和速度綜合決定,缺一不可,如果商家所面臨的消費者對物流速度要求較高,則考慮使用商業快遞或海外倉。

5. 消費者對經濟性的要求

跨境物流里程長、環節多,所以相較於國內物流成本也高,在產品最終售價中占的比重也大,合理控制運費也是跨境電商賣家必須要考慮的問題。如果商家所面臨的消費者對產品時效性要求不高,但對產品經濟性和價格很敏感,則不宜使用商業快遞,應選擇其他物流方式,如中郵小包、E 郵寶等。

6. 其他因素

安全性、丟包率、產品所寄往的目標國等因素都會影響物流模式的選擇。

(二) 產品運費試算操作

雖然上文介紹了商家選擇物流模式應考慮的因素,但是對大部分跨境電商新手賣家而言,物流方式的選擇和運費的計算仍是一件令人頭疼的事,所以大部分跨境電商平臺為商家提供了物流方案查詢和運費試算功能,從而幫助商家選擇正確的物流方式。下文將以全球速賣通為例來介紹具體操作。

1. 步驟一:設置物流信息(如圖 6-20 所示)

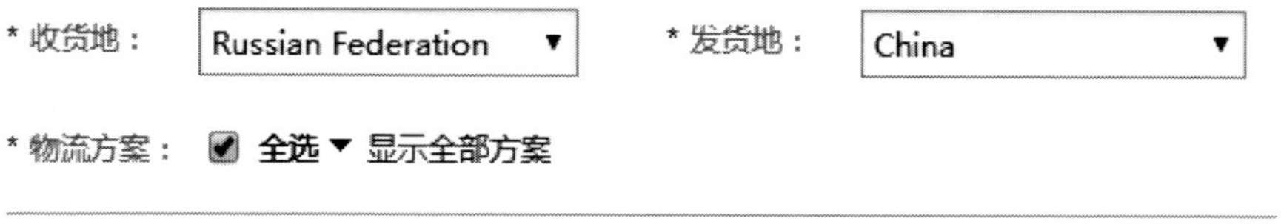

圖 6-20 設置物流信息

2. 步驟二:設置包裹信息(如圖 6-21 所示)

圖 6-21 設置包裹信息

3. 步驟三:試算運費

上一步包裹信息填寫完畢後,點擊「試算運費」,系統會給出物流方案查詢結果,如圖 6-22 所示。

發貨地址	請點擊修改後選擇	收貨國家	Spain		
包裹重量	2.3 KG 修改				
服務名稱		參考運輸時效	交貨地點		試算運費
○ E特快		5-13天	郵政速遞倉庫		CN¥ 184.00
○ EMS		5-13天	郵政速遞倉庫		CN¥ 224.00
○ FedEx IE		3-7天	上海倉庫		CN¥ 375.49
○ FedEx IP		3-7天	上海倉庫		CN¥ 383.58
○ UPS Express Saver		3-7天	上海倉庫		CN¥ 626.41
○ UPS Expedited		3-7天	上海倉庫		CN¥ 427.01
○ TNT		3-7天	上海倉庫		CN¥ 403.69

⚠ 物流服務中外運-英郵經濟小包、航空專線-燕文、中俄航空 Ruston、芬蘭郵政掛號小包、中俄快遞-SPSR、速優寶芬蘭郵政、e郵寶、TOLL不能送達Spain.您輸入的包裹尺寸超過了中國郵政掛號小包、新加坡小包(遞四方)、中國郵政平常小包+、中外運-西郵經濟小包、中外運-西郵標準小包的限制，中國郵政掛號小包、新加坡小包(遞四方)、中國郵政平常小包+、中外運-西郵經濟小包、中外運-西郵標準小包不可用。

圖 6-22　試算運費

4. 步驟四：得出最佳物流方案

根據上圖查詢結果，可以看出貨物寄到目的地西班牙運費最低的是新加坡小包，如果消費者對時效性要求不是很高的話，賣家可以就此選定新加坡小包為該產品的物流派送方式。

此外，除了平臺的物流方案查詢功能可供使用之外，跨境電商賣家還可以聯繫優質的貨代企業，一則由於貨代的出貨量較大，可獲得優惠的折扣和價格；二來在選擇哪種物流方式時，貨代也可以提供專業的意見。

(三) 物流運費模板設置

什麼是物流運費模板呢？考慮到每次計算運費特別麻煩，各大跨境電商平臺大多提供了運費模板設置模塊，商家只需提前把運費模板設好，消費者下單時系統會自動根據消費者下單時的地址、產品的重量計算出運費，而且可以自動分出包郵區和非包郵區。下文將以全球速賣通為例來介紹運費模板的設置步驟。

1. 步驟一：新增運費模板

進入全球速賣通賣家後臺，進入「產品管理—模板管理—運費模板」，點擊「新增運費模板」按鈕，如圖 6-23 所示。

圖 6-23　新增運費模板

2. 步驟二：為模板起一個名字（不能輸入中文），再選擇物流方式和折扣，如圖 6-24 所示。

圖 6-24　為模板取名

3. 步驟三：自定義運費設置

如果需要對某種物流方式進行個性化設置，比如對不同國家或地區設置不同的折扣，對部分國家設置免郵，則接下來操作如下：

在某一種物流方式項下，選擇「自定義運費—添加一個運費組合」，如下圖6-25所示。

圖6-25　自定義運費設置（1）

選擇該運費組合包含的國家：你可將某些熱門國家選為一個組合，如圖6-26和圖6-27所示（例如你想吸引美國買家，可選擇美國，並將美國地區的運費設置為容易吸引買家下單的水準，如賣家承擔運費）。

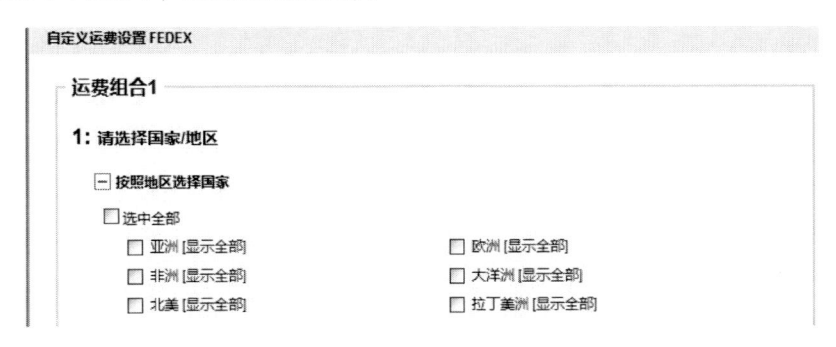

圖6-26　自定義運費設置（2）

打鈎選擇完畢，系統將顯示：當前已選擇某國家/地區。

圖6-27　自定義運費設置（3）

你可對該組合內的國家，設置以下發貨類型：標準運費減免折扣、賣家承擔運費或者自定義運費。對自定義運費的設置如下圖 6-28 所示。

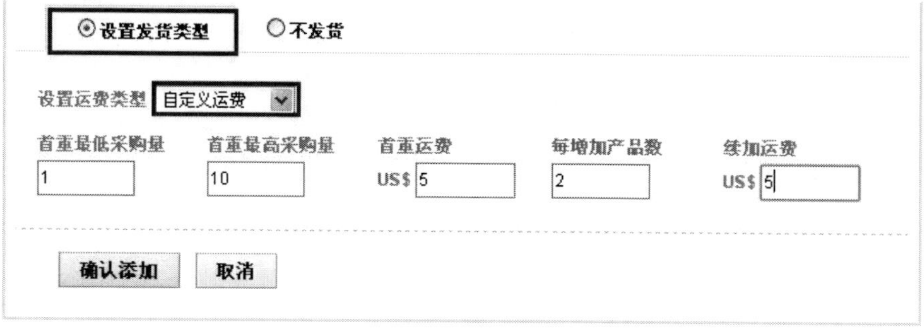

圖 6-28　自定義運費設置（4）

「確認添加」後生成一個新的運費組合，你既可以繼續添加運費組合，也可以對已經設置的運費組合進行編輯、刪除等操作，如圖 6-29 所示。

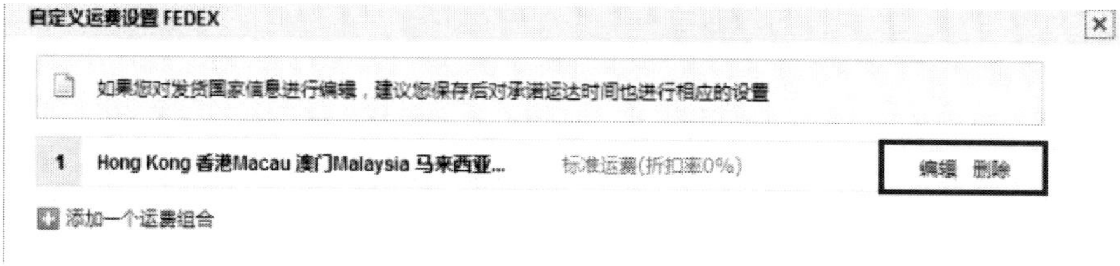

圖 6-29　自定義運費設置（5）

對於難以查詢妥投信息、大小包運輸時效差的國家，你可以選擇「不發貨—確認添加」即可屏蔽該國家或地區，如圖 6-30 所示。

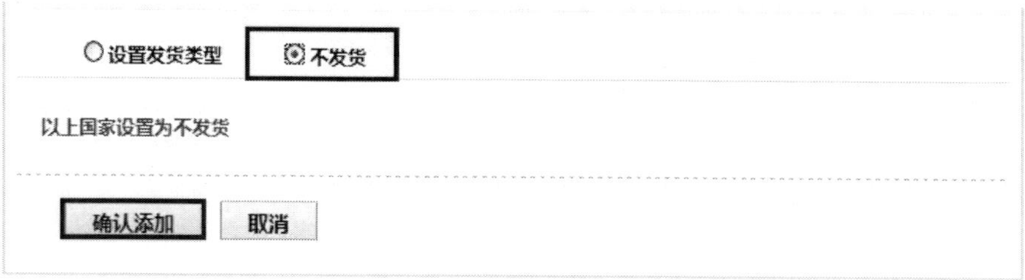

圖 6-30　自定義運費設置（6）

如果賣家需要對貨物運達時間進行個性化設置，可以點擊「自定義運達時間」進行操作，如圖 6-31 所示。

图 6-31 自定义运费设置（7）

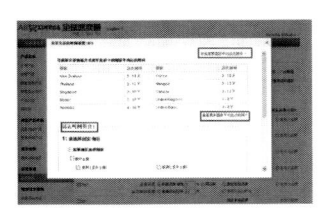

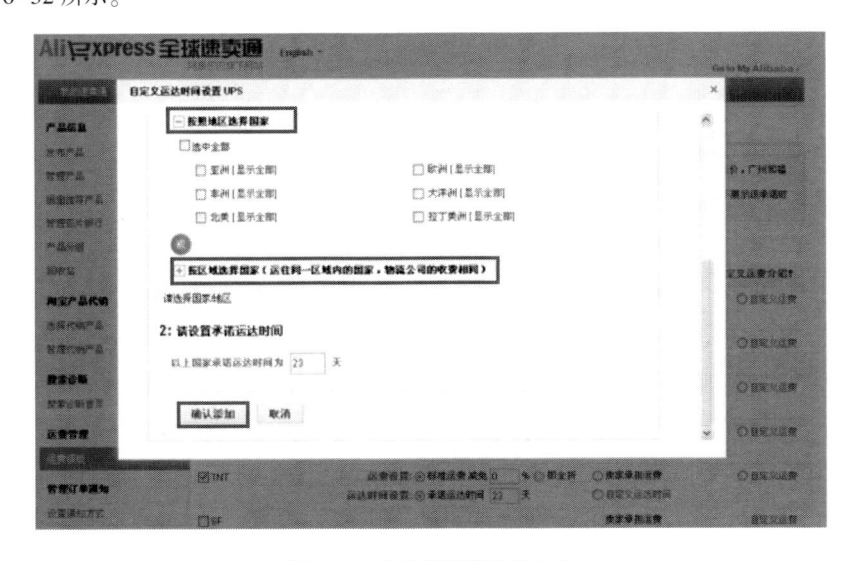

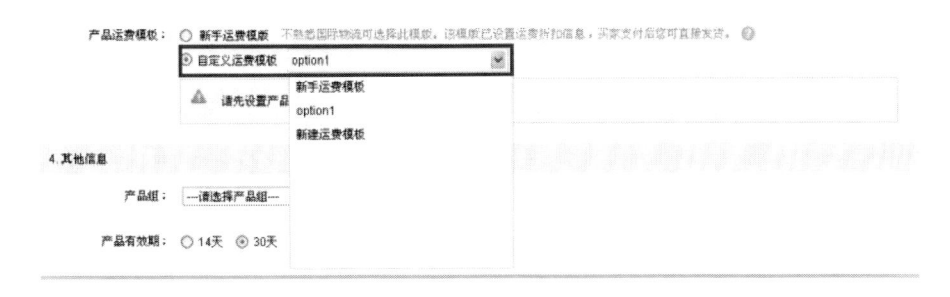

设置完成后，点击页面下方「确认添加」按钮即可完成自定义运达时间设置，如图 6-32 所示。

图 6-32 自定义运费设置（8）

当你发布产品时，在产品运费模板这里选择「自定义运费模板」，点击下拉框选择之前设置的物流模板即可，如图 6-33 所示。

图 6-33 选择运费模板

目前，运费模板中可选择的发货地设置仅包含中国在内的 10 个国家，如果你的商品发货地不在其中，请选择发货地为中国。后续平台会根据卖家发货地分布新增支持的发货国家。

以下為案例詳解：

假設某全球速賣通服裝賣家設置模板，因為服裝是非帶電產品，也不是液體，更不需要冷鏈運輸，所以決定運費的基本在於重量，該商家就以每100g為一檔設置運費模板，並以100g、200g、300g……為其運費模板命名，下面是其為100g運費模板進行設置的具體方法和步驟：

首先，在各區域挑選典型國家，進行運費試算，試算結果為：假設100g產品運往美國，則最經濟劃算的物流方式是中國郵政掛號小包，費用為70元；運往日本的運費為50元；運往巴西的運費為120元。

然後，考慮到大部分消費者願意購買包郵的產品，而美國又是該商家的熱門目標市場，所以商家把美國以及運費低於美國的其他國家和地區都設為包郵區，在設定價格的時候把美國的運費包含進來。假設某件服裝未計算運費前的價格為100元，那麼包郵區的價格就是170元，對三個典型國家的運費減免設置如表6-4所示。

表6-4 三個典型國家的運費減免設置

	價格	運費設置
美國	170 RMB	「賣家承擔運費」（包郵）
日本	170 RMB	「賣家承擔運費」（包郵）
巴西	170 RMB	運費減免率＝70/120＝58%①

第四節　跨境電商通關過程

海關代表國家在口岸根據一國的法律、法規和政策，監督進出境貨物和運輸工具，完成徵收關稅、制止走私、編製海關統計等各項任務，作為跨境電商交易的參與方，必須接受海關的監管，當然也要瞭解關境貨物監管的基本制度和注意事項。總的來說，進出口貨物的一般通關程序通常包括申報、查驗、徵稅和放行幾個步驟。

一、中國海關跨境電商通關模式

目前，海關總署針對跨境電商零售業務有三種通關模式：

（一）快件清關

在確認訂單後，供應商通過國際快遞將商品郵寄到國外消費者手中，無海關單據。其優點是靈活，有業務時才發貨，不需要提前備貨。缺點是與其他郵件混在一起，物流通關效率較低，量大時成本會迅速上升，因此適合業務量較少，偶爾有零星訂單的情況。

---

①因為在運往巴西的運費中，70元運費已經被計算到商品售價當中，所以這70元相當於被減免掉了，拿70元除以原本的120元運費，就是巴西消費者得到的運費減免率。

（二）集貨清關（監管代碼「9610」）

商家將多個已經售出的商品統一打包，通過國際間物流運至目的國（地區）的保稅倉庫，電商企業為每件商品辦理通關手續，經關境部門查驗放行後，由電商企業委託國內快遞將商品派送至消費者手中，每個訂單附有海關單據。其優點是靈活，不需要提前備貨，相對於快件清關而言，物流通關效率較高，整體物流成本有所降低。其缺點是物流時間較長。

（三）備貨清關（監管代碼「1210」）

商家先將商品批量備貨到目的國（地區）海關監管下的保稅倉庫，消費者下單後，電商企業根據訂單為每件商品辦理海關清關手續，在保稅倉庫完成揀選、打包、粘貼面單，經海關查驗放行後，由電商企業委託境內快遞公司派送至消費者手中。該模式的優點是由於提前批量備貨至保稅倉庫，有訂單後，可立即從保稅倉庫發貨，通關效率最高，物流時間最短，也方便消費者退換貨，用戶體驗最佳。其缺點是由於提前備貨，會占壓資金並存在庫存風險。該模式適用於業務量較大、銷量穩定的情況。

二、集貨出口流程與備貨進口流程簡介

在跨境電商賣家的實際操作中，進口更多地使用備貨模式，出口更多地使用集貨模式。下文將分別以「9610」出口模式和「1210」保稅進口模式為例對跨境電商貨物通關過程逐一介紹。

（一）跨境電商出口通關流程（以「9610」為例）

1. 電商相關企業（包括電商平臺企業、電商企業、物流企業、支付企業和報關企業）在海關及其服務平臺（國際貿易單一窗口）登記備案，電商企業如果不自己報關的話，要委託報關企業代理報關。

2. 商品在電商平臺上架售出後，電商企業會產生訂單數據，支付企業會產生支付數據。同時，倉儲、物流企業根據電商企業傳輸過來的數據，產生運單數據，另外，報關企業也會收到數據，並產生申報單。這四單數據會全部傳輸到服務平臺（接受企業備案的外網平臺），服務平臺再將數據傳輸到管理平臺（海關內網）。在管理平臺中，「三單」和「申報單」進行數據對碰，開始審單。比對無誤後，被「數據放行」，完成清關。

3. 商品運往海關監管倉庫，海關進行檢驗。

4. 海關確定單貨相符後，商品放行出口。

5. 電商企業憑報關單向國稅部門申請出口退稅。

（二）跨境電商進口通關流程（以「1210」為例）

「1210」俗稱備貨模式，即跨境電商商家可以先提前從海外批量採購貨物，將尚未銷售的貨物整批發至國內保稅物流中心，再進行網上的零售，賣一件，清關一件，沒賣掉的就存放在受海關監管的保稅倉。具體流程如下：

1. 登記備案

電商相關企業在海關登記備案，並委託報關行代理報關（這一步和出口通關流程

類似)。

2. 一線入區、海關查驗

電商企業從海外訂購的商品到達口岸後,首先進入海關特殊監管區等待查驗。查驗的目的是核對實際進口貨物與報關單證所報內容是否相符,有無錯報、漏報、瞞報、偽報等情況。海關人員檢查無誤後,貨物進入保稅倉儲存。

3. 理貨上架、錄入系統

貨物入保稅區倉庫,倉庫理貨上架,錄入系統,這時電商企業後臺會顯示出貨物當前狀態,可以開始在電商平臺上架銷售。

4. 訂單來了

消費者在電商平臺下單後,電商企業會產生訂單數據,支付企業會產生支付數據。同時,倉儲、物流企業根據電商企業傳輸過來的數據,產生運單數據,此為傳說中的「三單」。另外,報關企業也會收到數據,並產生申報單。這四單數據會全部傳輸到服務平臺(接受企業備案的外網平臺),服務平臺再將數據傳輸到管理平臺(海關內網)。在管理平臺中,「三單」和「申報單」進行數據對碰,開始審單。比對無誤後,被「數據放行」,完成清關。

5. 分揀、打包和配送

在保稅倉收到訂單信息後,保稅倉工作人員開始按訂單對商品進行揀選、打包並粘貼快遞面單,打包後交給國內快遞公司進行配送。

6. 自動扣稅

在放行之前,海關會在電商企業的保證金帳戶裡自動扣除關稅、進口環節增值稅或消費稅等。

7. 通關放行、二線出區

如果海關查驗無誤並順利扣稅後,包裹會被放行,海關特殊監管區卡口智能系統將自動識別車號放行。商品接著就經由國內物流,運往全國各地的消費者手中。

三、跨境電商通關流程小結

「9610」是給跨境電商的海關監管代碼。「1210」是給入駐保稅區(B型保稅物流中心)的跨境電商的海關監管代碼。「9610」是已經售出的商品,存放在保稅倉庫的暫存區,等待清關和國內運輸;「1210」是尚未銷售的商品,存放在保稅倉庫,需要等待銷售完成之後,才會清關,再運輸到消費者手中。「1210」和「1239」都是保稅方式,「1210」適用於試點城市,不需要提供通關單;新代碼「1239」適用於其他非試品城市,需要提供通關單。

思考題:

1. 跨境電商的主要物流模式有哪些?
2. 跨境電商物流都涉及哪些企業和機構?
3. 不同跨境物流模式各自的優劣勢是哪些?
4. 簡述跨境電商出口物流的主要流程。
5. 「1210」和「9610」的區別是什麼?

案例分析題：

近日亞馬遜在美國的倉庫銷毀了300多萬件未拆封的產品。據悉，若商家的產品在亞馬遜賣不出去的話，這家零售巨頭公司會向貨主收取每平方米22美元的倉儲費，6個月後則會繼續漲價。被涉及的某中國供應商老闆表示，當他們的產品賣不出去時，他們別無選擇，只能付錢給亞馬遜銷毀這些產品，因為倉儲費更貴，相對而言，銷毀是最好的選擇。

思考：
1. 作為中國的跨境電商零售企業，為何要選擇亞馬遜倉庫？
2. 從該案例中總結海外倉的優劣勢，並提出相應建議。

知識擴展：亞馬遜FBA簡介

一、什麼是FBA？

FBA的全稱是Fulfillment by Amazon，是亞馬遜提供的倉儲和物流服務，即賣家把自己在亞馬遜上銷售的產品庫存直接送到亞馬遜當地市場的倉庫中，客戶下訂單之後，就由亞馬遜負責發貨及提供售後的服務，也可以將其視為海外倉的一種形式。

二、具體流程

第一步：商家把貨物寄送到亞馬遜當地倉庫（頭程運輸）。

本步驟需要商家自行聯繫物流服務商或貨運代理把貨物運到亞馬遜在目的國（地區）的倉庫，稱為「頭程運輸」，根據頭程運輸的方式，通常又分為「海派」（以海運方式，時間較長，運費便宜）和「空派」（以空運方式，時間短，運費貴）。

第二步：亞馬遜倉庫收到貨物後進行理貨、揀選、入庫登記和管理。

第三步：當顧客在亞馬遜網站上下單後，亞馬遜根據訂單信息，從倉庫中揀選出商品、打包，寄送給顧客。

第四步：客戶如果需要退換貨，亞馬遜負責提供相應的服務。

三、商家使用FBA服務的優缺點

（一）優勢

1. 能夠得到高效優質的倉儲物流服務

亞馬遜的物流倉儲服務是世界一流的，其FBA項目也營運多年，不論是在硬件還是在軟件方面，都可以說是先進和高效的。尤其是對於跨境電商的新手商家和小規模商家來說，使用FBA服務可以省去很多麻煩。

2. 保證商品迅速送達

因為商家在客戶下訂單之前已經把商品提前送到亞馬遜本地倉庫，是海外倉模式的一種，所以物流時效性強，可以保證商品迅速送到消費者手中。

3. 全天候的客戶服務

亞馬遜提供的售後服務是一週七天、一天二十四小時，只要有客戶的一個郵件和電話，亞馬遜就會派專人來解決問題。

4. 客戶體驗優秀，提高了訂單轉換率

物流時效性的增強本身就是提高訂單轉化率的一個重要砝碼，在產品品質和價格相差不大的情況下，消費者都傾向於購買能夠迅速送達的商品。再加上亞馬遜專業的

客戶服務，都可以提高客戶體驗。

5. 費用明確

FBA 的服務收費明確，每個部分都是明碼標價的，對於商家核算和控制成本是非常有利的。

6. 支持多渠道訂單配送

FBA 支持多渠道訂單配送，商家如果是多平臺多店鋪營運，比如在 eBay 上開的也有店，也可以使用亞馬遜的 FBA 倉儲物流服務。

（二）劣勢

1. 有庫存風險

海外倉模式一般都存在庫存風險，貨物已經發往目的國（地區），如果在一定時間內沒有銷售出去，就會增加庫存成本，運回供應國的運費太高，繼續存儲又會產生高額的倉儲費用，最後可能不得不進行銷毀。

另外，如果貨物在倉庫中遇到丟失和損毀問題，因為商家距離倉儲地較遠，可控性較差，如何解決也是商家面臨的難題。

2. 退換貨政策寬鬆

亞馬遜的退換貨政策非常寬鬆，遇到客戶要求退換貨，亞馬遜一般都會批准，那麼退換回的貨物有兩種可能性，如果符合二次銷售的條件，就會重新上架銷售，但是如果達不到二次銷售的條件，就不能重新上架銷售，可能需要從倉庫移出，商家如何處理這部分貨物，也成為一個難題。

3. 需要 Pro 的賣家帳戶

必須成為 Pro 用戶並交納固定的訂閱費，才可以使用 FBA 服務。

4. 難以避免的分倉問題

所謂分倉，是指亞馬遜為了合理利用倉儲，防止倉庫出現爆倉或空置的情況發生，同時也為了提高用戶的購物體驗，會把同一個賣家的貨物分佈到多家亞馬遜倉儲營運中心。比如，亞馬遜在美國西部、東部、中部地區分佈有 90 多個倉庫，把貨物分倉存儲後，一方面平衡了各地的庫存，另一方面，不管是東海岸或是西海岸的消費者下單，都可以快速地就近發貨，達到最快的物流時效。但對商家來說，分倉卻不可避免地增加了頭程運輸的費用，雖然在後臺可以設置成合倉（不允許分倉），但是需要交納額外的費用，這也是商家需要考慮的。

四、FBA 的費用核算

（一）FBA 費用

FBA 的服務費用主要包括倉儲費、訂單處理費、分揀包裝費、稱重處理費以及一些不常用的其他付費服務。

FBA 費用＝執行費＋月倉儲費＋入庫清點放置服務費

（二）執行費

執行費＝訂單處理費＋分揀包裝費＋稱重處理費

（三）訂單處理費

訂單處理費是按件計費的。訂單處理費（標準件物品）：美國站 1.00 美元/pcs，英國站 0.82 英鎊/pcs，德國、法國、義大利、西班牙四國 1.38 歐元/pcs。

（四）分揀包裝費和稱重處理費

分揀包裝費和稱重處理費按貨物大小重量計費。

（五）倉儲費

其他費用主要是一些個性化服務的費用，比如貼標、轉運、銷毀、特殊包裝等。

（六）倉儲費

亞馬遜倉庫倉儲費有兩種：月度倉庫倉儲費、長期倉庫倉儲費。

1. 月度倉儲費

月度倉儲費＝應收取6個月長期倉儲費的商品數量×單位商品體積×對應月份每立方倉儲費

在10月至12月的旺季，倉儲費會比平時升高1~2倍。

2. 長期倉儲費

長期倉儲費是指賣家的貨物在亞馬遜倉庫裡存放超過6個月沒有銷售出去而需要繳納這筆費用。

長期倉儲費＝應收取時間段長期倉儲費的商品數量×單位商品體積×對應時間段長期倉儲費的每立方收費

溫馨提示：亞馬遜通常每年清理兩次庫存，使用FBA服務的商家需要決定是支付長期倉儲費，還是支付處理費，讓亞馬遜幫助銷毀或退回滯銷產品。

（七）節省FBA費用的建議

1. 確定合理備貨數量

在往亞馬遜倉庫發貨備貨的時候要確定合理的數量，可以根據目前的市場行情、企業以往的銷售數據、行業的淡旺季週期等因素綜合考慮，不要過量，以防導致貨品長期賣不出去而支付更多的倉儲費用。

2. 根據商品種類選擇物流倉儲模式

FBA可視為海外倉的一種形式，應該根據商家以往的銷售數據和當前市場的行情選擇銷量好且穩定的貨品使用FBA服務，以防產品滯銷產生額外的倉儲費用。對於新上市的、不知道市場反應如何的新產品，可以先發少量來試試市場反應。

第七章 跨境電商支付

【知識與能力目標】

知識目標：
1. 瞭解支付渠道的概念。
2. 掌握第三方支付的概念和流程。
3. 熟悉常用的跨境支付渠道和方式。
4. 熟悉跨境電商支付中的風險及控制。

能力目標：
1. 在業務中會做出支付渠道的選擇。
2. 能夠針對不同國家市場選擇通用或本地化的支付方式。
3. 能夠應對跨境電商支付中的風險。

【導入案例】

某跨境服裝企業支付成功率低的案例

某跨境服裝企業，專注於對歐服裝在線清算，但整套流程下來，訂單轉化率非常低，且支付的成功率僅在60%左右，購物車放棄的現象非常明顯。iPayLinks 分析發現，原支付頁面對客戶付款的引導展示不足，且未提供當地受歡迎的本地化支付方式，故而引導客戶對支付界面進行了系統的修改，增加了歐洲常用的如 iDEAL、Giropay、Sofortbanking、SEPA、EPS 等本地化支付方式，客戶接受度與支付效率均有顯著提升，從而使訂單轉化率達到85%以上。

問題思考：
1. 常用的跨境支付方式有哪些？
2. 不同國家或地區的本地化支付方式有哪些？

跨境電商的業務模式不同，採用的支付結算方式也存在著差異。跨境電子支付業務會涉及資金結售匯與收付匯。從支付資金的流向來看，跨境電商進口業務涉及跨境支付購匯，購匯途徑一般有第三方購匯支付、境外電商接受人民幣支付、通過國內銀

行購匯匯出等。跨境電商出口業務涉及跨境收入結匯，其結匯途徑主要包括第三方收匯結匯、通過國內銀行匯款、以結匯或個人名義拆分結匯流入等。中國跨境轉帳匯款渠道主要有第三方支付平臺、商業銀行和專業匯款公司。數據顯示，中國使用第三方支付平臺和商業銀行的用戶比例較高，其中第三方支付平臺使用率最高。相比之下，第三方支付平臺能同時滿足用戶對跨境匯款便捷性和低費率的需求，這也是第三方支付平臺受到越來越多用戶青睞的原因。

第一節　跨境電商支付渠道

一、支付渠道的定義

支付又稱付出、付給，多指付款，是發生在購買者和銷售者之間的金融交換，是社會經濟活動所引起的貨幣債權轉移的過程。支付包括交易、清算和結算。支付渠道，顧名思義就是平臺上支持用戶支付的通道，這些支付渠道幫助平臺用戶完成交易金額的支付，並且支持平臺與銀行之間進行資金流轉、對帳和清分，比如國內的微信、支付寶等。一般交易平臺都會對接多家支付渠道公司。

二、主流的支付渠道

（一）第三方支付

第三方支付是指具備一定實力和信譽保障的獨立機構，採用與各大銀行簽約的方式，通過與銀行支付結算系統接口對接而促成交易雙方進行交易的網絡支付模式。在第三方支付模式中，買方選購商品後，使用第三方平臺提供的帳戶進行貨款支付（支付給第三方），並由第三方通知賣家貨款到帳、要求發貨；買方收到貨物，檢驗貨物，並且進行確認後，再通知第三方付款；第三方再將款項轉至賣家帳戶。第三方是買賣雙方在缺乏信用保障或法律支持的情況下的資金支付「中間平臺」，買方將貨款付給買賣雙方之外的第三方，第三方提供安全交易服務，其運作實質是在收付款人之間設立中間過渡帳戶，使匯轉款項實現可控性停頓，只有雙方意見達成一致才能決定資金去向。第三方擔當仲介保管及監督的職責，並不承擔什麼風險，所以確切地說，這是一種支付託管行為，通過支付託管來實現支付保證。

2017年1月13日下午，中國人民銀行發布了一項支付領域的新規定《中國人民銀行辦公廳關於實施支付機構客戶備付金集中存管有關事項的通知》，明確了在第三方支付機構在交易過程中，產生的客戶備付金，今後將統一交存至指定帳戶，由央行監管，支付機構不得挪用、占用客戶備付金。2018年3月，網聯下發42號文督促第三方支付機構接入網聯渠道，明確2018年6月30日前所有第三方支付機構與銀行的直連都將被切斷，之後銀行不再單獨直接為第三方支付機構提供代扣通道。

中國國內的第三方支付產品主要有支付寶、微信支付、百度錢包、PayPal、中匯支付、拉卡拉、財付通、融寶、盛付通、騰付通、通聯支付、易寶支付、中匯寶、快錢、國付寶、物流寶、網易寶、網銀在線、環迅支付IPS、匯付天下、匯聚支付、寶易互

通、寶付、樂富等。其中用戶數量最多的是 PayPal 和支付寶，前者主要在歐美國家流行，後者是阿里巴巴旗下產品。其他國家或地區也有自己主流的支付方式：東南亞地區、新加坡喜用 eNETS 網銀轉帳，馬來西亞一般用 Mayban2u、CIMB 等銀行轉帳的比較多，泰國用 Turemoney，越南、印尼等東南亞其他國家信用卡覆蓋率比較低，所以使用網銀轉帳或者 ATM 機付款的會比較多。臺灣地區用 Mycard 和 Gash 錢包，它們也是游戲點卡，線下購買十分方便；中國香港地區使用最多的是八達通，線下很容易買到，坐公交、打車、超市購物都可以。日本購物一般用 JCB 信用卡和充值卡支付；Webmoney、BitCash、Netcash 是日本最普及的電子貨幣之一，幾乎全部的網遊和部分影音、購物網站都能用它充值和購物。韓國市場相對封閉，一般還是用信用卡或者銀行轉帳的比較多。Webmoney、QIWI Wallet、Yandex. Money 是俄羅斯當地最大的幾個電子錢包，都可以通過銀行轉帳或者線下終端（類似銀行的 ATM 機）充值。歐洲的電子錢包、預付卡、網銀轉帳發展得都比較成熟，電子錢包一般會選擇用 PayPal、Skrill（Moneybook），另外電商使用最多的就是 Sofort 網銀轉帳，可以覆蓋德國、奧地利、比利時、英國、法國等多個國家；荷蘭有錢包 iDEAL，覆蓋大部分荷蘭銀行。中東地區有電子錢包 CashU 和 Onecard，可以通過網銀或線下購買充值卡進行充值，但是錢包之間不能轉帳。

（二）銀聯

中國銀聯股份有限公司（簡稱中國銀聯或銀聯，英文為 China UnionPay，縮寫為 UnionPay 或 CUP）是一家總部設於中國上海的股份制金融服務機構，成立於 2002 年 3 月，主要提供銀行間支付結算服務。其擁有的網上跨行交易清算系統，在中國大陸具有唯一性和壟斷性。2015 年，其亦成為全球交易量最大的銀行卡清算組織。銀聯作為第三方支付渠道，為平臺對接銀行起到非常大的幫助作用。平臺對接銀聯的支付渠道後（快捷支付），用戶在平臺消費時需要綁銀行卡，首次需要上傳銀行卡號、手機號、身分證號碼，銀行卡綁定後，後續的操作步驟會相對便捷一些，只需在每次支付時輸入密碼即可。後續的支付扣款流程跟其他第三方支付一樣需要內嵌 SDK，而且都在服務端完成校驗。

（三）銀行

截至 2018 年 12 月底，中國銀行業金融機構數達到 4,588 家，機構類型有 20 餘種，其中包括政策性銀行、大型銀行、股份制銀行、外資銀行等全國性商業銀行，城市商業銀行、民營銀行、農村合作金融機構、村鎮銀行等專注社區、小微、「三農」服務的地方法人銀行和信託公司等其他非銀機構，基本形成了多層次、廣覆蓋的銀行體系。其中首選的就是 5 家商業銀行，累計占 40% 的交易量，其次就是各種股份制銀行和郵政儲蓄銀行等。一般情況下，對接一個銀行的話預期需要 2~3 周的工作量，不同銀行對接入環境有不同要求，比如大部分銀行需要專線接入，費用和帶寬有關，一年費用 1 萬~8 萬元不等。

（四）移動支付

關於移動支付的定義，國內外移動支付相關組織都給出了自己的定義，行業內比

較認可的是移動支付論壇（Mobile Payment Forum）的定義：移動支付（Mobile Payment），也稱為手機支付，是指交易雙方為了某種貨物或者服務，以移動終端設備為載體，通過移動通信網絡實現的商業交易。移動支付所使用的移動終端可以是手機、PDA、移動 PC 等。在無須使用現金、支票或信用卡的情況下，消費者可使用移動設備支付各項服務或數字及實體商品的費用。移動支付將互聯網、終端設備、金融機構有效地聯合起來，形成了一個新型的支付體系。移動支付屬於電子支付方式的一種，因而具有電子支付的特徵，但因其與移動通信技術、無線射頻技術、互聯網技術相互融合，又具有自己的特徵，如移動性、及時性、定制化和集成性。移動支付的使用方法有：短信支付、掃碼支付、指紋支付、聲波支付等。支付產品有支付寶、微信支付、樂富支付、翼支付等。很多手機廠商都內置了各種支付，比如蘋果的 App-pay 支付、三星支付、華為支付等；這些支付僅針對特定的手機型號，支持 NFC 等，根據業務需要也可以接入。

交易平臺對接支付渠道可以為平臺用戶支付提供一個途徑。用戶可以利用該支付通道在平臺上選定商品或者服務後發起支付，通過支付渠道完成其個人銀行卡帳戶餘額的扣款，並完成整個交易流程。支付渠道對於用戶和平臺的支付帳戶的建立至關重要。支付通道的穩定和安全對於平臺來講至關重要，尤其對於交易量龐大的平臺更是如此，短時間的支付通道的崩潰可能帶來的就是巨額的損失和客戶訂單的流失，尤其是會造成用戶對平臺信任感的下降。因此，一般平臺公司都會選擇對接多家支付渠道，在其中一條產生問題時，至少可以有 1~2 條備用渠道來保證交易的順利完成。

三、支付渠道的選擇

（一）穩定性

支付渠道首先需要保持足夠的穩定性，不穩定的支付渠道可能會導致支付流程崩潰、掉單等情況的發生。

（二）成功率

支付渠道的成功率也是非常重要的，支付渠道的成功率較低的話會很容易導致大量的掉單情況，使用戶的支付體驗較差。

（三）手續費

支付渠道的使用並非免費，通過支付渠道的每一筆交易都會被支付渠道公司收取一定百分比的手續費，在平臺存在大量交易的情況下，選擇手續費高的支付渠道會導致平臺支付渠道的成本變高。因此，在對比多家支付渠道的情況下，選擇手續費較低且穩定性和成功率有保障的公司是最佳的。

一般大流量的平臺往往可以拿到較低的手續費率，比如支付寶和微信等第三方支付渠道給大型交易平臺的支付手續費一般會在 0.3% 以下，甚至更低；而個人商戶或者小平臺的費率則比較高，可能達到 0.6% 左右。

（四）支付限額

出於資金安全和風控的角度來考慮，很多支付渠道都會定義其對應銀行支付的支

付限額，比如使用某支付渠道單日支付金額不超過 5 萬元。平臺在選擇支付渠道時，支付限額較高的渠道相對來講具有更大的支付便捷性，在用戶支付大額的訂單金額時，不會很容易被限制而無法完成單筆支付。

（五）其他因素（支付流程）

支付流程主要是關於支付渠道的產品細節溝通，比如該支付渠道公司的支付是認證支付還是快捷支付，還是兩者都有，是通過 API 接口的形式還是 SDK 嵌入的形式等。SDK 嵌入形式會導致底層數據平臺端無法獲取，平臺可以獲得的就是一個支付結果，但是通過 API 對接形式平臺自己可以監控整個支付流程，包含支付中發生的異常情況監測，比如回應超時的情況等；還有，需要確認字段信息、支付四要素（姓名、身分證、銀行卡號、預留手機號）等。

四、支付渠道的對接

（一）與支付渠道公司進行商務洽談

平臺在選擇支付渠道的時候，往往會先進行商務性質的洽談，在這個過程中瞭解支付渠道公司的市場情況、支付公司的背景和應用的商戶的體量、支付渠道公司在支付行業內的知名度和沉澱（經驗），這些可以從側面體現支付公司的技術穩定性、產品穩定性。在大前提沒有問題的情況下，平臺方公司要具體瞭解其支付業務都有哪些，而平臺需要的支付業務都有哪些，然後進行匹配。此外，平臺方公司還要考慮是否需要對接錢包和帳戶體系等。同時，洽談範圍中非常重要的還包含支付渠道收取平臺的手續費的問題，以及支付渠道的分帳是「T+1」（僅工作日次日）還是「D+1」（無論工作日與非工作日的次日）等細節也都是需要在此階段最終明確的。

（二）支付流程梳理

在初步確定好支付渠道公司後，平臺方公司支付產品需要梳理出支付全流程業務需求，然後跟支付渠道公司做具體方案的對接和討論，比如支付過程中需要調用遠程接口，其延遲的不可控性要求支付結果的返回需要通過異步通知的機制等。支付流程主要是關於支付渠道的產品細節溝通，比如該支付渠道公司的支付是認證支付還是快捷支付，還是兩者都有，是通過 API 接口的形式還是 SDK 嵌入的形式，如前文所述。

（三）技術對接

在確認好業務支付流程和具體的產品方案細節後，就將進入技術對接的階段。這個階段內雙方公司的研發人員會進行技術層面的對接和調試，根據確定的支付流程細節的方案來確定需要開發的內容，並按照支付公司提供的接口文檔和流程圖等資料來進行支付功能的開發。其比較核心的內容就是「支付」和「對帳」：關於支付主要考慮支付在交易流程中如何調用來喚起支付，而對帳主要是進行公司內部對帳、公司與商家對帳、公司與支付渠道對帳的數據記錄。

（四）測試上線

在技術對接階段完成基本對接和調試後，將進入雙方協同的測試階段，在確認了

全部業務流程的全部支付場景無誤之後（包含異常流程的測試，比如通過故意把四要素信息填寫錯誤、銀行卡餘額不足來測試等），完成測試，並確定支付渠道產品上線。產品上線後，還需要進行一段時間的跟蹤驗證，對於出現的線上問題及時修復和處理，以保證支付渠道無問題。

第二節　跨境電商支付方式

近年來，電子商務逐漸突破國界，衍生出跨境電商、跨境支付及跨境第三方支付等新業務。不同的收款及支付方式差別還很大，它們都有各自的優缺點。而因為每個支付工具優勢各異，便捷性和時效性都不同，按照是否需要去櫃臺現場辦理業務，跨境電商支付方式有兩大類：一種是線上支付，包括各種電子帳戶支付和國際信用卡，由於線上支付方式通常有交易額的限制，所以比較適合小額的跨境零售；另一種是線下支付，比較適合金額較大的跨境 B2B 交易。

一、線上的跨境支付方式

(一) 國際信用卡

國際信用卡是一種銀行聯合國際信用卡組織簽發給那些資信良好的人士並可以在全球範圍內進行透支消費的卡片，同時該卡也被用於在國際網絡上確認用戶的身分。通常國際信用卡以美元作為結算貨幣，國際信用卡可以進行透支消費（先消費後還款），國際上比較常見的信用卡品牌包括 VISA（維薩）、MasterCard（萬事達）、AE（美國運通）、JCB（日本 JCB）、DinersClub（大萊卡）等信用卡種，其中 VISA（維薩）目前占世界信用卡發行量的 70% 左右，MasterCard 占世界信用卡發行量的 20% 左右，其他種類的信用卡占世界信用卡發行量的 10% 左右。所以大多數第三方支付公司提供的信用卡在線支付網關基本上是支持維薩和萬事達卡的。

國際信用卡支付就是指商品購買者在網站上選擇商品之後，通過第三方支付公司提供的信用卡網關輸入相應的信息，如卡號、有效期、CVV 碼、支付金額，支付商品款項給第三方支付公司。通過信用卡支付網關，可以用信用卡安全、方便、快捷地將錢支付到商家的帳戶，讓商家方便、及時地收到貨款。國內商戶可以通過使用者即賣家（網站所有人）在第三方支付公司提供的後臺即時查詢付款成功的信息後發貨給購買家，第三方支付公司再把商品款項結算給賣家。

1. 優點

它是歐美最流行的支付方式。信用卡的用戶人群非常龐大，國際上維薩、萬事達卡的用戶量超過 20 億人次，使用率很高。如果存在交易爭議，信用卡支付只會凍結該筆交易的金額，不會凍結帳號而影響整個帳戶。

2. 缺點

接入方式麻煩，需支付開戶費和年服務費、預存保證金等，收費高昂，付款額度偏小。雖然國際信用卡有 180 天的拒付期，但是仍存在拒付風險。所謂拒付，是指信用卡持卡人本人主動要求把錢退回的行為，拒付的原因有客人沒有收到貨、貨物質量

問題、黑卡、盜卡、詐騙分子等。

3. 適用範圍

一般用於 1,000 美元以下的小額收款，比較適合跨境電商零售的平臺和獨立的 B2C，主要商品有鞋服、飾品、生活用品、電子產品、保健品等。

（二）PayPal

PayPal（貝寶），是美國 eBay 公司的全資子公司，個人或企業通過電子郵件可以安全、簡單、便捷地實現在線付款和收款，即時支付，即時到帳，能通過中國的本地銀行提現。通過 PayPal 帳戶集成的高級管理功能可以輕鬆掌控每一筆交易詳情，對傳統的郵寄支票與匯款的支付方式有了很大的突破。在跨境交易中，將近 70% 的在線跨境買家更喜歡用 PayPal 支付海外購物款項。用這種支付方式轉帳時，PayPal 收取一定數額的手續費，值得注意的是用 PayPal 付款時收款方須付手續費，對轉帳方不收手續費。

1. PayPal 支付流程

（1）付款人憑電子郵件地址註冊並登錄 PayPal 帳戶，通過驗證成為其用戶，並提供信用卡或者相關銀行資料，增加帳戶金額，將一定數額的款項從其開戶時登記的帳戶（例如信用卡）轉移至 PayPal 帳戶下。

（2）當付款人啟動向第三人付款程序時，必須先進入 PayPal 帳戶，指定特定的匯出金額，並提供收款人的電子郵件帳號給 PayPal。

（3）接著 PayPal 向商家或者收款人發出電子郵件，通知其有等待領取或轉帳的款項。

（4）若商家或者收款人也是 PayPal 用戶，其決定接受後，付款人指定的款項即移轉給收款人。

（5）若商家或者收款人沒有 PayPal 帳戶，收款人須依 PayPal 電子郵件內容指示連線進入網頁註冊，取得一個 PayPal 帳戶，收款人可以選擇將取得的款項轉換成支票寄到指定的處所、轉入其個人的信用卡帳戶或者轉入另一個銀行帳戶。

2. PayPal 帳戶限制

這就是我們常說的 PayPal 帳戶凍結。PayPal 帳戶受限是指 PayPal 發現帳戶中存有可疑交易時，為確保 PayPal 交易安全，PayPal 對該帳戶進行的功能限制，主要對收款、付款和提現三大功能進行限制。帳戶受限的主要原因有：

（1）以虛假信息註冊 PayPal 帳戶。

（2）註冊多個帳戶。

（3）帳戶交易數量及交易金額短期內激增。

（4）帳戶違規操作，如存在套現等行為。

（5）較高的交易糾紛率。

（6）濫用 PayPal 買家保護。

（7）新註冊的帳戶與受限帳戶有關聯。

（8）出售涉及侵權等違規或禁售物品。

（9）存在其他違規違法的帳戶使用行為，例如涉嫌使用信用卡套現、為其他用戶提供提現通道或進行中轉支付、涉嫌洗錢或其他金融犯罪等。

3. 優缺點

優點是交易完全在線上完成，無開戶費，用戶遍布全球，適用範圍廣，尤其受美國用戶信賴。收付雙方必須都是 PayPal 用戶，以此形成閉環交易，作為美國 eBay 公司旗下的支付平臺風控較好，資金風險較低。

缺點是 PayPal 用戶消費者（買家）利益大於 PayPal 用戶賣家（商戶）的利益，交易費用主要由商戶提供，對買家過度保護；對收款方每筆交易收 2.9%～3.9% 的手續費，對跨境交易每筆收取 0.5% 的跨境費，每筆提現收取 35 美元。如果有一筆交易存在爭議，而買賣雙方不能達成一致意見，那麼支付公司會凍結賣家的整個帳戶，用來保護買家利益。

4. 適用範圍

對於跨境電商零售行業，幾十到幾百美金的小額交易更劃算。

（三）Cashrun cashpay

Cashrun 股份有限公司於 2007 年 9 月在瑞士的聖加侖開始營運，為電子商務提供詐騙防範服務。2008 年 11 月，Cashrun 成立了其在新加坡的子公司——Cashrun 私人有限公司，從而擴大了其在亞洲的業務。德國的分公司是在 2009 年設立的，主要擴充其在歐洲的業務與服務水準。為搶占中國市場，Cashrun 於 2010 年年底在中國成立了全資子公司 Cashrun China——上海鎧世寶商務諮詢有限公司。Cashrun 的核心業務是為歐洲、美國及中國的電子商務提供可靠、安全的詐騙防範及全球支付方案。Cashrun 可提供兩個物超所值的服務包，即現金防護盾（Cash Shield）和現金支付（Cash Pay）服務包。現金支付是一種國際支付方式，借助 Cashrun 完善的金融基礎組織即聯合支付（Pay United），客戶可以在全球範圍內以極低的成本進行轉帳操作。

1. 優點

優點是結算快，加快了償付速度（2～3 天）；安全性高，有專門的風險控制防詐欺系統 Cashshield，一旦出現詐欺 100% 賠付，降低退款率，專注客戶盈利，資料數據更安全；是一種多渠道集成的支付網關，可提供更多支付網關的選擇，能夠降低匯率風險，保護客戶不受高匯率及支付網關附加費用的影響；支持商家喜歡的幣種提現。

2. 缺點

缺點是在中國市場知名度不高。

（四）Moneybookers

Moneybookers 是一家極具競爭力的網絡電子銀行，成立於 2002 年 4 月，是英國倫敦 Gatcombe Park 風險投資公司的子公司之一。2003 年 2 月 5 日，Moneybookers 成為世界上第一家被政府官方認可的電子銀行。只要有 Email 地址就可以註冊，無須信用卡，直接憑藉電子郵件地址以及帶照片的身分標示，如身分證、護照、駕照傳真，便可以完成認證。Moneybookers 的最大好處是不用申請美元支票，多個國際仲介公司可提供兌換人民幣的業務，另外也可以直接把美元、歐元轉帳到國內的外幣存折或卡上。此外，沒有付款手續費和低廉的收款手續費是其強大的優勢之一。只要激活認證便可以直接申請支票；如果不能激活，同樣可以收款或者發款給別人。

1. 優點

因為是以電子郵件為支付標示，付款人將不再需要暴露信用卡等個人信息；只需要電子郵箱地址，就可以轉帳；客戶必須激活認證才可以進行交易；可以通過網絡即時地進行收付費。

2. 缺點

缺點是不允許客戶有多個帳戶，一個客戶只能註冊一個帳戶；目前不支持未成年人註冊，須年滿 18 歲才可以。

（五）Payoneer

Payoneer（派安盈）成立於 2005 年，總部設在美國紐約，是萬事達卡組織授權的具有發卡資格的機構。作為在線支付公司，其主要業務是幫助其合作夥伴，將資金下發到全球，同時也為全球客戶提供美國銀行或歐洲銀行收款帳戶，用於接收歐美電商平臺和企業的貿易款項。

1. 優點

無須銀行帳戶即可註冊申請 Payoneer 實體卡和虛擬卡，可在全球 210 個國家和地區使用，可在商店刷卡、在線購物和 ATM 取款；高效，一個帳戶，四通八達，Payoneer 為跨境電商提供靈活、快捷、低費率的跨境收款方式，只需一個 Payoneer 帳戶即可輕鬆收取各大電商平臺的資金，並方便地提款到本地銀行帳戶，而提款到本地銀行帳戶，快則一天到帳；全世界任意 Payoneer 用戶間的轉帳無手續費；全球 ATM 機均可提現或在網點和實體店消費。

2. 缺點

缺點是手續費較高，轉帳到全球 210 個國家的當地銀行帳戶，將收取 2% 的手續費，取款機（ATM）可以直接取人民幣（每天最多 2,500 美元，每筆 Payoneer 取款將收取 3.15 美元的固定費用）。

3. 適用範圍

適用範圍為單筆資金額度小且客戶群分佈廣的跨境電商網站或賣家。

（六）Paysafecard

Paysafecard 是歐洲的一種在線支付方式，於 2000 年在奧地利維也納成立。在歐洲應用非常廣泛，包括游戲行業、音樂、電影、體育、娛樂行業等，但主要適用於游戲在線支付，比如游戲充值、Skype 充值等。Paysafecard 在全球有超過 600,000 個銷售網點，僅 2017 年有 1.2 億筆交易，支持 47 個國家、27 種貨幣、26 種語言。

Paysafecard 主要是預付卡，用戶可在線下銷售網點或線上商店購買，輸入 16 位 PIN 碼進行在線支付，無須輸入個人信息或銀行詳細信息。或者在「我的 Paysafecard」的在線電子錢包中存儲和管理多個 Paysafecard PIN，一旦購物者將 PIN 添加到電子錢包中，買家只需輸入「我的 Paysafecard」用戶名和密碼即可。

1. 優點

（1）方便

無須改變支付習慣，支持海外本地支付。只需要輸入 16 位 PIN 碼，即可充值，多種面值適應各類型付款項目（發售面值為 10 歐元、15 歐元、20 歐元、25 歐元、30 歐

元、50 歐元、100 歐元）。

（2）簡單

Paysatecard 不需要銀行卡或信用卡付款，也不需要個人信息即可購買；不支持拒付，無月費、無年費，支持公司和個人，申請只需 1~2 個工作日。

（3）安全

Paysatecard 不可重複下載使用，使用後也沒有任何顧客使用信息，如數字安全信息、使用地址等。

（4）購買便捷

Paysatecard 適用於線下便利店、超市、報亭、菸草商店、郵局、自動售貨機等，廣泛使用於遊戲、付費文件下載、軟件下載、社交網絡、電子書和音樂、售後服務、體彩、票務等。

2. 缺點

Paysatecard 的交易費用較貴，對於商家而言交易費用一般在 15% 左右。費用高可以算是預付卡支付的一個慣例了，國內的遊戲卡支付一般也是這個費用。

（七）WebMoney

WebMoney 是由成立於 1998 年的 WebMoney Transfer Techology 公司開發的一種在線電子商務支付系統，WebMoney 是俄羅斯最為普及的第三方支付工具，其次依次是 Yandex. Money、Qiwi wallet、RBK Money 和 Robokassa。WebMoney 可以在包括中國在內的全球 70 個國家使用，WebMoney 提供了轉帳需要手機短信驗證、異地登錄 IP 保護等多重保護功能，可即時到帳。支持通過獨立聯合體國家所有地區的支付終端、電子貨幣、預付卡和銀行轉帳（銀行卡）等方式充值。WebMoney 具有適用範圍廣、可線上線下付款、手續費低、無拒付、即時到帳等優勢。

（八）Qiwi wallet

Qiwi wallet 是俄羅斯最大的支付服務商之一，由俄羅斯互聯網集團 Mail. ru 於 2007 年創立，Qiwi wallet 在歐洲、亞洲、非洲和美洲的 22 個國家開展業務。Qiwi wallet 的成功之處在於結合了當地人偏愛使用現金消費的習慣和只有 5% 的消費者擁有銀行帳戶的現狀。用戶可以通過 Qiwi wallet 即刻支付購買產品，Qiwi wallet 擁有較完善的風險保障機制，不會產生買家撤款。因此買家使用 Qiwi wallet 付款的訂單，沒有 24 小時的審核期限制，支付成功後賣家可立刻發貨。Qiwi wallet 支持通過獨立聯合體國家所有地區的支付終端、電子貨幣、預付卡和銀行轉帳（銀行卡）等方式充值。

俄羅斯作為歐洲最大的網民國家，擁有 6,000 萬互聯網使用者，佔歐洲 4 億網民的近 15%。並且網民數量膨脹的速度，就像數年前的中國，達近 14% 的增速。所以，俄羅斯及其周邊國家，在線市場容量和增速都比較大。Qiwi wallet 就像拉卡拉與支付寶的結合體，可以讓用戶在店鋪裡，或者在線上，或者手機上完成支付。俄羅斯人民或許因為蘇聯解體的緣故，至今都保持著使用現金的習慣，大約佔到 94% 的資金交易量，Qiwi wallet 也正生逢其時。每天超過 400,000 筆的交易足以證明 Qiwi wallet 的使用率及其強大的覆蓋率，目前已有超過 20 個國家可以使用 Qiwi wallet 支付服務。

1. 優點

目標群使用率高，無須保證金，無拒付，操作流程簡便。

2. 缺點

有交易限制，單筆限 15,000 盧布，每月限 600,000 盧布。

（九）Yandex. Money

Yandex. Money 成立於 2002 年，是俄羅斯 Yandex 旗下的電子支付工具，是俄羅斯領先的網絡平臺及搜索引擎 Yandex 的全資子公司。Yandex. Money 是俄羅斯第一個電子支付系統，買家註冊後，即可通過俄羅斯所有地區的支付終端、電子貨幣、預付卡和銀行轉帳（銀行卡）等方式向錢包內充值。Yandex. Money 可以讓用戶輕鬆安全地完成互聯網商品支付、給他人轉帳或收款。為加強交易保護，Yandex. Money 允許使用一次性密碼、保護碼、PIN 碼等多種安全措施，並將相關的操作信息通過電子郵件或手機短信發送給用戶。其特點有：

1. 充值方便，即時到帳

可通過支付終端、電子貨幣、預付卡和銀行轉帳（銀行卡）等方式向錢包內充值，即時到帳。

2. 無拒付風險

（略）

3. 支持多幣種交易

目前支持歐元、美元、盧布三種貨幣進行支付，且每筆交易不能超過 10,000 美元。

4. 使用範圍廣

獨立國家或聯合體國家均可使用。

（十）CashU

CashU 是中東和北非最流行的支付方式（不含信用卡），主要用於在線購物、游戲支付、電信、IT 服務和外匯交易等方面。CashU 可以接收來自超過 28 個國家的付款，但帳戶將始終以美元顯示帳戶金額。CashU 是一個擁有最新的防詐欺和反洗錢系統的支付平臺，不僅為買家和賣家避免了相關的風險，還讓在線支付變得更便捷、安全。

CashU 在埃及、沙特阿拉伯、科威特、利比亞以及阿聯酋聯合酋長國都比較受歡迎。建議有中東客戶的電商以及游戲公司接入 CashU 支付方式，目前 Offgamers、網龍游戲已經支持 CashU 支付方式。

1. 優點

（1）即時交易，這和 PayPal 或者信用卡是一樣的。

（2）不能拒付，而 PayPal 或者信用卡保護買家，可以拒付，在 180 天內買家都可以拒付。

（3）無保證金或者循環保證金，而 PayPal 或者信用卡一般都會有一定的交易保證金，以及 10% 的循環保證金，這會對商家的資金週轉造成很大的壓力。

2. 缺點

交易費用相對貴一些，CashU 對於商家的費用在 6%～7%。

(十一) Sofortbanking

Sofortbanking 成立於 2005 年，總部位於德國慕尼黑，又被稱作 sofortüberweisung，是歐洲的一種在線銀行轉帳支付方式，支持德國、奧地利、比利時、荷蘭、瑞士、波蘭、英國以及義大利等國家的銀行轉帳支付。Sofortbanking 通過集成各個國家的銀行支付系統，為電子商務提供了一個便捷、安全、創新的在線支付解決方案。

目前已經有超過 3 萬家商家集成了 Sofortbanking 支付，覆蓋電商、航空以及各種在線服務類行業，比如 DELL、Skype、Facebook、KLM Royal Dutch Airlines、Emirates 等都支持 Sofortbanking 支付，另外中國航空在 2012 年也支持了 Sofortbanking 支付。在歐洲，使用 Sofortbanking 在線支付最多的國家是德國，其次是奧地利、比利時、瑞士、荷蘭、英國、波蘭、義大利、法國、西班牙、匈牙利等國家。

1. 優點

（1）即時交易：這和 PayPal 或者信用卡是一樣的。

（2）不能拒付：商家可以選擇是否開通買家保護，如果沒有開通則不能拒付，而 PayPal 或者信用卡保護買家，可以拒付，在 180 天內買家都可以拒付。

（3）無保證金或者循環保證金，而 PayPal 或者信用卡一般都會有一定的交易保證金，以及 10%的循環保證金，這會對商家的資金週轉造成很大的壓力。

2. 缺點

單筆支付最高為 5,000 歐元。

(十二) NETeller

NETeller（在線支付或電子錢包）是在線支付解決方案的領頭羊。可免費開通，全世界有數以百萬計的會員選擇 NETeller 的網上轉帳服務。你可以把它理解成一種電子錢包，或者一種支付工具。NETeller 是隨著互聯網交易的發展而發展起來的公司。剛開始大家發現在網上交易非常方便，只要你輕點鼠標即可選購你喜歡的商品，但是付款卻比較麻煩，那時還沒有網上銀行之類的東西，後來網上銀行出現了，但是頻頻爆出銀行帳號被盜用的事件（包括信用卡盜用），在網上輸入自己的銀行帳號和個人資料是多麼的不安全，於是充當交易雙方仲介的網站出現了。PayPal、NETeller 等相繼誕生並發展壯大，為廣大網友提供在線支付服務。它的原理是通過銀行轉帳或者電匯把錢轉入 NETeller 帳戶，以後在網上交易時只要在接受 NETeller 付款的網站用 NETeller 支付就行了，不用再輸入銀行、信用卡帳號等敏感信息，大大地增加了資金的安全性。

(十三) MOLPay

MOLPay 於 2005 年年底在馬來西亞成立，是馬來西亞第一家第三方支付服務公司，起初命名為 NBePay，後被 MOL AccessPortal Sdn. Bhd. 收購改名為 MOLPay。MOLPay 支付幾乎涵蓋了東南亞的大部分地區。其特點是：

MOLPay 使用即時交易，這和 PayPal 或信用卡是一樣的；MOLPay 屬於非信用卡交易因此不能拒付，但交易費用便宜，無保證金或者循環保證金，而 Paypal 或信用卡一般都會有一定的交易保證金以及 10%的循環保證金，這會對商家的資金週轉造成很大的壓力；MOLPay 支持多種貨幣支付，包括美元、馬幣、新加坡元、越南盾、印尼盾、

菲律賓比索等。

（十四）Boleto

Boleto 全稱是 Boleto Bancário，是一種現金付款方式，簡稱 Boleto，受巴西央行（Brazilian Federation of Banks）的監管。需要注意的是，Boleto 不是一家公司，它和銀聯、支付寶不一樣，因此不存在所謂的 Boleto 官方，Boleto 僅是一種付款方式而已。Boleto 翻譯成英文的意思是 ticket（票）。

巴西有 81% 的人是沒有可以跨境消費的信用卡的，很多人只能申請本地信用卡（只支持巴西當地貨幣 BRL 消費，不支持跨境消費）。使用 Boleto 收款，首先要找銀行給銀行帳戶開通收 Boleto 的權限，銀行幫助處理 Boleto 收款要收費，這是對於本地商家，但對於非巴西境內的商家如中國的外貿電商而言，直接接入巴西本地支付 Boleto 是很困難的。很多中國跨境電商已經發現 Boleto 的重要性，不少已經支持 Boleto 支付，比如速賣通在 2013 年的時候就已經開始支持 Boleto，敦煌網後來也支持了 Boleto。

（十五）iDEAL

iDEAL 是荷蘭最受歡迎的一種支付方式，超過一半的電商交易通過這一支付方式完成。2005 年，荷蘭的幾大標誌性銀行一同提出並開發了這個支付系統，在 2010 年其用戶已超過 7,000 萬戶。在荷蘭，超過 1,300 萬參與銀行的客戶使用 iDEAL，無須註冊，使用 iDEAL，用戶只要擁有銀行的帳戶便可以直接在網上操作。

除了網店，iDEAL 也為其他機構和個人提供服務，例如向慈善機構捐款、手機充值、繳納地方稅、交通罰款等，目前超過 100,000 個網店和其他機構使用 iDEAL 在線支付服務。具有交易無限制，無須保證金；無拒付、即時交易；操作流程簡便；目標群使用率高等優勢。

當網站用戶來自全球多個國家時，你會發現海外用戶付款是件很麻煩的事情。就全球範圍而言信用卡是最流行的，信用卡支付在歐美國家比較流行，但具體到各個國家就未必如此，PayPal 在美國使用比較普遍，但是在中東、拉美、亞太等地區使用的人就很少。信用卡拒付和 PayPal 封帳號等問題，也讓不少電商苦惱。隨著電子商務的發展，很多國家都有自己主流的支付方式，美國人喜歡用 PayPal 和信用卡；歐洲流行 sofortbanking、Trustpay、Paysafecard；中東有 CashU、Onecard；東南亞有 MOLPay；俄羅斯常用的是 Qiwi、Yandex. Money、WebMoney；荷蘭人喜歡用 iDEAL；波蘭常用 Dotpay；巴西有 Boleto 等，這些支付方式在當地都有很高的市場佔有率，可以覆蓋更多的潛在用戶，用戶使用常用的本地支付方式付款，支付體驗好，付款更簡單。

（十六）Escrow

Escrow（國際支付寶），英文全稱 Alibaba.com's Escrow Service，是阿里巴巴專門針對國際貿易推出的一種第三方支付擔保交易服務。該服務現已全面支持航空快遞、海運、空運等常見物流方式的訂單。航空快遞訂單和海運訂單已經實現了平臺化，買賣雙方均可在線下單。通過使用 Escrow 的交易，能有效避免傳統貿易中買家付款後收不到貨、賣家發貨後收不到錢的風險。Escrow 支持部分產品的小額批發、樣品、小單、試單交易，每筆訂單金額須小於 10,000 美元。目前支持 EMS、DHL、UPS、Fedex、

TNT、SF、郵政航空包裹七種國際運輸方式。

1. 特點

(1) 免費買家服務

海外買家更傾向於和開通 Escrow 的賣家交易；豐富真實的交易記錄可以提升買家的信任，減少與買家的溝通成本，快速達成交易。Escrow 服務向買家免費開放。Escrow 只在交易完成後對賣家收取後續費，買家無須支付任何費用。

(2) 安全保障

Escrow 在收到買家全部貨款後才會通知賣家發貨，從而幫助賣家規避收款不全或錢貨兩空的風險。買家的貨款將在 Escrow 帳戶上被暫時凍結，等待買家確認之後再給賣家，很受海外買家的歡迎。Escrow 是一種第三方支付擔保服務，而不是一種支付工具。

(3) 方便快捷

線上支付，直接到帳，足不出戶即可完成交易。只要海外買家有信用卡帳戶，並開通網銀功能，就可以方便地在網上進行付款操作。即使沒有信用卡帳戶，買家也可以通過傳統的 T/T、西聯等方式進行付款。這不會增加海外買家的任何額外操作成本。

2. Escrow 與 PayPal 的異同

(1) 相同點

相同點是兩者都需賣方支付手續費用，適用於快遞產品和小額交易，都支持多幣種外貿收款。

(2) 不同點

①流程不同：兩種支付方式都在保護國際在線交易中買賣雙方的交易安全，但是流程方法有所不同。國際支付寶的收款流程是：確認訂單—買家付款—賣家發貨—買家收貨—賣家收款。PayPal 的收款流程是：確認訂單—買家付款—賣家收款—賣家發貨—買家收貨。

②手續費不同：PayPal 的手續費為「月累計收款額的 2.9%~3.9%+0.3 美元」[①]，國際支付寶是對賣家的每筆訂單收取 3%（中國供應商會員）或 5%（普通會員）的手續費。

③獨立性不同：PayPal 可以脫離經營的網站，買賣雙方只要有 PayPal 帳號就可以完成收付款，是 B2C 網購的必備工具，而國際支付寶主要依託於阿里巴巴的平臺，在平臺上進行交易收款。

二、線下的跨境支付方式

(一) 電匯 (Telegraphic Transfer)

電匯是付款人將一定款項交存匯款銀行，匯款銀行通過電報、電傳或 SWIFT 等電訊手段指示目的地的分行或代理行（匯入行）向收款人支付一定金額的一種交款方式。電匯是匯兌結算方式的一種，匯兌結算方式除了適用於單位之間的款項劃撥外，也可

[①] 月累計收款額：大於 3,000 美元，會降低到 3.4%+0.3 美元；大於 10,000 美元，會降低到 3.2%+0.3 美元；大於 100,000 美元，會降低到 2.9%+0.3 美元。

用於單位對異地的個人支付有關款項，如退休工資、醫藥費、各種勞務費、稿酬等，還可適用個人對異地單位所支付的有關款項，如郵購商品、書刊、交大學學費等。電匯中的電報費用由匯款人承擔，銀行對電匯業務一般均當天處理，不占用郵遞過程的匯款資金，所以，對於金額較大的匯款或通過 SWIFT 或銀行間的匯款，多採用電匯方式。中國只有內部全國聯網的銀行才可以即時地劃帳。各個銀行收取的手續費不同，工行為 1%，最高不超過 50 元，農行為 0.5%，最高不超過 50 元，跨行不另收費。最好是同行電匯且聯網的銀行電匯，不同行間都需要好幾天時間。

1. 優點

電匯沒有交易限制，手續簡便，收款迅速；可先付款後發貨，保證商家利益不受損失。

2. 缺點

電匯需要去銀行櫃臺辦理業務；相對於線上支付而言，費用較高；對銀行信息要求非常高；先付款後發貨，買方容易產生不信任；用戶量少，限制了商家的交易量。

3. 適用範圍

電匯是傳統的 B2B 付款模式，適合大額的交易付款。

（二）西聯匯款（Western Union）

西聯匯款是一家金融服務公司，成立於 1851 年，總部位於美國科羅拉多州。西聯匯款是世界上領先的特快匯款方式，可以在全球大多數國家的西聯代理所在地匯出和提款。西聯匯款手續費是由買家承擔的。

在中國的合作銀行有中國郵政儲蓄銀行、中國農業銀行、中國光大銀行、浙江稠州商業銀行、吉林銀行、哈爾濱銀行、福建海峽銀行、菸臺銀行、溫州銀行、徽商銀行、上海浦東發展銀行和中國建設銀行等。

1. 優點

與普通國際匯款相比，西聯匯款、速匯金國際匯款有比較明顯的優點。首先，它們無須開立銀行帳戶，1 萬美元以下業務無須提供外匯監管部門的審批文件；匯款在 10 分鐘之內就可以匯到，簡便快捷。而普通國際匯款需要 3~7 天才能到帳，2,000 美元以上還須經外匯監管部門審批。其次，到帳速度快；手續費由買家承擔；對於賣家來說最划算，可先提款再發貨，安全性好。

2. 缺點

對買家來說風險極高，買家不易接受；買賣雙方需要去西聯匯款線下櫃臺操作，匯款手續費按筆收取，對於小額收款手續費高。屬於傳統型的交易模式，不能很好地適應新型的國際市場。

（三）速匯金匯款（MoneyGram）

速匯金匯款是一種個人間的環球快速匯款業務，可在十餘分鐘內完成由匯款人到收款人的匯款過程，具有快捷便利的特點。速匯金是與西聯匯款相似的一家匯款機構。速匯金匯款在國內的合作夥伴有中國銀行、工商銀行、交通銀行、中信銀行。中國是外匯管制國家，國外公司給國內公司匯款需要有匯款的理由，不能隨便匯款。而且速匯金只針對個人，通過速匯金系統辦理匯出款業務，目前僅限於美元辦理速匯金匯出款

業務。

1. 優點

（1）匯款速度快

在速匯金代理網點（包括匯出網點和解付網點）能夠正常受理業務的情況下，速匯金匯款在匯出後十幾分鐘內即可到達收款人帳戶。

（2）收費合理

速匯金匯款的收費採用的是超額收費標準，在一定的匯款金額內，匯款的費用相對較低。無其他附加費用和不可知費用，即無中間行費、無電報費。可事先通過網上查詢手續費：用戶通過 MoneyGram 的網站，點擊左側的「How to send money」，然後點擊右邊的「How much」，輸入匯款金額即可知道要付多少手續費。

（3）手續簡單

匯款人無須選擇複雜的匯款路徑，收款人無須先開立銀行帳戶，即可實現資金劃轉。如果匯美元支取人民幣，此業務為結匯業務，無論是境內個人還是境外個人，何種事項的結匯，每人每年憑本人有效身分證件可結匯等值 5 萬美元（含）。即不再限製單筆結匯金額，只要當年不超過等值 5 萬美元即可。當客戶匯了一筆速匯金匯款的時候，只要憑客戶提供的八位數匯款編號，然後到當地合作銀行的速匯金匯款櫃臺，帶上身分證填寫一張收款表格即可取款。

2. 缺點

與全球第一大匯款機構西聯匯款相比，速匯金匯款在以下兩方面存在局限性：

（1）速匯金匯款僅在工作日提供服務，而且辦理速度緩慢，一年中，可以辦理速匯金匯款業務的天數不超過 300 天，而西聯匯款 365 天營業。

（2）速匯金匯款合作夥伴銀行對速匯金匯款業務不提供 VIP 服務，而西聯匯款提供全國 VIP 專窗服務。

（四）離岸帳戶（Offshore accounts）

離岸帳戶也稱 OSA 帳戶，是境外機構按規定在依法取得離岸銀行業務經營資格的境內銀行離岸業務部開立的帳戶，屬於境外帳戶。離岸帳戶只針對公司開戶，對個人開戶是不支持的。離岸銀行在金融學上是指存款人在其居住國家以外開設帳戶的銀行。相反，位於存款人所居住國內的銀行則稱為在岸銀行或境內銀行。離岸帳戶相對於 NRA 帳戶受外匯管制更少，從資金的安全性角度來看，離岸帳戶要安全些，受國家外管局的監管沒那麼嚴格。

1. 優點

（1）資金調撥自由

客戶的離岸帳戶即等同於在境外銀行開立的帳戶，可以從離岸帳戶上自由調撥資金，不受國內外匯管制。

（2）存款利率、品種不受限制

存款利率、品種不受境內監管限制，比境外銀行同類存款利率優惠、存取靈活。特別是大額存款，可根據客戶需要在利率、期限等方面度身訂做，靈活方便。

（3）免徵存款利息稅

中國政府對離岸存款取得的利息免徵存款利息稅。離岸存款實際淨收益更為可觀。

（4）提高境內外資金綜合營運效率

可充分利用銀行既可提供在岸業務同時又具備境外銀行業務功能的全方位服務的特點，降低資金綜合成本，加快境內外資金週轉，提高資金使用效率。

（5）境內操控，境外運作

可以通過網上銀行進行對離岸帳戶的操作。

2. 缺點

離岸銀行成了犯罪分子用來洗錢的常見場所，因而名聲不佳。它的低效率側面鼓勵居民避稅或逃稅。因其不在存款人所住地，儲戶服務中可能產生不便。開設離岸帳戶的起點儲蓄金額一般較高，故主要服務於收入較高的人士。

3. 適用範圍

個人帳戶主要用於海外留學、旅行消費、移民生活、海外投資人、貸款、接收佣金等，可以從境外銀行帳戶上自由調撥資金，通過網上銀行或電話操作方便。公司帳戶主要用於業務收款、稅務籌劃、海外投資、支付外匯、支付佣金等，傳統外貿及跨境電商都適用，適合已有一定交易規模的賣家。

第三節　跨境電商支付風險及控制

在全球速賣通、亞馬遜、eBay、Wish 等各類跨境電商平臺上，中國賣家已經占據了半壁江山，而同時中國跨境電商產業也在如火如荼地發展。以全球速賣通為例，2018 年「雙十一」當天平臺共產生了 3,578 萬份訂單，與 2017 年同比增長了 68%，共吸引了來自 230 個國家的 621 萬用戶消費。然而在跨境電商產業愈發紅火的同時，跨境支付發展過程中逐漸顯現的三大風險，已經成為制約跨境電商產業更好、更快發展的重要因素。

一、跨境電商支付中的風險

（一）跨境支付詐欺風險

跨境支付詐欺是很多跨境電商都遭遇過的問題，給企業帶來了不小的損失。而因擔心風險損失拒絕潛在客戶的案例更比比皆是，這些都嚴重影響了企業的發展和客戶的體驗。在跨境電商主流消費市場，歐美國家的信用卡普及率非常高，當地消費者也習慣通過信用卡消費，所以各跨境電商企業通常都會接受國際卡組織 VISA 或 MasterCard 發行的信用卡，目前通行的支付方式有憑密碼支付和無密碼支付，憑密碼支付一般需要發卡行、收單行等多方驗證及支持，成功授權的失敗率比較高，尤其是在美國等傳統上習慣無密碼支付的國家，授權失敗率能高達 50%。為了減少授權失敗率、提升用戶的支付體驗，大多數跨境電商企業傾向於無密碼支付，用戶只須輸入卡號、有效期及 CVV2 即可完成支付流程。這雖然提高了支付的成功率，但也極大地方便了犯罪分子的交易詐欺。與此同時，不同於境內支付交易，跨境支付交易過程中發生的大多數詐欺交易的追溯流程需要經歷的路徑也非常長，往往要 2~3 月才能判定一筆交易是否屬於詐欺交易，並且跨境支付交易的來源方往往遍布全球各地，這筆交易來自秘魯，另一筆交易可能來自英國，這實際上非常考驗跨境支付過程中風險管理的有效性。

跨境支付交易的風險管理還得承受全天 24 小時來自全球犯罪分子的攻擊。這一系列的跨境支付詐欺風險都給跨境支付交易的風險管理提出了巨大的挑戰。

(二) 跨境支付交易風險

由於跨境支付的整個交易流程涉及各方主體的交互，所以跨境支付的交易風險也一直是跨境支付發展的關鍵。跨境支付的交易風險主要分為兩類：一類是第三方支付機構本身發生的不合規交易帶來的交易風險，另一類是用戶遭遇的交易風險。前者的產生是因為目前跨境電商還是跨境貿易的一種新型業態，行業的一系列規則和法規還不成熟。所以第三方支付機構在國家還沒有出抬具體的法律法規之前，可能會以追求利益最大化的原則，省去沒有規定但有一定成本的工作流程，比如放棄成本較高但效果更好的大數據分析來審核相關信息，而採用成本較低的方式來審核客戶的身分信息。這在一定程度上會造成主體身分的虛假信息泛濫，增加跨境支付的交易風險，並且境內外個人也可能會趁機以服務貿易或虛假貨物貿易的方式來轉移外匯資金，從而逃避外匯管理局的監管，這在嚴重影響跨境支付交易秩序的同時，還威脅到了國家的資金安全。用戶遭遇的交易風險主要源自跨境支付交易過程中可能遭遇的各類網絡支付安全問題。境內消費者將面對個人隱私信息被竊取、帳號被盜、銀行卡被盜用、支付信息丟失等情況，這些都對跨境支付的系統安全提出了更高的要求。

(三) 跨境交易資金風險

很多從事跨境電商的中小賣家由於自身資金實力不足，除了看重在跨境支付交易過程中的支付成本、放款效率等，對資金的安全問題也一直很關注。但很多中小賣家對跨境電商平臺的相關條款並沒有完全理解，對國外的法律法規更不熟知，比如 Wish、eBay 等跨境電商平臺很多時候都更重視買家的利益，在碰到糾紛時往往會為買家考慮，而讓賣家遭受損失。近幾年發生的 eBay 和 Wish 的大規模糾紛事件就直接反應了中國賣家在發生糾紛時的弱勢。當發生知識產權糾紛或交易糾紛的時候，賣家資金往往會很快被跨境電商平臺凍結，然而由於這些平臺在中國沒有合適的法律主體，中國賣家要向平臺申訴還要赴海外聘請當地律師。從中國中小賣家的角度出發，它們既沒有時間也沒有精力來完成相應的上訴流程，這些帳戶被凍結的跨境電商賣家的知識產權意識確實是有待提高的。

二、跨境電商支付風險控制

(一) 建立風險管控，開展數據監控

建立一套完整的風險管理體系無論是對跨境電商，還是對支付機構都非常重要。面對不斷發生的跨境電商詐欺交易，企業可以通過帳戶安全、交易安全、賣家安全、信息安全、系統安全等五大安全模塊的組合來實現對風險管理架構的搭建，從而防止帳戶出現盜用和信息洩露，並最終借助管控交易數據等手段來降低交易風險詐欺的可能性。除了搭建風險管理架構，企業還可以通過建立以數據驅動為核心的反詐欺系統來進行風險管控。不同於傳統的反詐欺系統通過簽名識別、證照校驗、設備指紋校驗、IP 地址確認的審核方式，跨境支付反詐欺系統應擁有強大的實施模型、靈活的風險規

則和專業的反詐欺人員判斷。第三方支付機構還應該加強行業內部的風險共享和合作機制，因為一般犯罪分子在盜取一批信用卡信息之後會在多個交易平臺上反覆使用，以實現價值的最大化，且往往把風控能力最弱的一方作為突破口，所以建立風險共享及合作機制非常必要，要從根本上有效提升跨境支付交易的整體風險防控能力。

（二）履行相關責任，保證交易真實

在跨境支付交易的過程中，支付機構應嚴格按照相關法律法規，並遵循有關部門發布的指導意見審核交易信息的真實性及交易雙方的身分。支付機構可適當增加交易過程中的信息交互環節，並留存交易雙方的信息以備查，對有異常的交易及帳號進行及時預警，按時將自身的相關業務信息上報給國家相關部門。國家相關部門也應定期抽查並審核交易雙方的身分信息，並對沒有嚴格執行規定的第三方支付機構進行處罰；同時應制定科學的監管方案對支付機構進行監管，並促進支付機構和海關、工商、稅務部門進行合作，建立跨境貿易信息共享平臺，使得跨境交易的監測更加準確和高效。在加強監管的同時，支付機構也應加大對技術的研發力度，提升跨境支付過程的安全性，增強跨境支付的交易數據的保密程度，利用大數據以及國內雲技術的優勢對跨境交易的雙方進行身分審核並分級，從而為境內外客戶提供更加安全、有保障的購物環境。

（三）遵守知識產權，合法進行申訴

隨著跨境電商的快速發展，國家的大力推動讓跨境電商從原來的粗放式模式慢慢向精細化模式發展。從事跨境電商的賣家要真正解決跨境交易的資金風險，首先要做的就是合規經營，以知識產權為核心，同時注重企業的產品品質，並且要努力、持續地學習各個跨境電商平臺的規則和條款，尤其是涉及資金安全的條款。其次，在遭遇跨境電商交易糾紛的時候，中小跨境電商賣家應該認識到個體的力量是弱小的。遭到資金凍結的賣家一方面應積極瞭解相關法律法規，另一方面也可以聚攏起來利用行業協會的優勢，積極應訴取得訴訟的主動權，以保證自身的資金安全。

思考題：

1. 跨境電商主流的支付渠道都有哪些？
2. 跨境電商常見的支付方式有哪些？各自的特色和優劣勢是什麼？
3. 在哪些情況下PayPal的帳號可能會被凍結？
4. 在跨境電商交易中，如何避免和預防跨境電商支付中的風險？

案例分析：

某跨境游戲廠商，長期以來其支付詐欺率一直超標，原因在於有不法分子利用假冒電子郵件和網絡釣魚；偽造來自銀行或者供應商的電子郵件或者電話騙取帳戶和密碼信息。這些詐欺手段在他們的偽裝下花樣百出，讓人頻頻中招，上當受騙。詐欺犯有時通過木馬程序和網址嫁接使大量（有時會成千上萬）的人都成了受害者，通常把目標定在那些最脆弱的連結上。由於支付環境改變，詐欺手段也在隨之改變，導致該企業的詐欺率居高不下，損失非常嚴重。針對這一問題，請提出你認為有效的反詐欺解決方案。

第八章

跨境電商營銷與推廣

【知識與能力目標】

知識目標：
1. 瞭解跨境電商營銷和推廣的含義。
2. 熟悉和掌握跨境電商營銷和推廣的方法和手段。
3. 瞭解和掌握目前主要跨境電商社交媒體平臺的營銷方式。

能力目標：
1. 以全球速賣通為例，能夠熟練掌握平臺的站內營銷的方法，包括全店鋪打折、限時限量折扣、優惠券、滿立減等店鋪營銷活動。
2. 熟練掌握平臺設置和開展聯盟營銷、直通車推廣營銷活動。
3. 能夠熟練掌握站外營銷和推廣的方式。
4. 能夠熟練在 SNS 平臺上進行信息發布和營銷推廣。

【導入案例】

浙江省某進出口公司是一家主營服裝、鞋帽等產品的企業，為了在全球速賣通平臺上更好地營銷和推廣產品，樹立企業品牌形象，該公司需要借助站內營銷工具進行營銷推廣。該公司應如何做才能達到預期效果？該公司需要瞭解全球速賣通平臺的營運規則以及營銷活動的設置。

第一節　跨境電商營銷和推廣的理論

一、4P 營銷理論

4P 營銷理論（The Marketing Theory of 4P），產生於 20 世紀 60 年代的美國，是隨著營銷組合理論的提出而出現的。1953 年，尼爾·博登（Neil Borden）在美國市場營銷學會的就職演說中創造了「市場營銷組合」（Marketing mix）這一術語，其意是指市

場需求或多或少地在某種程度上會受到所謂的「營銷變量」或「營銷要素」的影響。

1967年，菲利普·科特勒在其暢銷書《營銷管理：分析、規劃與控制》第一版中進一步確認了以4P為核心的營銷組合方法，即產品（Product）、價格（Price）、渠道（Place）、宣傳（Promotion）。產品（Product）是指注重開發的功能，要求產品有獨特的賣點，把產品的功能訴求放在第一位。價格（Price）是指根據不同的市場定位，制定不同的價格策略，產品的定價依據是企業的品牌戰略，注重品牌的含金量。渠道（Place）是指企業並不直接面對消費者，而是注重對經銷商的培育和銷售網絡的建立，企業與消費者的聯繫是通過分銷商來進行的。宣傳（Promotion）是包括品牌宣傳（廣告）、公關、促銷等一系列的營銷行為。

二、4P理論在跨境電商營銷中的應用

4P營銷是一個經典的營銷模式，至今仍被賣家廣為使用，對跨境電商的營銷和推廣同樣適用。由於跨境電商的獨特特點，4P營銷理論在跨境電商營銷和推廣中有其特殊性。

（一）Product：你的產品是什麼？

賣家在決定賣什麼產品的時候，通常考慮的是你想要賣什麼，而不是顧客想要買什麼。因此無論是在選品還是在銷售產品的過程中，你都需要時刻關注全球速賣通、亞馬遜等平臺的搜索框，設身處地地為客戶著想，想想你應該用什麼詞來描述你的產品才能使之出現在客戶的推薦部分。

在選擇產品之前，除了要考慮你的目標國家的文化、潮流和品牌知名度以外，你還需要做一些更加具體的研究，包括產品意識、受眾性別、受眾年齡段等。

（二）Price：你要賣多少錢？

商品的確定是營銷的重要環節，但也並非低價就能帶來流量和客戶。價格的確定應該根據目標市場的特殊性來做出判斷。例如，在日本，便宜的價格是消費者購買的動機，但它也會抑制奢侈品牌的銷售額增長，因為有錢人即使想省錢也很少以折扣價買東西。並且不同的國家對產品的定價觀念大不相同，與其只依賴低成本產品，銷售的產品其實更應該符合廣泛受眾的價格取向。

（三）Place：你會通過什麼渠道銷售產品？

試想一下，你通常是通過哪種渠道購買商品的？是網上購物還是實體店購物，如果你曾有過跨境購物的經驗，或許還經歷過一些奇怪的海關或店內支付流程。例如在日本，人們仍傾向於現金支付，即使是電商購物，他們也通常選擇貨到付款。因此除了定位消費者的購物喜好，你還要選擇合適的地方來銷售你的產品，並且還要注意消費者對支付方式的選擇。因為一些消費者往往會因為支付方式的不便而放棄購物車內的商品。因此，選擇什麼平臺、選擇什麼目標市場對於跨境電商企業而言尤其重要。亞馬遜、阿里巴巴等大公司也在逐步擴大自己的平臺，以滿足對國際商品和品牌出口的需求，踏上這艘大船就能有效地向當地買家推銷產品。然而，它也會擠壓你的利潤和弱化你的品牌特徵，因此用特定的渠道鋪平道路是擴展業務和提高利潤的好方法。

(四) Promotion：你的促銷計劃是什麼？

雖然大多數人都會受 Facebook 廣告的影響，但通常消費者都不情願看到它們。如果想要完善電商促銷推廣計劃，就需要使其適應企業的目標市場。賣家應該通過一些有效的促銷方式來迎合消費者的心理，從而提高轉化率。此外，賣家還需要優化用戶界面和用戶體驗讓消費者更好地參與你的促銷活動，從而建立起品牌忠誠度。

除此之外，一些消費者經常會在購買商品前到各個網站比較價格和銷售額，然後再購買最實惠的商品。對精明的賣家來說，你需要抓住這一點，盡可能地向消費者展示你的優勢。

第二節　站內營銷與推廣

一、什麼是站內營銷與推廣

站內營銷與推廣是指以特定的電子商務平臺為載體，通過使用營銷工具與實施營銷活動，來提升店鋪流量的營銷推廣活動。企業通過站內營銷與推廣將平臺流量引流到期望的地方。站內營銷與推廣主要包括店鋪自主營銷、直通車和聯盟營銷。

二、店鋪自主營銷工具

店鋪自主營銷是店鋪經營者不通過任何代理、自己開展營銷活動的方式。這種營銷模式是店主根據自身經營的商品來選擇最適合的營銷方式向顧客推送，因而有較高的針對性和轉化率。這部分我們將以全球速賣通為例來為大家講解。

(一) 限時限量折扣

限時限量折扣是由賣家自主選擇活動商品和活動時間，設置促銷折扣及庫存量的店鋪營銷工具。使用該工具可以利用不同的折扣力度推新品、造爆品、清庫存。在設置顯示限量折扣活動時要注意以下幾個問題：

第一，有時間、庫存設置限制。

顯示限量折扣活動，時間不宜過長（如可以設置一個活動 48 小時），可以分時分段針對不同產品進行，對要打造爆款的產品可以設置相對較長的時間。在庫存設置時，建議設置限量，讓買家感覺如果不買，產品就會迅速賣完，但作為清倉的庫存產品除外。

第二，結合滿減使用；增加客單價，提高成交金額，吸引大客戶。

第三，結合店鋪優惠券使用；吸引老客戶回購，刺激新客戶購買，增加客單價。

【小知識】
　　設置限時限量折扣活動時需要注意的是，活動開始時間採用的是太平洋時間。在設置成功後，打折商品將在 12 小時後展示給買家，也就是說賣家需要提前 12 小時創建好活動。
　　活動開始前 6 小時進入鎖定狀態，同時活動狀態將變為「等待展示」；活動開始後將處於「展示中」狀態。「等待展示」和「展示中」都不可編輯，也不可停止，一定要謹慎設置。一旦設置出錯，賣家是無法停止折扣活動的，只能將產品下架，但是有些時候即便產品下架，客戶仍然可以購買。

（二）全店鋪打折

全球速賣通全店鋪打折是一款可以通過快捷設置整個店鋪產品折扣的工具，可以快速累積銷量和信用，另外還可以根據商品分組設置不同的折扣，是一款非常實用的營銷工具。不過在使用全球速賣通全店鋪打折時需要注意一些事項。

第一，與限時限量折扣活動時間重疊，設置好限時限量折扣後，再設置全球速賣通全店鋪打折，一般全球速賣通全店鋪打折活動為每週一次，限時限量折扣開始時間是12小時之後，全球速賣通全店鋪打折開始時間是24小時之後，可借用這個時間差，如果新品還未到展示時間，則借助限時限量折扣活動推廣產品。

第二，創建活動完成之後，在全球速賣通全店鋪打折工具呈現為「未開始」，全球這個階段可以對活動進行編輯、刪除、添加商品等操作，如果12小時之後，商品會進入審核狀態，狀態將會顯示為「等待展示」，活動開始後顯示為「展示中」，一旦狀態進入「等待展示」或者「展示中」，活動結束前就不可以停止活動，如果你有任何問題，可以進行產品下架操作。

第三，限時限量折扣活動和平臺活動的優先級高於全球速賣通全店鋪打折活動，如果有商品同時參加了限時限量折扣和全球速賣通全店鋪打折活動，則該商品在買家頁面展示時以限時限量折扣活動的設置為準，兩者的折扣不會疊加。

第四，在全球速賣通全店鋪打折設置完畢之後並不是所有設置折扣的產品都會進入到分組當中的，可能因為等待展示時產品下架而無法打折成功，具體可以查看每個活動的打折不成功列表。

第五，通常按照流量週期來設置全球速賣通全店鋪打折，並且在流量高峰值結束之後的幾個小時內結束活動，以達到饑餓營銷的效果，刺激買家下單，在設置全球速賣通全店鋪打折前一定要做個計劃，合理地利用和安排活動個數、時間和各種資源，活動周長應在2~7天，以便於調整修改以及添加新產品。

全球速賣通全店鋪打折其實就是一款可以根據商品分組對全店商品批量設置不同折扣的打折工具，可以幫助賣家在短時間內快速提升店鋪的整體曝光度、流量和銷量。下面筆者總結了幾點有關全球速賣通全店鋪打折的相關疑問及解答。

【小知識】
1. 問：全店鋪打折和限時限量折扣會有衝突嗎？
答：全店鋪打折與限時限量折扣之間，當「全店鋪打折」活動和「限時折扣」活動在時間上有重疊時，以限時限量折扣為最高優先級展示。例如，商品A在全店鋪打折中的折扣是10%off（9折），在限時折扣中是15%off（85折），則買家頁面上展示的是限時限量折扣的15%off。
2. 問：為什麼產品展示的折扣同設置的全店鋪營銷分組折扣不一致？
答：在全店鋪活動設置後再修改營銷分組，對該場活動是不會生效的，活動折扣還是會根據產品在活動鎖定時所在的營銷分組折扣展示的。可以在營銷快照中查看產品在該活動中對應的實際分組。
3. 問：全店鋪打折和全店鋪滿立減會有衝突嗎？
答：全店鋪打折與全店鋪滿立減完全沒有衝突，如果兩者同時進行，會產生折上折，可以進一步刺激買家購買。
4. 問：在全店鋪活動設置後，又發布了新產品，這個產品會有對應的折扣嗎？
答：當您發布新產品時，全店鋪活動的狀態是「未開始」，那麼這個產品會有對應分組的折扣的；如果活動狀態是「等待展示」，那麼這個產品則不會有對應分組的折扣了。

(三) 優惠券

店鋪優惠券是店鋪經營者自主設置優惠金額和使用條件，買家領取後在有效期內使用的內部優惠券。優惠券可以刺激新買家下單和老買家回購，從而提升購買率和客單價。店鋪優惠券分為領取型和定向發放型，定向發放型又分為選擇客戶發放和二維碼發放，二維碼既可以下載發送給客戶，也可以打印出來跟包裹一起寄給客戶。店鋪優惠券營銷具有以下優點：

（1）從賣家角度而言，體現在：①優惠券可以設置使用門檻，從而保證商家利益不會出現損失並且優惠力度可控、使用時間可控；②優惠券的額度多樣化，適合各種客單價的商家；③可針對不同推廣渠道設置不同面額的優惠券，給普通顧客一種面額的優惠券，給店鋪會員另一種面額的優惠券，還有推廣專用的優惠券；④單品優惠券和店鋪優惠券不可以疊加使用，不可跨店使用，這樣既可以防止折扣過低導致損失，也可以防止客戶流失到其他店鋪。

（2）從買家角度而言，①促進了潛在客戶的消費，通過領券的方式下單和再下單，對買家而言優惠券是一劑強心劑；②鞏固老客戶黏度，將發放優惠券給老客戶的方法作為對老客戶的獎勵和回饋，可以提高回頭率。

(四) 滿立減

滿立減是店鋪經營者在客單價基礎上設置訂單滿多少自動減多少的促銷方式，是提升客單價的店鋪營銷工具。滿立減的方式，既讓買家感受到了優惠，又能刺激買家多買，並通過多買的方式達到買賣雙方共贏。

三、直通車

直通車是一種付費營銷工具，是全球速賣通為店鋪經營者量身定制的，能夠實現快速提升店鋪流量，按點擊效果付費的營銷工具。由於它可以讓廣告主在推廣和成交之間暢通無阻，迅速獲得切實的推廣效果，所以被人們形象地稱為「直通車」。

直通車的特點可以概括為四個字：多、快、好、省。「多」即多維度、全方位提供各類報表以及信息諮詢，為推廣寶貝打下堅實的基礎；「快」即快速、便捷的批量操作工具，可以讓寶貝管理流程更科學、更高效；「好」即有智能化的預測工具，在制定寶貝優化方案時能更胸有成竹，信心百倍。「省」即人性化的時間、地域管理方式，可有效控制推廣費用，省時、省力、更省成本！

直通車的出價看起來簡單，但是我們常常因不知道應該出多少錢而犯愁，直通車的出價也是很講究技巧的，因為它是決定直通車效果的關鍵指標之一。出價越高意味著排名越靠前，被展現的概率越高，帶來的流量也就越多。

直通車出價的優化策略的核心在於根據轉化數據調整關鍵詞出價：①刪除過去30天展現量大於100點擊量為0的關鍵詞；②根據轉化數據，找到成交前50名的關鍵詞，提高關鍵詞出價；③根據轉化數據，將關鍵詞的花費由高到低排序，降低轉化率低於2%的關鍵詞出價。

四、聯盟營銷

聯盟營銷是一種付費營銷工具，也稱聯屬網絡營銷或網絡聯盟營銷，是一種按營銷效果付費的網絡營銷方式。即商家利用專業聯盟營銷機構提供的網站聯盟服務來拓展其線上業務，擴大銷售空間，並按照營銷實際效果支付費用的網絡營銷模式。聯盟營銷包括設計廣告主、聯盟會員和聯盟營銷平臺三大要素。全球速賣通的聯盟營銷是按銷售額付費，商家只在聯屬會員通過連結介紹，在上交網站上產生了實際的購買行為後（大多數是在線支付），才給聯屬會員付費，一般是設定一個佣金比例（佣金率最低為 5%）。

按成交量付費，無論是對於商家還是聯屬會員都是比較容易接受的。由於網站的自動化流程越來越完善，在線支付系統也越來越成熟，越來越多的聯屬網絡營銷系統採用按銷售額付費的方法。由於這種方法對商家來說是一種零風險的廣告分銷方式，商家也願意設定比較高的佣金比例，這樣就使得這種方式的營銷系統被越來越多地採用。實際上目前國內正在操作的聯盟營銷一般以 CPS 為主，主要的區別在於支付上，從一定程度上來說 CPA 與 CPS 有異曲同工之處，很多的人會將這兩個概念畫上等號。

第三節　站外營銷和推廣

跨境電商的競爭日益激烈，跨境電商企業單純依靠跨境電商平臺活動和店鋪營銷活動已經無法滿足企業產品推廣的要求。從企業長遠發展和整體利益角度出發，企業還需要借助站外 SNS 平臺進行營銷。

> 【小知識】
> 　　互聯網技術推動了企業營銷方式的變化，Facebook、Twitter 等社交平臺大量用於企業營銷活動當中，增強了企業、用戶之間的互動，促進線上、線下相結合，實現了營銷模式的創新，也為企業節省了線下推廣活動的費用。

一、SNS 營銷的概念、特徵及優勢

（一）什麼是 SNS 營銷

SNS 營銷指的是通過 SNS 網站等網絡應用平臺，利用其各種功能進行宣傳推廣，充分利用 SNS 分享的特點進行營銷活動，以此來達到提升品牌知名度、促進產品銷售的目的。

SNS 通常包括三層含義，即「社會性網絡服務」「社會性網絡軟件」和「社交網站」。我們通常所說的 SNS 主要是指社交網站。SNS 網站分為兩大類：一是基於「熟人的熟人」的社交網站，如 Facebook 等社交平臺，主要表現為熟人間就一個話題交換意見；二是基於不同主題內容的社交網站，如 YouTube 等視頻網站，主要表現為就同一話題交換意見。這兩類 SNS 網站各有側重，因此在營銷和推廣中也存在較多差異。目前，全球 SNS 社交平臺很多，表 8-1 為我們展示了全球排名前幾位的 SNS 平臺。

SNS 在中國發展時間不長，但 SNS 已成為廣大用戶特別是年輕用戶青睞的一種網絡交際模式。企業利用 SNS 的共享和分享功能，可以讓產品被更廣泛的人群認識、接受。

表 8-1　全球各大 SNS 社交平臺排名

排名	SNS 社交平臺
1	Facebook
2	LinkedIn
3	Twitter
4	微信
5	Pinterest
6	Google+
7	Tumblr

【小知識】
　　1967 年，哈佛大學的心理學教授 Stanley Milgram（1933—1984 年）創立了六度分隔理論，簡單地說，「你和任何一個陌生人之間所間隔的人不會超過六個，也就是說，最多通過六個人你就能夠認識任何一個陌生人」。按照六度分隔理論，每個個體的社交圈都不斷放大，最後成為一個大型網絡。這是對社交網絡（Social Networking）的早期理解。後來有人根據這種理論，創立了面向社交網絡的互聯網服務，通過「熟人的熟人」來進行網絡社交拓展，比如 ArtComb、Friendster、Wallop、Adoreme 等。
　　但「熟人的熟人」，只是社交拓展的一種方式，而並非社交拓展的全部。因此，一般所謂的 SNS，其含義還遠不止「熟人的熟人」這個層面。比如根據相同話題進行凝聚（如貼吧）、根據愛好進行凝聚（如 Fexion 網）、根據學習經歷進行凝聚（如 Facebook、人人網）、根據中國農民應用網絡的方式進行凝聚（如農享網）等，都可被納入 SNS 的範疇。

（二）SNS 營銷的特點

1. 用戶資源廣，傳播速度快

SNS 用戶遍布全國各地，分佈在各行各業。由於 SNS 網絡特殊的人際、網際傳播方式，其具有傳播速度快、爆發性高的特點，能在短時間內聚集很高的人氣和關注值，並且得以大範圍傳播。

2. 依賴性高，體驗性強

由於 SNS 網站累積了較多的資源，所以 SNS 用戶可以更容易地在網站上找到自己想要的產品，從而擁有較高的用戶黏度。同時，因其具有很高的互動性和參與性，能充分起到以點帶面的作用。比如，朋友在圈子裡發了某類消息，圈子裡的人會第一時間收到動態信息，並發散式地傳播出去，以達到宣傳效果，這正是企業營銷的根本所在。

3. 互動對話性強

在 SNS 網站人們既可以就自己喜歡的當下熱點話題進行討論、分享，也可以通過投票和提問，引起受眾的自發關注和主動傳播，從而很好地實現品牌傳播的目標。同

時，SNS雙向傳播使得企業和用戶之間可以形成對話，讓目標客戶認識並深入瞭解品牌，從而提高品牌知名度和忠誠度，加強企業和用戶、用戶與用戶之間的互動和反饋。

4. 信息真實，影響力大，效果出眾

SNS強調實名制，用戶信息真實有效，並且作為廣大網民言論傳播的有效平臺，聚集了大量的人氣。對於企業來說，這些標示可以讓它找到自己的目標用戶群體，發現他們的基礎特徵，便於有針對性地進行營銷。同時，真實的人際關係，使群內成員相互信任，成員間不僅分享數字信息，還交流各自的體驗感受，有了這些社會關係，這裡不僅是用戶與用戶，還是企業與用戶交流溝通的場所，這為企業和用戶之間的溝通建立了一個橋樑。

二、Facebook

（一）Facebook概述

Facebook（中文直譯為臉書，還可音譯為臉譜網）是美國的一個社交網絡服務網站，創立於2004年2月4日，總部位於美國加利福尼亞州門洛帕克。2012年3月6日發布Windows版桌面聊天軟件Facebook Messenger。主要創始人是馬克·扎克伯格（Mark Zuckerberg），Facebook是世界排名領先的照片分享站點。

（二）Facebook的優勢

1. 最廣的觸及

全世界每個月登陸Facebook的人數為16.5億，其中66%的人每天都會登陸（數據時間為2016年第一季度）。Facebook的使用人數在亞洲最多，約為3.5億，其次為美國約2億、中東和非洲約1.95億、巴西約1億、英國約3,700萬、德國約2,800萬、加拿大約2,100萬、澳大利亞約1,400萬（數據時間為2015年第四季度）。其用戶數量相當於覆蓋了全球五分之一的人口，占全球網絡用戶數的48%，其中90%是通過移動設備登陸。值得一提的是，Facebook的用戶規模是微信的3倍、Twitter的5倍、Snapchat的8倍、Youtube的1.6倍、騰訊QQ的2倍、新浪微博的7倍。

2. 最積極的互動

人們在Facebook跟Instagram上花費的時間超越了其他一些主流社交媒體平臺的總和。在拉丁美洲，66%的購物者會在購物時登陸Facebook瞭解折扣信息；在美國，51%的人稱Facebook對他們的節日購物有一定甚至非常有影響力；在英國，人們用Facebook來尋找購物靈感的比例高於其他社交媒體的2.1倍；在馬來西亞，70%的人稱他們在購物之前會先在Facebook上查看相關信息。另外，數據顯示Facebook已經成為人們探索信息的新途徑，76%的人稱Facebook是他們觀看視頻的主要渠道；每天人們在Facebook上搜索次數為15億次；超過一半的用戶每天在Facebook上觀看視頻；每天視頻的瀏覽量超過80億。搜索在手機上不是自然的行為模式，人們會更自然地打開App，期待多媒體、個性化的內容。要讓你的產品出現在人們手機上的視覺中心，最好具有全屏、快速、自然的移動端體驗。

3. 最精準的投放

Facebook用戶使用真實身分登陸，能實現從PC端到手機端的精準追蹤。根據用戶

的年齡、國別、興趣愛好、過去的購買行為可實現更加精準的廣告投放，並找到相同興趣愛好的潛在消費者。針對不同產品，Facebook 能從整個產品目錄中自動推廣相關產品並生成不同的廣告創意，透過跨裝置展示一個或多個產品。

(二) Facebook 營銷策略：節日營銷

如今 Facebook 已經是跨境電商最大的流量來源之一，投放一條 Facebook 廣告，一天就能帶來成千上萬的訪客，這對銷量提升有巨大作用。

人們在節假日期間的聯繫交流方式正不斷發生變化，美國 Facebook 用戶在 12 月份平均每天發布帖子、照片跟視頻的數量為 2.37 億，這與 2015 年其他月份相比多出了 30%，而且 84% 的內容是通過移動端分享的。有關節日購物的 Facebook 話題開始於 10 月 25 日，比傳統電視廣告的營銷期最早提前三周。40% 的消費者表示萬聖節前就會開始購物，42% 的女性表示她們將在 11 月結束前完成節日購物。此外，商家利用開學季購物宣傳造勢，移動設備在開學季購物中扮演了關鍵角色。69% 的受訪者表示移動端將成為他們瞭解商品的重要手段，48% 的受訪者表示會用手機進行開學季購物。

成功的節日營銷要考慮具體的營銷策略。首先，要細分受眾群體，定位受眾群體，利用大數據、地理位置等，為不同受眾群體量身打造品牌信息；其次，要利用精彩的視覺化廣告創意，激發共鳴，豐富廣告格式，例如視頻廣播、輪播廣告、Canvas 等；最後，對營銷策劃進行優化，購買工具優化營銷活動，最早提前 6 個月使用「覆蓋和頻次」購買工具預訂廣告庫存。

【成功案例：瞭解全球受眾群體】
　　一家總部設在中國的名為 Lovely Wholesale 的時尚服飾品牌，其致力於為全球時尚女性提供價格相對便宜的時尚服裝。Lovely Wholesale 希望接觸到全世界的廣告受眾並把他們引到自己的網站，同時希望得到較高的廣告回報率及轉化率。通過使用按讚廣告、推廣專頁接觸受眾及新用戶，並利用自定義廣告受眾功能更加精準地投放廣告，在三個月的時間內，Lovely Wholesale 的新用戶增加了 180 倍，銷售額增長了 50%，網站瀏覽量增加了 3 倍，廣告投資回報率翻了 20 倍。
　　Casetify 是一家發跡於中國香港地區的手機外殼定制服務網站，主要支持蘋果手機產品。在母親節前夕，Casetify 希望讓廣告觸及曾經訪問過網站或前一年曾購買母親節禮物的消費者，通過提供特別優惠爭取他們回購。利用 Facebook 的「照片廣告」和「輪播廣告」，Casetify 成功吸引到消費者，並使用再營銷鎖定去年曾經訪問網站併購買母親節禮物的客戶。最終取得了比前一年母親節多 3 倍的業績增長，廣告回報率是之前的 3 倍，廣告每筆交易成本降低了 50%，每筆交易的平均金額增加了 20%。

(三) Facebook 營銷步驟

1. 登錄 Facebook 帳戶，創建 Facebook 主頁，設置 Facebook 主頁名稱

創建 Facebook 主頁後，最先要做的一件事就是將主頁設置為不發布狀態。因為在沒有對主頁進行美化，也沒有吸引人的內容時，即使是好友點讚，也不會對這個頁面產生興趣，不利於強化企業形象和品牌形象，更不要說提升品牌價值了。因此，在創建 Facebook 頁面後，不要急於讓所有人成為主頁的粉絲。

2. 設置 Facebook 主頁的頭像、封面、簡介等內容

一個創建好的主頁應包含如下信息：封面、企業 Logo、簡介、圖片、內容、「讚」和活動。主頁應力求全面展示企業的形象和產品。國外用戶會在自己感興趣的主頁進行點評或者點「讚」，只要是點評或者讚過的主頁，以後發什麼信息，這些用戶就能夠

在自己的後臺看到更新的信息。設置 Facebook 主頁的互聯網訪問地址，並做到簡單直觀，便於用戶可以通過搜索引擎連結到主頁，地址一旦設置則不可更改，因此對於地址的設置要挑選容易傳播、方便記憶且和企業或產品相關的網站域名。

3. Facebook 主頁的裝修

對於營銷者而言，對 Facebook 頁面的美化就像裝修房子可以請裝修公司一樣，Facebook 也可以如此。一方面，可以節省大量的時間，另一方面，第三方公司擁有更專業的頁面美化工具並掌握大量頁面裝修的實踐。

在完成 Facebook 頁面創建、設置和裝修美化之後，你才能將這個 Facebook 的主頁內容設置為發布狀態，讓你的客戶與夥伴來到這個 Facebook 主頁中，和他們開展交流互動。

三、Twitter

（一）Twitter 概述

Twitter（通稱推特）是一家美國社交網絡及微博服務的網站，是全球互聯網上訪問量最大的十個網站之一，是微博的典型應用。它可以讓用戶更新不超過 140 個字符的消息，這些消息也被稱作「推文」（Tweet）。這個服務是由杰克·多西在 2006 年 3 月創辦並在當年 7 月啓動的。Twitter 在全世界都非常流行，2017 年 3 月，Twitter 一個月的瀏覽量就近 32 億次，每個客戶的平均停留時間約為 8 分鐘，客戶的訪問深度為 7.03，客戶的跳出率低至 32.45%。

（二）Twitter 的優勢

近年來，Facebook、YouTube 等網絡平臺上的廣告空間需求旺盛，供應量較少，這意味著營銷人員在這些平臺上做廣告更昂貴。而像 Twitter，也有很高的人氣，但是營銷資源還沒有被完全開發，有更多的廣告資源可用於推廣產品和服務，更具有成本效益。

1. 頁面設置

通過 Twitter 和 Facebook，你都可以發布廣告。在 Facebook 上，廣告會顯示在新聞資訊或是桌面右側，相比之下，右側的廣告看起來並不有效，因為常常會被用戶忽視。

2. 廣告設置

Twitter 的廣告界面對用戶非常友好，特別是與 Facebook 相比。Facebook 廣告總是在變化，界面可能非常複雜。相比之下，在 Twitter 信息中心和廣告界面可以輕鬆創建廣告。

Twitter 的廣告平臺比 Facebook 更容易理解，它會指導你完成所需的一切，無論在 Twitter 廣告流程中的哪個位置，你都將始終看到頂部的「廣告系列」「廣告素材」「分析」和「工具」等菜單。

Twitter 廣告主要顯示在 Twitter 應用中，但你也可以通過 Twitter 受眾群體平臺來投放廣告。這樣就可以在相關的第三方網站或應用上看到 Twitter 廣告。除此之外，Facebook 廣告系列具有的優勢特點，Twitter 也同樣具備。例如創建一個特定的廣告系列，類似於 Facebook 上的不同廣告系列，廣告系列目標包括關注者、網站點擊或轉化、推

特互動（類似於提升 Facebook 發布）、應用安裝或應用重新參與、視頻觀看（類似於宣傳視頻的帖子）以及潛在客戶獲取。

知識擴展一：跨境電商平臺簡介

談到跨境出口平臺，相信絕大部分人會脫口而出全球速賣通、亞馬遜、eBay、Wish，當然它們的確是非常重要的跨境電商平臺，但不是只有這幾個跨境電商平臺。其實，每一個跨境電商平臺都有自己的行業優勢和忠實的客戶群或者在某個國家或地區具有重要的或者特別的影響力。對於跨境電商來說，在線渠道多元化是拓展網絡渠道和規模的重要途徑。另外，對於某些特定的產品和品牌來說，選定目標市場進行深耕細作也是重要的電商策略。那麼利用當地重要的、有針對性的電商平臺也是自然而然的事情。以下將介紹十五個跨境電商新興平臺：

一、Souq

這是中東版的亞馬遜電商網站 Souq.com。擁有 600 萬用戶，並且每月能達到 1,000 萬的獨立訪問量。根據目前網站的情況，Souq 已經開始考慮拓展其他的業務。例如，Souq 已經建立了自己的物流系統 QExpress 和支付系統 PayFort。而且，Souq 還推出了自己品牌的平板電腦。據瞭解，Souq.com，Cobone.com 和 Sukar.com 是中東當地三個最大的電子商務網站。

據瞭解，阿聯酋聯合酋長國民眾熱衷於上網和玩手機，其互聯網滲透率和手機持有率都達到了 70% 以上。不僅阿聯酋聯合酋長國、沙特阿拉伯王國、卡塔爾國等海灣富國的民眾也熱衷於上網購物。預期整個中東地區的網購規模將在未來兩三年裡迅猛增長。阿聯酋聯合酋長國 10 個人中就約有 5 個人通過互聯網購買商品和服務。預期 2020 年阿聯酋聯合酋長國電子商務市場規模將達到 690 億美元。2019 年，Souq 被亞馬遜收購後，現在登陸以前的域名（souq.com）將直接跳轉至亞馬遜中東站（amazon.ae）。

二、Lazada

Lazada 號稱是東南亞最大的網上購物商城。它是 Rocket Internet 為打造「東南亞版亞馬遜」而創立的公司。2019 年 4 月獲得了阿里巴巴 10 億美元的註資控股。銷售電子產品、衣服、用具、書籍、化妝品等，市場範圍涵蓋印度尼西亞、馬來西亞、菲律賓、泰國和越南。該公司提供免費送貨、14 天內免費退換貨以及靈活的付款方式。新加坡、馬來西亞和越南的互聯網普及率增長速度超過了世界平均水準。

到 2020 年，東南亞的電子商務市場規模將達到 204 億美元。東南亞經濟的持續高速增長培養了大量的中產階級和巨大的消費需求。東南亞是目前繼美、歐盟、中國之後又一個最有活力、最有潛力的消費市場。

三、Newegg

Newegg 於 2001 年成立，總部位於美國南加州的洛杉磯。Newegg 是美國領先的電腦、消費電子、通訊產品的網上超市。新蛋聚集了約 4,000 個賣家和超過 2,500 萬客戶群。最初銷售消費類電子產品和 IT 產品，但現在已經擴大到全品類，品種類高達 55,000 種。其吸引了 18~35 歲的富裕和熟悉互聯網的男性，暢銷品類是汽車用品、運動用品和辦公用品。特別值得注意的是，大部分的消費者是男性，但女性消費者也在快速增長。

四、Rakuten.com

Rakuten.com創辦於1997年，目前已成為日本最大的電子商務網站，市值達到135億美元，年營收超過40億美元。Rakuten.com也是全球最大的網絡公司之一。在美國市場，樂天斥資2.5億美元收購了Buy.com，在2013年公司更名為Rakuten.com Shopping。Rakuten.com購物聚集了3,000個賣家，有超過8,000萬的客戶和2,300萬的產品。客戶群年齡在25~54歲，男性和女性各占一半比例。Rakuten.com最初專門從事計算機及電子產品，但現在還提供體育用品、健康和美容、家居和園藝、珠寶和玩具等。

「打敗亞馬遜」是日本Rakuten.com的創始人三木谷浩史的宏遠志向，由於在日本國內市場滲透已達到飽和，想在日本本土吸引更多的消費者已經變得十分艱難，走向國際化是樂天實現這一目標的必然選擇。近年來，Rakuten.com海外市場動作頻頻，其從物流、支付、渠道、投資等方面全方位佈局，勢力範圍遍及亞洲、歐洲和美洲。因此對跨境電商和品牌商來說，樂天是一個不可忽視的在線大賣場。

五、Bestbuy

Bestbuy在線下實體店的失利讓它於2011年進軍網絡市場。聚集了100多個賣家。每年有達10億的訪問量。與其他電商平臺不同的是，只有被邀請的賣家才可以入駐平臺並且產品可以出現在百思買門店銷售。但產品僅局限於消費類電子產品。

六、Tesco

Tesco是英國最大的食品和日用雜貨零售商。其電商網站成立於2012年，聚集了50多個賣家，4,300萬俱樂部卡會員，每月有400萬的訪問量。正在把線下龐大的客戶群轉移到線上。競爭對手包括亞馬遜、eBay和Play.com。產品包括家居和園藝、嬰兒用品、運動休閒、服裝和珠寶等。只對被邀請的賣家開放。

英國是歐洲最大的電子商務市場，在前10名的歐洲電子零售商中有4個就在英國。同時英國是世界上最大的跨境電商出口國之一。2013年英國在線零售額達910億英鎊（約合1,487.8億美元），同比增長16%。2014年英國在線零售額增長17%，達1,070億英鎊（約合1,749.8億美元）。

七、Play.com

Play.com成立於1998年，是英國最大的在線娛樂零售商之一，聚集了超過3,000個賣家和1,500萬客戶群。最初賣游戲和媒體產品，現在已發展到多品類。它是唯一允許零售商定制自己店面的電商平臺，這使其迅速成為僅次於亞馬遜和eBay的英國第三大在線市場。

八、La Redoute

La Redoute成立於2010年，是法國領先的在線零售商、歐洲第三大電子商務市場。聚集了超過1,000個銷售商和1,000萬個客戶，範圍覆蓋26個國家。香格里拉福主要針對年齡在26歲到35歲範圍內的婦女。其產品種類包括男裝和女裝、內衣、鞋子和飾品、家具、工藝等，但不賣二手產品。

九、MercadoLivre

MercadoLivre是巴西本土最大的C2C平臺，相當於中國的淘寶網。利用好這個平臺有利於瞭解巴西各類物價指數、消費趨勢、付款習慣等市場信息。聚集了超過52,000個賣家和5,020萬個註冊用戶。MercadoLivre的訪問量位列全球前50名，範圍覆蓋13

個國家和地區（巴西、阿根廷、智利、哥倫比亞、哥斯達黎加、厄瓜多爾、墨西哥、巴拿馬、秘魯、多米尼加、巴拉圭、委內瑞拉和葡萄牙）。除了電子交易平臺之外，還有南美洲最大的類似於支付寶的支付平臺。導致墨西哥和阿根廷等國沒有本地化網站。最初，它只是一個拍賣網站，但在今天，主要還是網絡銷售平臺。考慮到迅速提高的互聯網普及率，MercardoLivre 能為賣家提供一個有巨大潛力的南美市場機遇。

十、Trade Me

Trade Me 是新西蘭最大的網上交易市場，擁有超過 310 萬個會員。每月有 14 億網頁展示。新的和二手貨的商店品類包括嬰兒用品、書籍、服裝、電腦和家庭生活用品。最初是二手貨拍賣市場，是早期 eBay 翻版，但現在也和新 eBay 一樣，銷售新產品。

十一、Ozon

Ozon 是俄羅斯最大的電商平臺，目前占據了俄羅斯 20% 的電商市場份額。未來十年的目標更是獲取俄羅斯 80% 的電商市場份額。眾所周知，國內淘寶網早期充滿了很多機遇，很多淘品牌脫穎而出。如今的 Ozon，就像當年的淘寶網一樣，不知道有多少中國賣家已經進駐此平臺，俄羅斯比較重要的本土電商平臺還有 Lamoda、Wildberries、KupiVIP（所有時尚）、Ulmart 和 Svyaznoy（消費類電子產品）。

十二、Otto

Otto 是來自德國領先的電子商務解決方案及服務的提供商，在全球綜合 B2C 排名中，僅次於亞馬遜，排在第二位，同時也是全球最大的在線服裝、服飾和生活用品零售渠道商。其網店出售的商品品種多達百萬種。出售商品涵蓋男女服飾、家用電器、家居用品、運動器材、電腦、電玩等。出售品牌範圍極廣，基本市面上看得到的品牌都可以在 Otto 的網店裡面找到。除此之外，Otto 還有其自供品牌，性價比非常高。

據瞭解，服裝是目前為止最重要的品類，女人網絡消費達 258 億歐元（男性達 225 億歐元），是網絡收入的主要來源。這可能和家庭採購有關。網上購物者中有 53.4% 是女性。德國三分之二的在線零售是通過第三方平臺 eBay 和亞馬遜，來自獨立網站的很少。其次是多渠道零售商。服裝（116 億歐元）、書籍（53 億歐元）和電子產品（40 億歐元）是最熱門的三大品類。上述 391 億歐元不包括數字產品。數字產品（如機票及活動門票）在線零售總額為 106 億歐元，增長了 9.3%。德國是世界上網絡銷售最普及的國家。雖然中國網絡消費者數目龐大，但是只占總人口的 19%。而德國高達 61%，超過了美國的 60%。電子商務和數字廣告在該國的重要性毋庸置疑。

十三、Jumia

Jumia 是非洲大國尼日利亞最大的電子商務零售公司，目標是打造本土的「亞馬遜」，出售電子產品、服裝、冰箱等各類商品。擁有人口約 1.6 億的尼日利亞，電子商務網站卻寥寥無幾，實體超市和商場數量也極其有限，這為電子商務公司提供了巨大的潛在市場。尼日利亞的互聯網用戶數量已經達到了 4,000 多萬，且增長迅猛。同時，尼日利亞的網購需求正在增加。近幾年來，尼日利亞湧現出了各類電子商務網站，包括食品、飲料、房地產、旅遊和手機轉帳業務等。以 Jumia、Konga 和 Dealdey 等為主的電商競爭格局正在形成，「非洲版攜程」Hotels.ng 也正在迅速搶占在線旅遊市場。

十四、Gmarket

Gmarket 是韓國最大的綜合購物網站，在韓國在線零售市場中的商品銷售總值方面排名第一，主要銷售書籍、MP3、化妝品、電腦、家電、衣服等。2010 年 5 月 7 日

eBay 公司宣布，將與韓國電子商務公司 Gmarket 組建合資公司，由 eBay 出資 1,000 萬美元。合資公司將幫助 Gmarket 開拓日本與新加坡市場。

十五、Sears

Sears 是美國第三大批量商家零售商，在互聯網零售商 500 強中排名第八。聚集了超過 10,000 個賣家和多達 1.1 億個產品。它提供自營、大賣家和廣告聯盟多種營銷模式。品類包括電子產品、家居用品、戶外生活、工具、健身、玩具等。最流行的品類是草坪（lawn）和園藝（garden）。

知識拓展二：eBay 站內營銷

本章的站內營銷主要以全球速賣通為例展開，下面將介紹一下 eBay 的站內營銷。

eBay 的站內推廣主要是通過站內廣告（Promoted listing）和促銷工具。

一、站內廣告

2018 年 eBay 大賣家應該都有收到 eBay 官方邀請的站內廣告補貼活動，鼓勵賣家使用站內廣告。從側面我們可以看出，eBay 的流量調整方向，要從自然流量往付費流量傾斜，目前在電腦端首頁列表中，自然排名默認 48 條，另外有 9~14 條贊助商列表，即通過廣告獲得的排名。類似於全球速賣通的直通車。

由於廣告位的資源是有限的，要想自己的產品得到曝光，首先要明白站內廣告的算法。eBay 推廣告的目的，其實就是能賺到你的廣告費。要產生轉化的流量才能帶來成交，進而產生廣告費用。

廣告費的公式：廣告費＝曝光量×轉化率×售價×廣告費率。

從這個公式中我們可以看出：①如果轉化率相同，eBay 會優先推高價格的產品，所以低價的產品應該調高廣告費率；②當轉化率很低的時候，即使大大調高廣告費率，你的曝光量依然不會增加。由此我們可以看出：第一，低價的產品不容易通過廣告來達到推廣的目的，要利用低價的優勢，去提高產品的轉化率；第二，如果廣告費率已經很高，依然沒有很大的曝光，那麼請先去優化你的 Listing，提高產品的轉化率。

二、促銷工具

eBay 的促銷工具主要包括 Order discount、Shipping discount、Volume pricing discount、Codeless coupon、Sales even+Markdown。下面將逐一介紹。

（一）Sales even+Markdow

這是最直接的促銷方式，使用最廣泛，直接在原價的基礎上做減價。這種折扣可以在首頁搜索的時候看到原價和折扣價。設置這個活動的時候，要注意你設置的是打折還是減多少錢，如果你有一個 70 美元的產品，要做 50% 的折扣，而一不小心設置成了「減 50 美元」，那就虧大了。

（二）Order discounts

這個也是折扣活動，不過跟 Markdown 有很大的不同。Order discount 的折扣活動在搜索結果頁面是無法看到的，只有點進去產品詳情，才能看到這個活動。這個活動最大的作用是綁定不同的產品，例如用爆款產品帶動新品的銷售或者清倉庫存，另外在一些促銷節日，例如「黑色星期五」，也可以設置這個活動來促銷。綁定的商品要有一定的相關性。

（三）Shipping discount

多件產品減免運費。這個活動的前提是要設置好合併訂單規則，只有這樣這個活動才能奏效。

（四）Codeless coupon

這個活動是設置一個專屬的虛擬折扣券。主要用來站外推廣，或者發給老顧客提升回購率。這個活動必須通過專屬的 URL 連結點進去，才能看到這個折扣，其他的賣家無法看到這個折扣。

（五）Volume pricing discount

批量購買折扣可為購買多件商品的買家提供分層折扣，改進後的物品處理頁面會使買家能更方便地批量購買物品，賣家也因此能夠節省運費。

知識擴展三：全球速賣通大數據分析[①]

1. 全球速賣通重點五國

俄羅斯、法國、西班牙、波蘭和沙特阿拉伯王國是現階段全球速賣通的重點銷售國家，另外南美市場（比如巴西），也是全球速賣通比較重點的地域市場。

俄羅斯的體量，預計在 2023 年會達到 250 億美元，增速為 45%。在俄羅斯，比較有潛力的行業包括服裝、消費電子、家用電器、美妝、玩具等，都是億級市場。

法國，目前的體量比較大，有 458 億美元。比較有潛力的行業，包括服裝、消費電子、家具、家電以及美妝護膚，近年增速都是在 10%以上，另外寵物周邊、DIY、配飾這些產品當地人也很喜歡。

西班牙，目前的體量有 172 億美元，且增速非常快，在 2023 年預計達到 300 億美元。像母嬰產品，增速為 8%。之前我們專門做過母嬰行業的調研，其實海外母嬰品類沒有國內這麼全，需求遠遠沒有得到滿足。

波蘭，增速快，78%，重點的行業與上文所述類似，特別需要注意的是，家具、園藝行業有 2 億美金的規模。

沙特阿拉伯王國，預計到 2023 年會達到 100 億美金的規模，增速為 10%，潛力比較大。

2. 法國人最愛網購，每年花銷超過中國

從消費者每年在網購上花費的金額來看，根據調研結果，法國人的網購消費能力最強，其次是中國。

歐洲的消費者跨境購物，會從哪些國家買東西呢？首選是中國。這一網購行為增長較快，滲透率也比較高。

以全球速賣通為例，知曉率最高的是俄羅斯，幾乎無人不知，超過半數是通過口碑相傳；其次是西班牙，達到 84%；法國，知曉率超過 50%；波蘭知曉率為 72%；沙特阿拉伯王國知曉率為 53%。這個數據是 2018 年的數據，2019 年的數據更高。從市場份額上來看，在俄羅斯市場上全球速賣通排名第一，遠遠超過當地的 Ozan、Widberries 和 Joom。在西班牙全球速賣通位居前三，在法國位居前六，和 eBay 相當。

[①] 來自中國跨境電商綜合試驗區微信公眾號。

3. 海外中產階級更關注新品，易受網紅影響

在俄羅斯、法國和西班牙，全球速賣通的海外用戶主要是女性，在沙特阿拉伯王國則主要是男性。在年齡上，俄羅斯、法國和西班牙的全球速賣通海外用戶，主要集中在25~54歲，在沙特阿拉伯王國則集中在18~24歲，更年輕一些。

海外消費者在選擇購物網站時，考慮的核心因素有共通之處，比如便宜、質量好、商品豐富。但也有差異，比如法國人要求物流要快，波蘭人重視有吸引力的折扣和快速的物流。另外還有一點，就是海外買家要跨境購物，還會考慮跨境購物靠譜不靠譜、能不能收到的問題。

通過調研發現海外消費者，可以分為三類：①第一類人是價格導向的人。他們又可以分成三類：雖然購買力有限但是對時尚有要求的，既追求低價也追求性價比的，對物流比較敏感的（快速、免費）。②第二類人是中等收入人群。其中一些人對顏值、設計有偏好，有不少新品偏好者，喜歡瀏覽新品，率先嘗試新事物。③第三類人是高收入人群。他們對品質有非常高的要求，包括品牌偏好。

在對商品偏好方面，價格導向者，喜歡高性價比的商品、包郵商品，比如不到一美元的手機殼；第二類人，更關注潮流新品、熱賣商品，他們是很容易被影響的一群人，包括別人推薦的商品、網紅推薦的商品；第三類人，有獨特的格調，如果忠於一個品牌，就不會受其他人的影響，偏好獨特品牌和高科技商品。

在促銷折扣方面，價格導向者看到喜歡的商品會加入收藏夾或者購物車，等待折扣，一旦有了折扣的刺激，轉化率就提升很高，也有對過季清倉折扣的偏好。第二類人，對新品折扣更加敏感，更關注網紅關注的店鋪。第三類人，跟第二類人類似。後兩類人，會更關注賣家發的一些粉絲營銷帖子，可對其設置粉絲專享折扣這類營銷活動。

在店鋪偏好方面，價格導向者，沒有明顯的店鋪偏好，只要價格夠低就都可以。第二類人，關注熱賣的店鋪和網紅推薦的店鋪。第三類人對風格獨特的店鋪以及名品店鋪更關注。

在對內容偏好方面，價格導向者，對買家評價、買家秀、商品試用報告這些更關注。第二類人，對社交內容更敏感，對商品視頻、搭配帖以及賣家直播更關注。第三類人，和價格導向者一樣關注買家評價、商品試用報告這些，但對質量的要求遠遠高於價格導向者。

思考題：

1. 全球速賣通有哪些站內營銷策略，各有什麼特點？
2. 實踐操作：假如你擁有一家出口企業，應如何制訂營銷策略，採用什麼方法，請任選平臺進行說明和操作。

第九章　跨境電商客戶服務

【知識與能力目標】

知識目標：
1. 瞭解跨境電商客戶服務的理念。
2. 熟悉和掌握跨境電商客戶服務的方法和技巧。

能力目標：
1. 瞭解和掌握跨境電商客戶服務中可能遇到的問題及解決方法。
2. 以售前、售中、售後服務常見問題為例，掌握其回覆解決方法。

【導入案例】

如何應對惡意差評？

近日，有不少亞馬遜賣家，特別是有一定經營規模的大賣家，都收到同一類型的敲詐郵件，表示若不在規定時間內向其比特幣帳戶匯入一定金額的費用，將會不間斷地給予差評直至讓其店鋪關閉。

如果買家發布退款聲明，而該亞馬遜帳號是被封的話，款項將直接退回到買家手中。因此，無論最後賣家是否妥協，買家都不會吃虧。同時，哪怕賣家對於買家的差評提出異議，也會記錄在訂單的缺陷率上，影響帳號的健康，無論從哪個方面來說，賣家都處於「任人魚肉」的地位。

針對這一現象，亞馬遜官方向賣家發出如下警示：

尊敬的各位亞馬遜大賣家：

最近如果收到不法分子的威脅，請保存證據，並將證據發送至以下郵箱（賣家敲詐專項調查郵箱：ari-mteam@amazon.com），同時抄送我司（liho@amazon.com），亞馬遜將在收到投訴後對差評進行屏蔽。希望大家如果遇到這種惡意敲詐，可以團結起來，聯手將真兇抓出，還跨境電商一個公平的競爭環境。

思考題：如果你是從事跨境電商的賣家，遇到惡意差評情況，會怎麼處理？

第一節　客戶服務概述

客戶服務（Customer service），主要體現了一種以客戶滿意為導向的價值觀，它整合及管理在預先設定的「最優成本—服務」組合中的客戶界面的所有要素。廣義而言，任何能提高客戶滿意度的內容都屬於客戶服務的範圍。

客戶服務體系的宗旨是「客戶永遠是第一位」，應從客戶的實際需求出發，為客戶提供真正有價值的服務，幫助客戶更好地使用產品。這體現了「良好的客服形象、良好的技術、良好的客戶關係、良好的品牌」的核心服務理念，要求以最專業性的服務隊伍，及時和全方位地關注客戶的每一個服務需求，並通過提供廣泛、全面和快捷的服務，使客戶體驗到無處不在的服務和擁有可信賴的貼心感受。

一、客戶服務的理念

現代服務營銷理念與傳統的營銷理念相比，最大的區別在於營銷的基本要素從原來的 4P〔產品（Product）；價格（Price）；渠道（Place）；促銷（Promotion）〕變為 4C〔顧客（Customer）；成本（Cost）；便利（Convenience）；溝通（Communication）〕，即企業的重點：不再是討論生產什麼產品，而是調整為研究客戶有什麼需求；不再是討論產品要定什麼價格，而是調整為關注客戶的購買成本；不再是討論怎樣建立分銷渠道，而是調整為著重考慮客戶購買的便利性；不再是討論開展什麼促銷活動，而是調整為想辦法加強與客戶的交流。傳統的營銷是通過銷售來獲利，而服務營銷是通過讓客戶滿意來獲利。

企業的根本目標是盈利。越來越多的企業認為，企業真正的盈利模式應該是不斷地去為客戶創造價值，所以全世界優秀的企業都號稱自己是服務型企業。服務型企業的浪潮在 21 世紀再一次在全世界興起，越來越多的企業爭相進入服務領域。

隨著社會的發展，消費者對於一個品牌、一個產品或者一個公司的認知已經從簡單的質量、價格轉變成包含服務在內的綜合化衡量。而且隨著絕大部分產品的技術同質化現象的不斷湧現，客戶服務的好壞直接決定了消費者購買的意願和忠誠度。所以，客戶服務的目的就是讓客戶始終對於消費過程感覺滿意，從而鎖定持續購買的行為模式，其意義則是在不斷提升客戶滿意度的前提下實現公司經營利潤的最大化。

二、客戶服務的分類

客戶服務在商業實踐中一般會分為三類，即售前服務、售中服務、售後服務。售前服務一般是指企業在銷售產品之前為顧客提供的一系列活動，如市場調查、產品設計、提供使用說明書、提供諮詢服務等。售中服務則是指在產品交易過程中銷售者向購買者提供的服務，如接待服務、商品包裝服務等。售後服務是指凡與所銷售產品有連帶關係的服務，如產品的質量保修、產品的使用反饋等。客戶服務是企業與客戶交互的一個完整過程，包括聽取客戶的問題和要求，對客戶的需求做出反應並探尋客戶新的需求。客戶服務不僅包括客戶和企業的客戶服務部門，實際上還包括整個企業，即將企業整體作為一個受客戶需求驅動的對象。

三、客戶服務的原則

客戶服務要堅持「以客戶為中心」的原則。抓住了客戶，就占據了市場；順應了客戶，就適應了市場；發展了客戶，就開拓了市場。客戶既是企業生存之基，也是企業生長之源。在客戶服務過程中要始終認識到：第一，客戶服務與市場營銷從來都是一體化的，只要擺正客戶服務的最終目標是為企業整體經營服務這一核心，那麼，服務工作就有了起點和終點，就不再是遊離於市場之外的；第二，客戶服務既可在售前給客戶提供買的理由，又可在售中給客戶增加買的意義，保證購買流程的順暢，還可在售後環節給客戶提供維繫的力量，所以，客戶服務意義重大；第三，在移動互聯網時代，服務更加無處不在，利用好客戶的碎片時間，提供更加優質的服務，一切將有無限可能。

第二節　跨境電商客戶服務的工作範疇和技巧

客戶在境外商鋪購買商品，會遇到各種各樣的問題，如購前對商品的疑惑、對店鋪相關活動的疑問；付款後對物流狀態的追蹤；收貨後對商品質量及使用的相關問題等。這一系列問題都需要客戶與店鋪進行溝通解決。就店鋪而言，其需要專門的人員替店鋪做推廣和答疑，並且在銷售過程中匯總客戶的問題，同時監控商品的物流信息等；需要專門的客服人員聯通客戶與店鋪，溝通與處理雙方的訴求。

一、跨境電商客戶服務的工作範疇

客服人員的任務是幫助與服務買家完成整個購買流程，並在此過程中提供周到的服務，以及輔助店鋪完成購買追蹤與匯總客戶信息。因此客服的工作範疇包括解答客戶諮詢、解決售後問題、促進銷售完成以及管理監控職能四個方面。

（一）解答客戶諮詢

1. 解答關於商品的諮詢

跨境電商企業商品種類龐雜，單個店鋪經營的專業品類多，且商品規格存在國內外差異。因此，跨境電商客服人員需要瞭解和掌握更多的店鋪信息，做好梳理和歸類，熟練掌握商品信息。

2. 解答關於服務的諮詢

跨境電商服務的一個典型特點就是複雜性。很多商品信息在購買頁面上可以清晰地展現，但售後牽扯的更多是服務問題，一旦商品售出，客服人員所面臨的就是關於商品的一系列服務問題，相對於商品諮詢而言，服務問題更是千差萬別。商品是穩定、不變的，而服務的標準是千差萬別的，客服人員在把握時往往難度更大。

（二）解決售後問題

1. 跨境電商售後問題產生的原因

在跨境電商平臺消費的客戶，通常在下單前很少與賣家進行溝通，即行業內經常提到的「靜默下單」。賣家首先要做的事情是在商品的描述頁上使用圖片、視頻、文字

等多種方式充分、明白地說明正在銷售的商品的特點，以及所能提供的售前、售後服務。一旦這些內容出現在商品的介紹頁面上，就成了賣家做出的不可撤銷的、不可改變的承諾。

在整個跨境電商的鏈條中，讓電商企業和消費者同時頭疼不已的環節大概就是售後了。消費者購物後的退換貨請求經常得不到有效回應，有些平臺客服的服務態度也飽受詬病。而電商平臺在消費者和供應端之間，由於跨境供應鏈的特殊性，有時不得不自掏腰包給用戶解決售後問題。售後問題主要集中在質量問題、疑似售假、虛假促銷、發貨延遲、退換貨難、霸王條款、快遞延誤等方面。有數據顯示，2016年中國海淘用戶規模達到4,100萬人，增速達78.3%。到2018年，中國海淘用戶有望達到7,400萬人。各平臺在激烈的市場競爭中，應不斷提高用戶體驗，而售後服務將是其重中之重。

2. 客服人員解決售後問題所需的知識和技能

（1）客戶關係管理的能力

客戶關係管理能力是指企業以實施CRM為導向，在經營活動中配置、開發和整合企業內外的各種資源，主動利用、分析和管理客戶信息，迅速滿足客戶個性化需求，從而建立、發展和提升客戶關係，並形成競爭優勢的知識和技能的集合。

通過對企業客戶關係管理能力的界定，我們還可以認識到企業客戶關係管理能力會受到企業的每一個職能部門的影響，它並不只與營銷、銷售和客戶服務部門有關。首先，企業與客戶的關係好壞源於企業能夠為客戶創造的價值的大小，而影響客戶需求、創造客戶價值需要所有職能部門的參與，營銷、銷售和客戶服務部門所做的工作只是企業創造和傳遞客戶價值的一部分；其次，企業的客戶關係管理能力不是一種單一的能力，而是許多種能力的集合，換句話說，企業的客戶關係管理能力包括許多種子能力，而建立、保持和發展客戶關係需要所有部門的參與，所以這種能力包含了企業內外部的多種資源，融合了企業的多種能力；最後，每個企業的客戶關係管理能力都是異質的，如果企業的客戶關係管理能力是其他企業難以模仿的，成為所有能力中的核心和根本部分，就可以影響其他能力的發揮和效果，成為企業的核心能力，為企業帶來長久的競爭優勢。

（2）成本核算與規避損失的能力

儘管產業規模越做越大，交易量也越來越多，但是跨境電商卻開始發現——錢越來越難賺。2017年跨境電商調查報告顯示，在中國跨境電商中，超過70%的電商的利潤率不到3成。拿全球速賣通來說，每天日均發往俄羅斯的包裹有13萬~15萬件，平臺日均營業額超過500萬美元，但是仔細調研了近兩三百家賣家之後發現，小額交易利潤低，看上去很熱鬧，但是交易碎片化、服務成本高，賺不到錢。

跨境電商經營涉及的成本和費用主要有採購成本、採購費、平臺交易費、收款手續費、直發運費、海外倉頭程費用、海外倉尾程費用。成本費用越複雜、訂單越大，每筆訂單產生的相關費用組合也就越複雜。再加上庫存占用週轉率帶來的損失以及匯率波動可能帶來的收入損失，利潤的核算越來越模糊。

作為一個賣家，除了要知道整體業務上是賺錢的，必定還要清楚每款產品的真實利潤，哪款產品虧錢，每筆訂單的成本占多少，每款產品的定價應該是多少才能帶來更高的利潤。賣家應該以訂單為導向，以削減成本為手段，從而實現利潤最大化的

目標。

（3）全面瞭解店鋪商品與平臺營運流程

全面瞭解店鋪的商品是對客服人員的基本要求，對商品的瞭解要從商品種類、使用群體等方面著重把握。除此之外，客服人員要瞭解平臺營運流程，明晰自己的崗位在整個流程中的作用和位置。

跨境電商人才，除了要具備傳統的外貿人才的進出口通關能力、商務談判能力等，還需要很強的平臺營運能力，包括類目營運和新媒體營運，例如平臺類目的發展規劃、日常管理、根據市場需求選品並制定相應的營運策略，有效提升類目豐富度、GMV、轉化率、客單價等核心指標，跟蹤分析公司產品營運行為轉化數據和行為數據，對營運數據進行分析總結，並不斷優化營運手段和營運規則，能把握用戶需求，對需求進行調研分析，不斷優化產品，提升用戶量，提高用戶活躍度，通過各種營運手段提升銷售額。

（4）良好的溝通能力

客服工作的表現形式就是與客戶溝通，良好的溝通能力是整個客戶服務流程中的核心能力。跨境電商對客服人員的溝通能力還有更高的要求。跨境電商工作者必須要能熟練地利用外語，根據消費者的語言習慣和文化習慣，通過電話、郵件、網絡聊天工具等與客戶溝通，處理客戶的諮詢問題，包含售前、售中、售後諮詢，客戶回訪等，要能夠流暢地與海外客戶進行交流。目前從事跨境電商工作的人才，有英語背景的居多，在B2C業務中，更需要與不同語種和文化背景的零售客戶進行溝通，目前比較有價值的小語種市場有俄語、日語、德語、西班牙語和法語市場。

（三）促進銷售完成

客服促進再次交易的途徑主要有兩類：一類是順理成章，另一類是轉危為安。客服實現再次交易的方法主要包括：第一，形成客戶黏性，賣家對問題的完美解決往往會在買家心中大大加分，增加再次交易的可能性。第二，促成大額交易，客服需要從大量售前諮詢中發掘潛在大客戶，為促成大額交易打下基礎。客服要具有發現大客戶的敏銳性，對成本、物流、市場情況瞭解全面，並且要具有持續跟進的耐力，與一位客戶達成第一筆大額訂單只是後續多次合作的開始。第三，增加回頭客，客服可以通過使用郵件群發工具形成客戶社群，對已成交的客戶進行分類，運用大數據分析的方法，有針對性地投遞郵件。

（四）管理監控職能

1. 建立及時發現與統計問題的工作制度

建立完善的「統計—反饋」制度，對集中存在的問題，統一標準化回答。

2. 做到在發現問題後及時向相關部門反饋

做到「一事一議」的即時溝通，確保發現問題不拖沓，解決問題不含糊。

3. 掌握與其他部門溝通的技巧

企業應對客服人員提供相應的技能培訓，管理者應建立其內部溝通渠道。

二、跨境電商客戶服務的思路與技巧

當客服面對客戶的不同問題時，在溝通與解決的過程中，如果沒有正確而統一的思路與技巧，不但無法解決客戶的問題，還可能將問題放大。解決客戶提出的問題，需要正確的思路與技巧，客服必須熟練掌握這些技巧，同時做到隨機應變，對客戶進行分類。其具體的技巧包括：向客戶提供專業服務、做談判的主導者、控制客戶對事件的認知與情緒，解決方案由賣家積極提供、讓買家有選擇、堅持主動承擔責任。

第三節　常見問題及郵件回覆模板

在本節我們將針對在跨境電商售前、售中和售後服務中存在的主要問題，介紹郵件回覆的模板。

一、售前

跨境電商售前服務主要體現在尋找客戶資源和售前郵件溝通。其中，售前郵件溝通是關於買家對物品細節、運費、關稅、折扣等問題的問答。發貨前要嚴把產品質量關，做好產品質量、貨運質量把控是獲得買家好感並取得信任的前提條件。若沒有在這些方面打牢基礎，再好的服務也無法將你的買家轉化為忠誠的老買家。嚴把質量關要做到：第一，上傳產品的時候，要根據市場變化調整產品，剔除供貨不太穩定、質量無法保證的產品，從源頭上控制產品質量。第二，在發貨前注意產品質檢，盡可能地避免把殘次物品寄出，好的產品質量是維繫客戶的前提。下面將介紹幾種售前服務的場景：

（一）買家光顧店鋪，並詢問商品信息

Hello, my dear friend. Thank you for your visiting to my store, you can find the products you need from my store. If there is not what you need, you can tell us, and we can help you to find the source, please feel free to buy anything! Thanks again.

（二）庫存不多，催促下單

Dear _____,
Thank you for your inquiry!
Yes, we have this item in stock. How many do you want? Right now, we only have lots of the _____ color left. Since it is very popular, the product has a high risk of selling out soon. Please place your order as soon as possible. Thank you!
Best regards.

（三）買家砍價

Dear _____,
Thank you for your interests in my item. I am sorry but we can't offer you that low price

you asked for. We feel that the price listed is reasonable and has been carefully calculated and leaves us limited profit already.

However, we'd like to offer you some discounts on bulk purchases. If you order more than _____ pieces, we will give you a discount of _____% off.

Please let us know for any further questions. Thanks.
Sincerely.

(四) 斷貨

Dear _____,

We are sorry to inform you that this item is out of stock at the moment. We will contact the factory to see when it will be available again. Also, we would like to recommend you some other items which are the same style. We hope you like them as well. You can click on the following link to check them out.

The uebsite is _____.

Please let me know for any further questions. Thanks.
Sincerely.

(五) 推廣新品

Dear _____,

As Christmas/New year/… is coming, we found _____ has a large potential market. Many customers are buying them for resale on eBay or in their retail stores because of its high profit margin. We have a large stock of _____. Please click the following link to check them out. If you order more than 10 pieces in one order, you can enjoy a wholesale price of _____.

Thanks.

二、售中

售中服務主要集中在對物流環節的把控，要加強把控物流環節，就物流過程及時與買家溝通，一定要在發貨後及時告知買家物流信息。

把控物流環節要做到：第一，買家下單後，及時告知買家預計發貨及收貨時間，及時發貨，主動縮短買家購物等待的時間。第二，國際物流的包裝不一定要美觀，但必須保證牢固，因為包裝一直是買家投訴的重要因素。對數量較多、數額較大的易碎品可以將包裝發貨過程拍照或錄像，以留作糾紛處理時的證據。第三，注意產品的規格、數量及配件要與訂單上一致，以防因漏發而引起糾紛。注意提供包裹中產品的清單，以提高專業度。

另外，物流過程中要與買家及時溝通。在物流過程中，買家是想瞭解產品的貨運進展，及時良好的溝通能夠提高買家對交易的好感度。下面介紹四個交易關鍵點和與買家保持溝通的郵件模板。

（一）在產品發貨後，告知買家相關貨運信息

Dear _____,

It's a pleasure to tell you that the postman just picked up your item from our warehouse. It's by EMS, 5~7 working days to arrive.

Tracking number is: _____.

Tracking web is: _____.

You can view its updated shipment on the web, which will be shown in 1~2 business days. Also our after sales service will keep tracking it and send message to you when there is any delay in shipping.

We warmly welcome your feedback！

告知買家產品已經發貨，並給買家一個初步的交易等待時間區間。如果使用小包或碰到物流堵塞的意外，也可以在這封郵件中告知買家，讓他做好產品延遲到達的心理準備。

（二）貨物到達海關後，提醒貨運相關進展

Dear _____,

This is _____. I am sending this message to update the status of your order. The information shows it was handed to customs on Jan. 19th.

Tracking number：_____.

You can check it from web：_____.

You may get it in the near future. Apologize that the shipping is a little slower than usual. Hope it is not a big trouble for you.

Best Wishes！

在產品入關的時候告知客戶貨物的投遞進展。如果遇到貨物擁堵情況，須對買家表示歉意。如果產品需要報關，可以在此通知買家提前準備。

（三）貨物到達郵局，提醒買家給予好評

Dear _____,

This is _____. I am sending this message to update the status of your order. The information shows it is still transferred by Sydney post office.

Tracking number：_____.

Please check the web：_____.

You will get it soon, and please note that package delivery. Hope you love the products when you get my products. If so, please give me a positive feedback. The feedback is important to me. Thank you very much.

Best Wishes！

在投遞過程中提醒客戶注意不要錯過投遞信息，保持手機暢通。同時，可以提醒客戶給你留下好評。這樣能有效增加買家對於你的服務的評價，降低差評出現的可能性。

三、售後

如前文所述，售後服務是客戶服務中遇到的最繁瑣、最棘手的問題，良好愉快的溝通，會緩解客戶的情緒，有效解決客戶的問題。售後服務的質量將直接影響到買家的滿意度，買家的滿意度對賣家非常重要，這要比賣家的自身推廣還重要，會直接影響到其他買家的購買行為。因此，在售後服務中首先要做到對中差評的預防，其次才是解決問題。

售後服務的核心是做好與買家的及時溝通。售後買家可能對交易還存在諸多疑問，這時就需要掌握一些溝通技巧，做好售後服務，及時化解糾紛，讓老買家成為你的交易「穩定器」。

（一）售後溝通需要注意的問題

1. 主動聯繫買家

很多賣家在交易過程中都會主動聯繫買家。買家付款以後，還有發貨、物流、收貨和評價等諸多過程，賣家需要將發貨及物流信息及時告知買家，提醒買家注意收貨，這些溝通既能讓買家及時掌握交易動向，也能讓買家感受到賣家的重視，促進雙方的信任與合作，從而提高買家的購物滿意度。此外，在出現問題及糾紛時，你也可以及時妥善處理。

2. 注意溝通方式

在一般情況下，賣家應盡量以書面溝通方式為主，避免與國外買家進行語音對話。用書面的形式溝通，不僅能讓買賣雙方的信息交流更加清晰、準確，也能夠留下交流的證據，從而利於後期可能存在的糾紛處理。賣家要保持在線，經常關注收件箱信息，對於買家的詢問要及時回覆。否則，買家很容易失去等待的耐心，賣家也很可能錯失買家再次購買的機會。

3. 注意溝通時間

由於時差的緣故，賣家日常工作（北京時間8：00-17：00）的時候，會發現大部分國外買家的即時通信都是離線的。當然，即使國外買家不在線，賣家也可以通過留言聯繫買家。不過，我們建議供應商應盡量選擇在買家在線的時候進行聯繫，這意味著賣家應該學會在晚上的時間聯繫國外買家。因為這個時候買家在線的可能性大，溝通效果更好。

4. 學會分析買家

首先，要瞭解買家所在地的風俗習慣，瞭解不同國家的語言文化習慣，以便溝通時拉近距離，並且有針對性地對買家進行回覆。其次，要學會從買家的文字風格中來判斷買家的性格、脾氣。若買家使用的語言文字簡潔精煉，則可判斷其辦事可能比較雷厲風行，不喜歡拖泥帶水。賣家若根據買家的性格、脾氣，積極調整溝通方式，將促進雙方溝通的順利進行。

5. 預防中差評

對於銷售來說，產品是保障，服務的每個環節也至關重要。買家沒有義務給你五星好評，那麼怎樣才能讓你的產品好評如潮呢？第一，要嚴把商品質量關。第二，提供優質的客戶體驗，在創建、匹配產品詳細信息頁面時，使用唯一的標準標示符（如

UPC），以確保產品描述和情況說明清晰易懂，這樣可以避免混淆、錯誤發貨等。第三，發個性化後續郵件，在國外，主流溝通用郵件。為了獲得更多的好評，賣家可以根據客戶訂購的產品或留下那些的積極反饋來發送個性化郵件請求評價。這樣可以有效增加收到評價的機會，同時也能增加復購率和銷量。第四，認真對待每個評價，觀察一下那些暢銷產品的客服優化其實非常棒，對於買家基本的尊重就是做到認真回覆。即使是差評，也可以回覆謝謝，我們下次改進（惡意除外）。當你做到對每個客戶留下的評價表示感謝，你會發現慢慢地收穫了一大票忠實粉絲。

（二）具體回覆方式舉例

1. 關於漏發的解釋

Dear _____,

Thank you so much for your great support and sorry for keeping you waiting.

We checked the tracking information and found there is no updated information as you said.

We will contact the post office to find out the problem.

We wonder would you still want the item, if yes, inform us the size and we will resend you as soon as possible.

If not, we will make you the full refund.

Waiting for your reply.

Any inconvenience hope your kind understanding.

Best regards.

2. 發貨後，關於客戶提出換貨要求的解釋

Dear _____,

Thanks for contacting with us.

Sorry to tell you that the item has been dispatched, and we can't change it for you now.

We knew you receive it and it is not suitable for you.

To express our apology, we provide a few suggestions following by:

（1）We will arrange a suitable replacement for you for free.

（2）We can refund full price for you.

Which one do you prefer?

Sorry for all inconvenience it led to.

Looking forward to your reply.

Best regards.

3. 關於買家要求退貨的解釋

Dear _____,

Thank you for contacting us regarding your inquiry.

We found your return request. Could I know the reason why you want to refund?

Are there any issues of our product?

If yes, could you send the photo of the issues, thus we can help you better and submit to QC.

Will it be possible to give new one as a compensation?
Or how about we make you a partial refund as a way to make up for that?
Looking forward to your reply.
Best regards.

思考題：

1. 如果有客戶反應產品質量問題，應該如何回應？
2. 跨境電商交易中如遇退款，應如何妥善處理？
3. 在常見的售後服務中遇到的問題有哪些，應如何解決？

第十章 跨境電商數據分析

【知識與能力目標】

知識目標：
1. 掌握數據分析的概念和目的。
2. 熟悉數據分析的思維或思路。
3. 掌握數據分析的指標體系和方法。

能力目標：
1. 掌握數據分析在選品中的應用。
2. 掌握數據分析在營銷中的應用。

【導入案例】

某國內跨境電商商家主營嬰兒產品，現在正值夏秋換季，公司正計劃下一季度選擇一款合適的產品以「1210」保稅備貨進口模式來操作（先提前從海外採購備貨，發貨到國內保稅倉庫，等客戶下單後從保稅區辦理清關，向客戶配送），為確定合適的產品，業務人員調出了之前的銷售數據。

表 10-1　上半年產品銷售量

產品編號	產品名稱	一季度銷售量	二季度銷售量
SC001	Carter 嬰兒連體衣 3M	200	260
SC002	Carter 嬰兒連體衣 6M	230	245
SC003	Carter 嬰兒連體衣 12M	320	339
SC004	Carter 嬰兒連體衣 24M	120	112
SC005	Carter 女嬰連衣裙 6M	180	270
SC006	Carter 女嬰連衣裙 12M	245	350
SC007	Carter 女嬰連衣裙 24M	220	420
M001	小安素奶粉香草味	320	420

表10-1(續)

產品編號	產品名稱	一季度銷售量	二季度銷售量
M002	小安素奶粉草莓味	350	370
M003	a2嬰兒奶粉三段	220	227
SD001	好奇尿不濕S（50件）	120	100
SD002	好奇尿不濕M（30件）	80	110
SD003	好奇尿不濕L（30件）	90	100

思考題：如果你是該企業工作人員，會選擇哪款產品？請說明理由，並思考數據分析在選品中的應用。

第一節　數據分析在跨境電商中的應用

跨境電商是基於互聯網信息技術的應用，數據就是跨境電商營運的核心，直接或間接存在於跨境電商中的每一個環節。因為它原本就是繼承了數據分析的基因，數據的收集與處理相對方便，能夠對數據進行有效的分析，那麼就可以幫助我們在電子商務營運的各個環節中進行有效的決策。

現在，跨境電商領域存在各種各樣的問題。例如：商家不知道如何針對不同國家和地區的客戶選擇合適的商品，不知道怎樣提高商鋪流量的轉化率，不知道如何經過數據分析來進一步挖掘老客戶的價值；不知道如何針對不同跨境客戶選擇廣告投放平臺。當然，正是因為存在大量的數據挖掘不到位的問題，才會有更多的機會，讓我們認識到要解決這些問題，成功的關鍵在於數據分析。

我們可以通過互聯網的相關計算機技術，對每一位客戶的瀏覽訪問路徑進行記錄，並通過對這些記錄進行分析，從而充分瞭解消費者真實的購物行為模式以及個性化的需求，從而來進行商品、平臺、客戶、經營策略以及推廣方式的選擇，對客戶的價值進行深入挖掘，提高流量的轉化率。

一、跨境電商產業鏈分析

跨境電商產業鏈指的是在互聯網電子商務平臺上，通過產品支持、內部營運、外部營銷、跨境支付、電子通關、倉儲、物流等重要節點，把眾多異質性群體聚合在一起從而形成的鏈狀結構。跨境電商產業鏈的運作流程主要為：首先由供應商提供產品支持，並通過跨境電商網站內部進行營運以及在跨境電商平臺上通過推廣、發布進行外部營銷，然後用戶可以在跨境電商平臺上對商品進行瀏覽、選購並支付，最後會有第三方跨境物流服務商對商品進行運輸、海關通關、商檢以及配送等，從而將商品從供應商移送到最終用戶的手中，如圖10-1所示。

（一）供應商

作為跨境電商交易的開端，供應商是跨境電商貿易的發起者，因而是跨境電商產

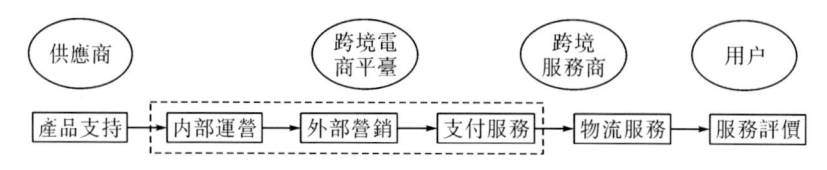

```
供應商 → 產品支持 ┆→ 內部運營 → 外部營銷 → 支付服務 ┆→ 物流服務 → 服務評價
         跨境電商平臺                              跨境服務商              用戶
```

圖 10-1　跨境電商產業鏈的相關節點與運作流程

業鏈的關鍵性節點。在整個跨境電商產業鏈中，供應商承擔著最為基本的角色，為後續的跨境電商交易提供產品或服務支持。在數字化產業浪潮背景下，消費理念的轉型升級使得供應商突破原先簡單粗暴的代工角色，逐漸轉向 OBM 輸出、品牌輸出，提高相應配套和升級供應鏈，精準定位市場開發產品，打造差異化的跨境電商市場。

（二）跨境電商平臺

作為跨境電商交易的核心載體，跨境電商平臺為供應商進行內部營運與外部營銷提供運作平臺。在內部營運環節，供應商借助於跨境電商平臺的優勢，利用大數據技術合理地進行商品預測，完善自身服務，提升產業鏈運作效率。在外部營銷環節，通過跨境電商平臺進行產品的銷售推廣及售後服務等，優化渠道，實現精準營銷。作為跨境電商產業鏈的中游環節，跨境電商平臺有機地銜接了上下游之間的貿易，推動了整個跨境電商貿易的有序開展。

（三）跨境服務商

跨境服務商是跨境電商產業鏈的第三個環節，貫穿於整個產業鏈中，在促進跨境產品交易順利完成的過程中起輔助性作用。跨境服務提供商的產生是緣於供應商通過跨境電商平臺吸引終端用戶，使得用戶在該平臺進行跨境交易。跨境服務提供商為跨境電商產業鏈上下游群體之間進行交易提供跨境物流以及一系列通關、商檢服務，從而推動供應商與終端用戶之間的貿易能夠順利開展。跨境服務商的建立形式多樣，既可以由供應商自行建立，完成跨境電商的交易服務，也可以由第三方建立，然後由實力薄弱的供應商與其合作完成跨境電商的貿易活動。

（四）最終用戶

最終用戶既是跨境電商產業鏈的終端環節，也是供應商的最終目標群體，整個跨境電商產業鏈的搭建就是為了滿足和適應終端用戶的跨境需求而產生的。供應商經過跨境電商平臺，借助於由跨境服務商提供的第三方服務，完成商品從供應商到最終用戶的貿易環節。因此，最終用戶雖是產業鏈的末端，但卻是跨境電商產業鏈其餘各環節主體的主要服務群體。

跨境電商產業鏈是供應商與最終用戶之間直接形成的鏈條，延伸與聚合了眾多異質化的跨境電商平臺與跨境服務商，以滿足跨境電商交易雙方的需求。因此，跨境電商產業鏈上的各節點成員不能獨立作用，彼此之間須協同發展，從而提升整個跨境電商產業鏈的效益水準。

二、數據分析在跨境電商產業鏈中的應用

基於產業鏈的視角，運用大數據深耕跨境電商，挖掘新的經濟增長點已然成為大

數據時代下跨境電商發展的新的價值訴求。大數據技術的驅動對跨境電商的交易發揮著重要作用，其應用價值與思路主要體現在跨境電商產業鏈的五大環節：產品支持、內部營運、外部營銷、跨境物流及服務評價，如圖10-2所示。

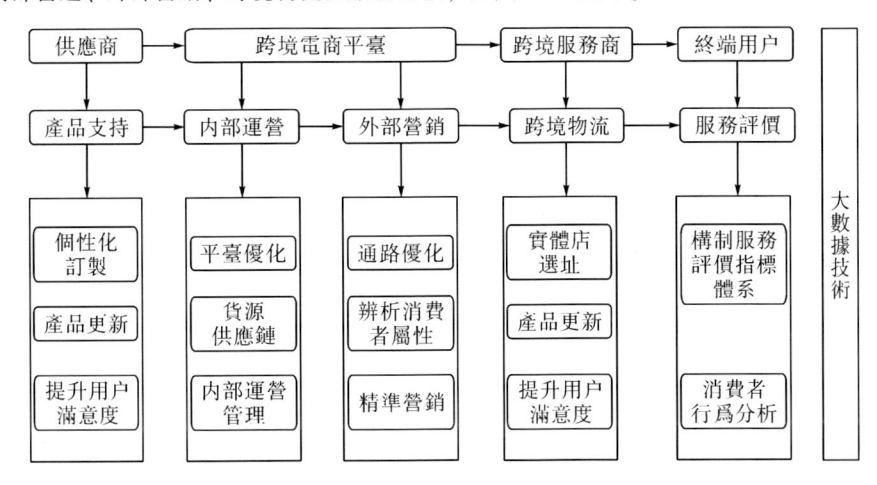

圖 10-2　基於大數據技術的跨境電商產業鏈應用框架模型

（一）產品支持

大數據與產品支持有效結合，成為供應商提升產品競爭力的關鍵性手段。作為產品支持核心，大數據所體現出的功能在於能夠分析顧客對產品的個性化需求信息，對產品進行個性化設計，貼合用戶的個性化需求，提供差異化服務，以拓展差異化市場。除了企業的經濟活動外，另一個相當重要的應用途徑是可以通過顧客對產品統一的需要和建議，對產品自身進行改良和優化，使產品的更新高度契合顧客的需求，從而提高跨境電商產品核心用戶的滿意率，提升跨境電商企業的經濟效益。

（二）內部營運

跨境電商是外貿與信息技術相結合的產物，其發展離不開內部支撐條件的建設。在內部營運層面，跨境電商平臺的信息化服務功能設計在大數據技術的驅動下趨向便捷化與多元化。

從跨境電商平臺優化的角度出發，跨境電商企業可以充分利用大數據優化自身網站，調整跨境電商平臺自身的信息功能，保證網頁內容更加詳細和充實，豐富消費者選購時對產品的認知感，並且避免原先傳統的人工處理數據的滯後、低效以及失真的局限性。從供應鏈管理效率的角度出發，基於大數據技術，企業貨源信息的來源趨於多樣化，跨境電商企業需要依賴大數據技術來確定組成供應鏈效率的關鍵性因素，並依據關鍵性因素進行合理的設計與安排，以盡可能地提升跨境電商企業供應鏈的運作效率。

此外，跨境電商企業可以利用「互聯網思維」，收集用戶在跨境電商平臺上的評論留言以及相同或者類似於行業競爭對手的用戶評論留言數據，來發現自身及競爭對手在跨境電商貿易中存在的弊端和不足，並有目的性地採取適合跨境電商企業發展的營

運管理方式，增加跨境電商企業與終端用戶之間的黏度，從而提升跨境電商企業內部的營運管理水準。

（三）外部營銷

相較於傳統的營銷模式，在大數據背景下跨境電商營銷的決定性優勢主要體現在主動性和精準性方面。在大數據下跨境電商的外部營銷主要是通過利用跨境電商的大數據來建立線上和線下數據庫，分析影響眾多目標群體消費的心理路徑，直接介入用戶完成訂單支付前的商品瀏覽與購買決策的關鍵性環節，從而影響用戶對於目標商品的選擇。

在渠道優化層面，跨境電商企業可以利用大數據技術分析顧客的行為軌跡，判斷吸引更多用戶的渠道，從而合理調整各種營銷資源的投放比例，確保實現資源利用效益最大化。在精準營銷層面，跨境電商企業應當利用用戶的搜索、瀏覽記錄來尋找目標客戶，從消費者屬性、興趣、購買行為等維度，挖掘更多的潛在客戶，對個體消費者進行營銷信息推送。此外，跨境電商企業將跨境電商平臺的商家數量、消費者搜索數據以及其購買產生的數據與消費者行為相關聯，研究消費者搜索、比較與購買行為的關係以分析消費者的類別，並針對各類消費者採取一定的策略。

在外部營銷環節，跨境電商企業可以基於大數據技術辨析用戶屬性，制訂合理、有針對性的營銷策略。跨境電商企業可以依據跨境電商平臺上用戶的相關大數據分辨出用戶是屬於長期客戶還是潛在客戶，再依據用戶屬性針對不同的用戶制定符合其特性的營銷策略，與用戶之間建立良好的合作互動關係，從而實現交易雙方的共贏，如圖10-3所示。

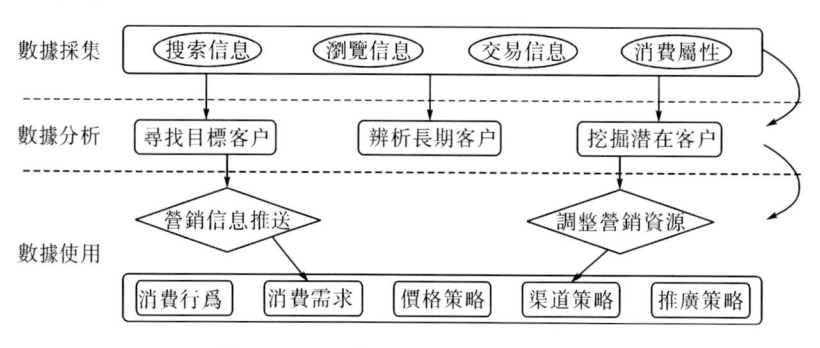

圖10-3　大數據技術在外部營銷中的應用

（四）跨境物流

隨著大數據時代的到來以及跨境電商的不斷發展，大數據技術與跨境物流的結合成了發展的必然趨勢。利用大數據分析技術，合理進行實體店選址，依據物流數據建立數據分析管理系統，根據用戶收貨的時間與地址，選擇最合適的配送方式，從而為客戶提供優質的物流服務，縮短物流的「最後一公里」。此外，針對跨境電商物流大數據反饋的信息，跨境電商企業可以調整商品存儲的數量和位置，加大熱銷地區火爆商品的存儲量，減少冷門地區滯銷商品的存儲量，打造即時動態的數據化倉儲與物流。

在跨境電商海外倉建設方面，跨境電商企業可利用大數據技術重點統計分析出口比重較高國家的用戶收貨地址，在收貨地址分佈密集的城市附近建立海外倉，完善對跨境商品的倉儲管理與物流配送提速，從而減少商品的物流配送時間，提升用戶跨境交易的消費體驗。

物流超市是在大數據時代背景下孕育出的一種新型的經營管理模式，通過整合現有的零散、粗放的數據資源，來打造可提供倉儲、配送、信息諮詢以及用戶定制等一系列統一協調管理空間地理信息的現代化物流服務。大數據技術在跨境物流節點中的具體應用如圖10-4所示。

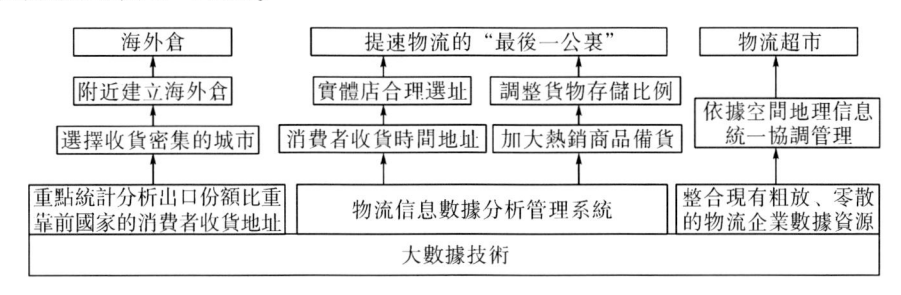

圖10-4　大數據技術在跨境物流節點中的具體應用

（五）服務評價

結合中國跨境電商的實際情況，從跨境電商的服務流程角度出發，可充分利用互聯網和大數據進行設計，構建跨境電商服務評價指標體系，進一步完善跨境電商服務管理機制、政府監督等。基於消費者角度，可利用大數據技術來分析消費者對跨境電商的服務體驗及評價，從而對跨境電商平臺中的客戶進行行為分析，研究跨境電商用戶的消費心理，以便更容易鎖定潛在客戶，並提供個性化服務。跨境電商企業利用大數據來分析跨境電商的服務評價，在一定程度上可以引導、培育跨境電商企業開展跨境貿易，不斷提升服務質量，直接將供應商與終端用戶關聯起來，減少交易雙方的信息溝通障礙，從而提高消費者滿意度。

大數據技術在各個領域都引起了廣泛的關注與討論，各行各業也面臨著前所未有的數據量和對數據分析的需求。在跨境電商運作中，大數據將成為跨境電商營運分析及日常推廣的主要依據，跨境電商要充分意識到大數據在企業的經濟活動和營運管理過程中所起到的戰略價值和應用價值，最大程度地發揮大數據的整合效應優勢。

第二節　跨境電商數據分析基礎知識

跨境營運包括行業對比、選品開發、店鋪監控、商品分析、爆款打造等，在所有的營運環節中能夠為決策提供客觀依據的就是數據分析，數據分析的目的就是找到最適合自己店鋪的營運方案，以達到銷售利潤的最大化。

一、跨境電商數據分析基礎指標體系

信息流、物流和資金流三大平臺是跨境電商的三個最為重要的平臺。而跨境電商信息系統最核心的能力是大數據能力，包括大數據處理、數據分析和數據挖掘能力。無論是跨境電商平臺還是在跨境電商平臺上銷售產品的賣家，都需要掌握大數據分析的能力。越成熟的跨境電商平臺，越需要通過大數據能力驅動跨境電商營運的精細化，更好地提升營運效果，提升業績。構建系統的跨境電商數據分析指標體系是跨境電商精細化營運的重要前提，本部分將重點介紹跨境電商數據分析指標體系。

跨境電商數據分析指標體系可分為八大類指標，包括總體營運指標、網站流量指標、銷售轉化指標、客戶價值指標、商品指標、市場營銷活動指標、風險控制指標和市場競爭指標。不同類別的指標對應跨境電商營運的不同環節，如網站流量指標對應的是網站營運環節，銷售轉化、客戶價值和營銷活動指標對應的是跨境電商銷售環節。

（一）總體營運指標

總體營運指標，是指從流量、訂單、總體銷售業績、整體指標方面進行把控，至少對營運的跨境電商平臺有個大致瞭解，到底營運得怎麼樣，是虧還是賺。

跨境電商總體營運指標主要面向的人群是跨境電商營運的高層，他們需要通過總體營運指標來評估跨境電商營運的整體效果。跨境電商總體營運指標包括四個方面的指標（如圖10-5所示）。

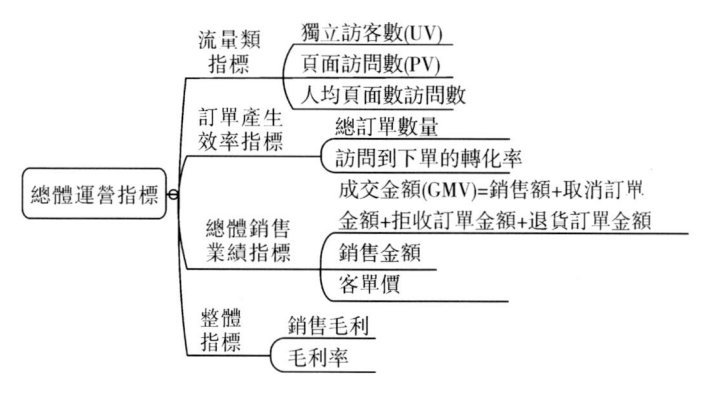

總體運營指標
- 流量類指標：獨立訪客數(UV)、頁面訪問數(PV)、人均頁面數訪問數
- 訂單產生效率指標：總訂單數量、訪問到下單的轉化率
- 總體銷售業績指標：成交金額(GMV)=銷售額+取消訂單金額+拒收訂單金額+退貨訂單金額、銷售金額、客單價
- 整體指標：銷售毛利、毛利率

圖10-5　總體營運指標

1. 流量類指標

（1）獨立訪客數

獨立訪客數（UV）是指訪問電商網站的不重複用戶數。對於PC網站，統計系統會在每個訪問網站的用戶瀏覽器上「種」一個cookie來標記這個用戶，這樣每當被標記cookie的用戶訪問網站時，統計系統都會識別到此用戶。在一定統計週期內（如一天），統計系統會利用消重技術，對同一cookie在一天內多次訪問網站的用戶僅記錄為一個用戶。而在移動終端區分獨立用戶的方式則是按獨立設備計算獨立用戶。

（2）頁面訪問數

頁面訪問數（PV）即頁面瀏覽量，用戶每一次對電商網站或者移動電商應用中的

每個網頁訪問均被記錄一次，若用戶對同一頁面多次訪問，則訪問量累計。

（3）人均頁面訪問數

人均頁面訪問數即頁面訪問數（PV）/獨立訪客數，該指標反應的是網站訪問黏性。

2. 訂單產生效率指標

（1）總訂單數量

總訂單數量即訪客完成網上下單的訂單數之和。

（2）從訪問到下單的轉化率

從訪問到下單的轉化率即電商網站下單的次數與訪問該網站的次數之比。

3. 總體銷售業績指標

（1）網站成交額（GMV），網站成交額（GMV）也稱電商成交金額，即只要網民下單，生成訂單號，便可以計算在 GMV 裡面。

（2）銷售金額

銷售金額是貨品出售的金額總額。注意無論這個訂單最終是否成交，有些訂單下單未付款或取消，都算 GMV，而銷售金額一般只指實際成交金額，所以 GMV 的數字一般比銷售金額大。

（3）客單價

客單價即訂單金額與訂單數量的比值。

4. 整體指標

（1）銷售毛利

銷售毛利是銷售收入與成本的差值。銷售毛利中只扣除了商品原始成本，不扣除沒有計入成本的期間費用（管理費用、財務費用、營業費用）。

（2）毛利率

毛利率是衡量電商企業盈利能力的指標，是銷售毛利與銷售收入的比值。如京東 2014 年的毛利率連續四個季度穩步上升，從第一季度的 10.0% 上升至第四季度的 12.7%，體現出京東盈利能力的提升。

（二）網站流量指標

網站流量指標，即對訪問你網站的訪客進行分析，基於這些數據可以對網頁進行改進和對訪客的行為進行分析（如圖 10-6 所示）。

```
                          ┌─ 流量規模類指標 ──┬─ 獨立訪客數(UV)
                          │                  └─ 頁面訪問數(PV)
                          │
                          ├─ 流量成本類指標 ─── 單位訪客獲取成本
                          │
                          │                  ┌─ 跳出率
網站流量指標 ─────────────┼─ 流量質量類指標 ─┼─ 頁面訪問時長
                          │                  └─ 人均頁面瀏覽量
                          │
                          │                  ┌─ 注冊會員數
                          │                  ├─ 活躍會員數
                          │                  ├─ 活躍會員率
                          └─ 會員類指標 ─────┼─ 會員復購率
                                             ├─ 會員平均購買次數
                                             ├─ 會員回購率
                                             └─ 會員留存率
```

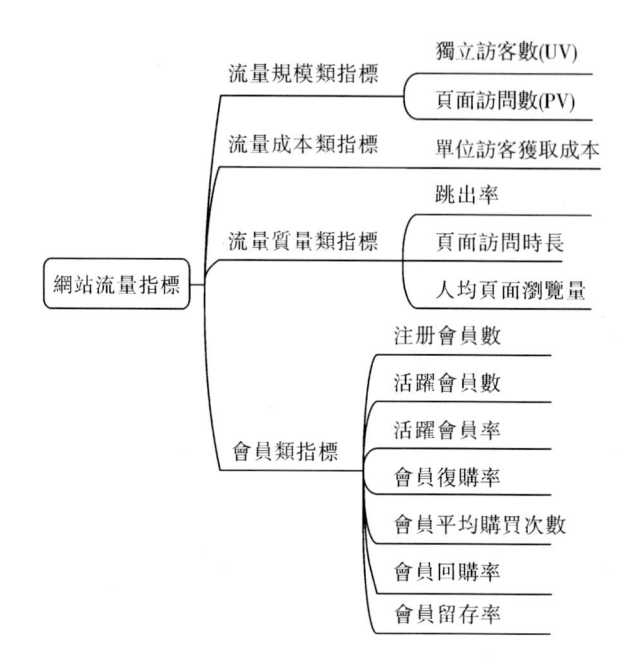

圖 10-6　網站流量指標

1. 流量規模類指標

常用的流量規模類指標包括獨立訪客數和頁面訪問數，相應的指標定義在前文（跨境電商總體營運指標）已經描述，在此不再贅述。

2. 流量成本類指標

（1）單位訪客獲取成本

該指標是指在流量推廣中，廣告活動產生的投放費用與廣告活動帶來的獨立訪客數的比值。最好將單位訪客獲取成本與平均每個訪客帶來的收入以及這些訪客帶來的轉化率進行關聯分析。若單位訪客獲取成本上升，但訪客轉化率和單位訪客收入不變或下降，則很可能流量推廣出現了問題，尤其要關注渠道推廣的作弊問題。

3. 流量質量類指標

（1）跳出率

跳出率也被稱為蹦失率，為瀏覽單頁退出的次數與該頁訪問次數的比值，跳出率只能衡量該頁作為著陸頁面（Landing page）的訪問情況。如果花錢做推廣，而著陸頁的跳出率高，很可能是因為對推廣渠道的選擇出現了失誤，推廣渠道目標人群和被推廣網站的目標人群不夠匹配，導致大部分訪客訪問一次就離開。

（2）頁面訪問時長

頁面訪問時長是指單個頁面被訪問的時間。頁面訪問時長不是越長越好，要視情況而定。對於電商網站，頁面訪問時間要結合轉化率來看，如果頁面訪問時間長，但轉化率低，則頁面體驗出現問題的可能性很大。

（3）人均頁面瀏覽量

人均頁面瀏覽量是指在統計週期內，平均每個訪客所瀏覽的頁面量。人均頁面瀏

覽量反應的是網站的黏性。

4. 會員類指標

（1）註冊會員數

註冊會員數是指一定統計週期內的註冊會員數量。

（2）活躍會員數

活躍會員數是指在一定時期內有消費或登錄行為的會員總數。

（3）活躍會員率

活躍會員率是即活躍會員占註冊會員總數的比重。

（4）會員復購率

會員復購率是指在統計週期內產生兩次及兩次以上購買行為的會員占購買會員的總數。

（5）會員平均購買次數

會員平均購買次數是指在統計週期內每個會員平均購買的次數，即訂單總數與購買用戶總數的比值。會員復購率高的電商網站，其平均購買次數也高。

（6）會員回購率

會員回購率指上一期內活躍會員在下一期時間內有購買行為的會員比率。

（7）會員留存率

對會員在某段時間內開始訪問你的網站，經過一段時間後，仍然會繼續訪問你的網站就被認作是留存，這部分會員占當時新增會員的比例就是新會員留存率，對這種留存的計算方法一種是按照活躍來計算，另一種是按消費來計算，即某段的新增消費用戶在往後一段時間週期（時間週期可以是日、周、月、季和半年度）還繼續消費的會員比率。留存率一般看新會員留存率，當然也可以看活躍會員留存率。留存率反應的是電商留住會員的能力。

（三）網站銷售（轉化率）指標

網站銷售（轉化率）指標，指分析從下單到支付整個過程中的數據，從而幫助提升商品轉化率，也可以對一些頻繁異常的數據展開分析（如圖10-7所示）。

1. 購物車類指標

（1）基礎類指標

基礎類指標包括在一定統計週期內加入購物車次數、加入購物車買家數以及加入購物車商品數。

（2）轉化類指標

轉化類指標購物車支付轉化率，即在一定週期內加入購物車商品支付買家數與加入購物車買家數的比值。

```
                                    ┌─ 加入購物車次數
                    ┌─ 購物車類指標 ─┼─ 加入購物車買家數
                    │                ├─ 加入購物車商品數
                    │                └─ 購物車支付轉化率
                    │
                    │                ┌─ 下單筆數
                    ├─ 下單類指標 ───┼─ 下單金額
                    │                ├─ 下單買家數
                    │                └─ 瀏覽下單轉化率
                    │
                    │                ┌─ 支付金額
   網站銷售         │                ├─ 支付買家數
  （轉化率）指標 ───┤                ├─ 支付商品數
                    ├─ 支付類指標 ───┼─ 瀏覽—支付買家轉換率
                    │                ├─ 下單—支付金額轉化率
                    │                ├─ 下單—支付買家數轉換率
                    │                └─ 下單—支付時長
                    │
                    │                ┌─ 交易成功金額
                    │                ├─ 交易成功買家數
                    │                ├─ 交易成功商品數
                    │                ├─ 交易失敗訂單數
                    └─ 交易類指標 ───┼─ 交易失敗訂單金額
                                     ├─ 交易失敗訂單買家數
                                     ├─ 交易失敗商品數
                                     ├─ 退款總訂單量
                                     ├─ 退款金額
                                     └─ 退款率
```

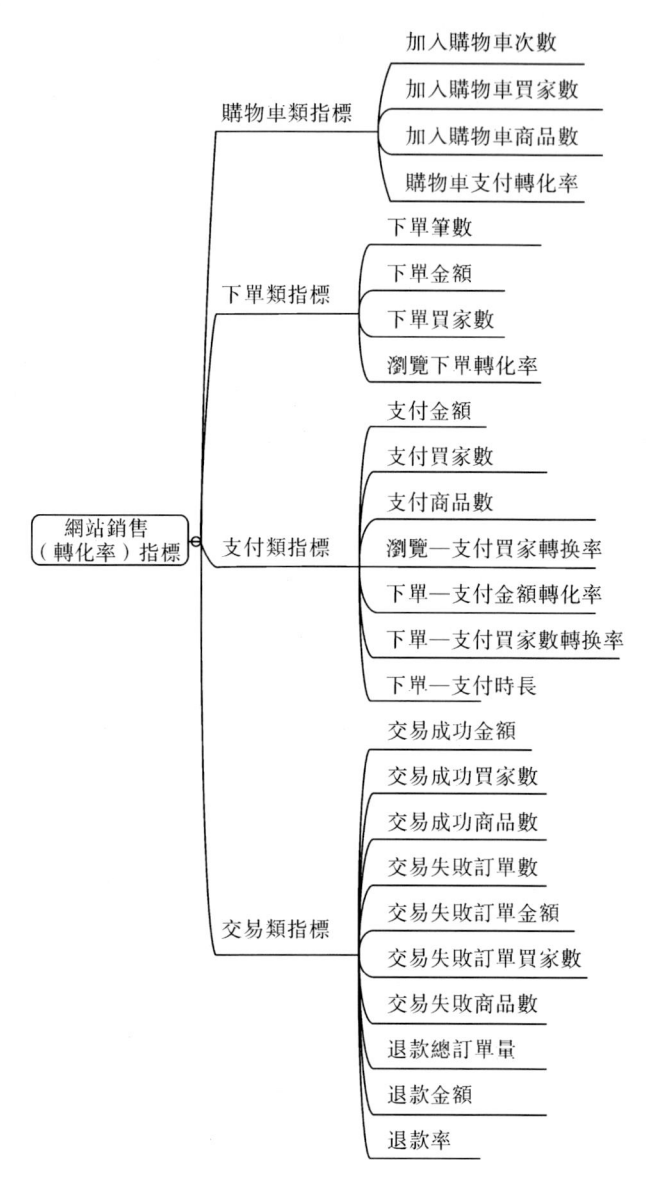

圖 10-7　網站銷售（轉化率）類指標

2. 下單類指標
（1）基礎類指標
基礎類指標包括在一定統計週期內的下單筆數、下單金額以及下單買家數。
（2）轉化類指標
轉化類指標為瀏覽下單轉化率，即下單買家數與網站訪客數（UV）的比值。

3. 支付類指標

（1）基礎統計類指標

基礎統計類指標包括在一定統計週期內的支付金額、支付買家數和支付商品數。

（2）轉化類指標

轉化類指標包括瀏覽—支付買家轉化率（支付買家數/網站訪客數）、下單—支付金額轉化率（支付金額/下單金額）、下單—支付買家數轉化率（支付買家數/下單買家數）和下單—支付時長（下單時間到支付時間的差值）。

4. 交易類指標

（1）基礎類指標

基礎類指標包括在一定統計週期內的交易成功金額、交易成功買家數、交易成功商品數、交易失敗訂單數、交易失敗訂單金額、交易失敗訂單買家數、交易失敗商品數、退款總訂單量、退款金額。

（2）退款率

退款率指的是在其體時間段內，已退款的商品所占的比例。計算公式為：退款率＝已退款的商品數量/已訂購商品數量×100％。

（四）客戶價值指標

客戶價值指標，包括客戶指標、新客戶指標和老客戶指標（如圖10-8所示）。

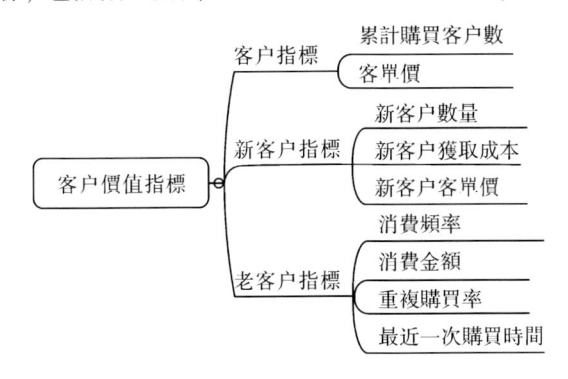

圖 10-8　客戶價值指標

1. 客戶指標

客戶指標包括在一定統計週期內的累計購買客戶數和客單價。客單價是指每一個客戶平均購買商品的金額，也稱平均交易金額，即成交金額與成交用戶數的比值。

2. 新客戶指標

新客戶指標包括在一定統計週期內的新客戶數量、新客戶獲取成本和新客戶客單價。其中，新客戶客單價是指第一次在店鋪中產生消費行為的客戶所產生的交易額與新客戶數量的比值。影響新客戶客單價的因素除了推廣渠道的質量外，還有電商店鋪活動和關聯銷售。

3. 老客戶指標

老客戶指標包括消費頻率、最近一次購買時間、消費金額和重複購買率。

（1）消費頻率是指客戶在一定期間內所購買的次數。

(2) 最近一次購買時間表示客戶最近一次購買的時間離現在有多久。
(3) 消費金額是指客戶在最近一段時間內購買的金額。

消費頻率越高、最近一次購買時間離現在越近、消費金額越高的客戶越有價值。

(4) 重複購買次數則是指消費者對該品牌產品或者服務的重複購買次數。重複購買次數越多，則反應出消費者對品牌的忠誠度越高，反之則越低。重複購買率可以按兩種口徑來統計：第一種，從客戶數角度，重複購買率是指在一定週期內下單次數在兩次及兩次以上的人數與總下單人數之比，如在一個月內，有 100 個客戶成交，其中有 20 個是購買兩次及以上，則重複購買率為 20%；第二種，按交易計算，即重複購買交易次數與總交易次數的比值，如在某月內，一共產生了 100 筆交易，其中有 20 個人有了二次購買，這 20 個人中的 10 個人又有了三次購買，則重複購買次數為 30 次，重複購買率為 30%。

在面向客戶制訂營運策略、營銷策略時，我們希望能夠針對不同的客戶推行不同的策略，實現精準化營運，以期獲取最大的轉化率。精準化營運的前提是客戶關係管理，而客戶關係管理的核心是客戶分類。

通過客戶分類，對客戶群體進行細分，區別出低價值客戶、高價值客戶，對不同的客戶群體開展不同的個性化服務，可將有限的資源合理地分配給不同價值的客戶，實現效益最大化。

在客戶分類中，RFM 模型是一個經典的分類模型，模型利用通用交易環節中最核心的三個維度——最近一次消費（Recency）、消費頻率（Frequency）、消費金額（Monetary）來細分客戶群體，從而分析不同群體的客戶價值。

在某些商業形態中，客戶與企業產生連接的核心指標會因產品特性而改變。如在互聯網產品中，以上三項指標可以相應地變為圖 10-9 中的三項：最近一次登錄、登錄頻率、在線時長。

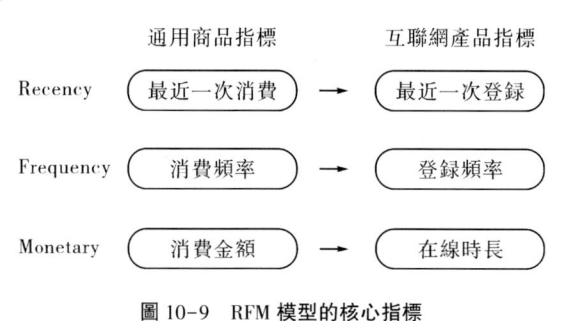

	通用商品指標		互聯網產品指標
Recency	最近一次消費	→	最近一次登錄
Frequency	消費頻率	→	登錄頻率
Monetary	消費金額	→	在線時長

圖 10-9　RFM 模型的核心指標

（五）商品指標

商品指標主要分析商品的種類，哪些商品賣得好，庫存情況，以及可以建立關聯模型來分析哪些商品同時銷售的概率比較高，從而進行捆綁銷售（如圖 10-10 所示）。

1. 產品總數指標

產品總數指標包括 SKU、SPU 和在線 SPU。

（1）SKU

SKU 是物理上不可分割的最小存貨單位。

（2）SPU

SPU即標準化產品單元（Standard Product Unit），SPU是商品信息聚合的最小單位，是一組可復用、易檢索的標準化信息的集合，該集合描述了一個產品的特性。通俗點講，屬性值、特性相同的商品就可以稱為一個SPU。如iPhone5S是一個SPU，而iPhone 5S的配置為16G版、4G手機、顏色為金色、網絡類型為TD-LTE/TD-SCDMA/WCDMA/GSM則是一個SKU。

（3）在線SPU

在線SPU是指在線商品的SPU數。

2. 產品優勢性指標

產品優勢性指標主要是獨家產品的收入占比，即獨家銷售的產品收入占總銷售收入的比例。

3. 品牌存量指標

品牌存量指標包括品牌數和在線品牌數指標。品牌數是指商品的品牌總數量。在線品牌數則是指在線商品的品牌總數量。

4. 上架

上架包括上架商品SKU數、上架商品SPU數、上架在線商品SPU數、上架商品數和上架在線商品數。

5. 首發

首發包括首次上架商品數和首次上架在線商品數。

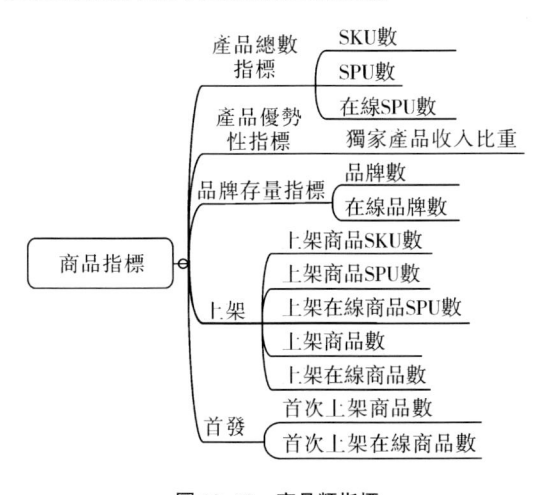

圖10-10　商品類指標

（六）市場營銷活動指標

市場營銷活動指標主要監控某次活動給電商網站帶來的效果，以及監控廣告的投放指標（如圖10-11所示）。

```
                                        ┌─ 新增訪問人數
                                        ├─ 總訪問次數
                            ┌─ 市場營銷 ─┼─ 訂單數量
                            │   活動指標  ├─ 投資回報率(ROI)
                            │           ├─ 下單轉化率
                            │           └─ 新增註冊人數
          市場營銷 ─────────┤
          活動指標           │           ┌─ 新增訪客數
                            │           ├─ 新增註冊人數
                            │           ├─ 總訪問次數
                            └─ 廣告投放 ─┼─ 訂單數量
                                指標     ├─ UV訂單轉化率
                                        └─ 廣告投資回報率
```

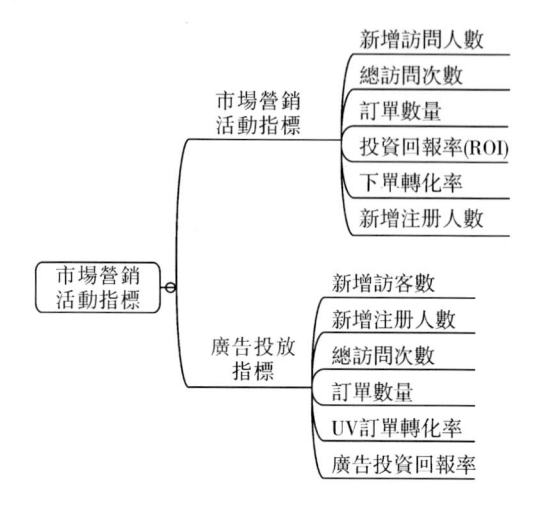

圖 10-11　市場營銷活動指標

1. 市場營銷活動指標

市場營銷活動指標包括新增訪問人數、新增註冊人數、總訪問次數、訂單數量、下單轉化率以及投資回報率（ROI）。其中，下單轉化率是指活動期間，某活動所帶來的下單的次數與訪問該活動的次數之比。投資回報率（ROI）是指，在某一活動期間，產生的交易金額與活動投放成本金額的比值。

2. 廣告投放指標

廣告投放指標包括新增訪問人數、新增註冊人數、總訪問次數、訂單數量、UV訂單轉化率、廣告投資回報率。其中，下單轉化率是指某廣告所帶來的下單的次數與訪問該活動的次數之比。廣告投資回報率是指，某廣告產生的交易金額與廣告投放成本金額的比值。

（七）風險控制指標

風險控制指標是指分析賣家評論以及投訴情況，從而發現問題，改正問題（如圖10-12 所示）。

```
                                        ┌─ 買家評價數
                                        ├─ 買家評價賣家數
                            ┌─ 買家評價 ─┼─ 買家評價上傳圖片數
                            │   指標     ├─ 買家評價率
          風險控制指標 ─────┤           ├─ 買家好評率
                            │           └─ 買家差評率
                            │
                            │           ┌─ 發起投訴(申訴)數
                            └─ 買家投訴 ─┼─ 投訴率
                                類指標   └─ 撤銷投訴(申訴)數
```

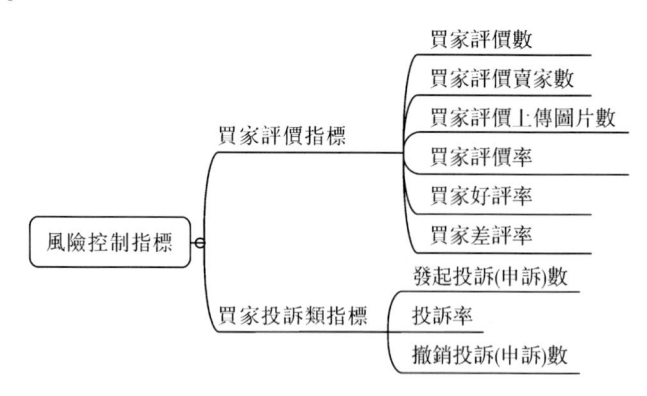

圖 10-12　風險控制類指標

1. 買家評價指標

買家評價指標包括買家評價數、買家評價賣家數、買家評價上傳圖片數、買家評價率、買家好評率以及買家差評率。

其中，買家評價率是指某段時間參與評價的買家與該時間段買家數量的比值，是反應用戶對評價的參與度，電商網站目前都在積極引導用戶評價，以作為其他買家購物時的參考。買家好評率是指某段時間內好評的買家數量與該時間段買家數量的比值。

同樣，買家差評率是指某段時間內差評的買家數量與該時間段買家數量的比值。尤其是買家差評率，是非常值得關注的指標，需要監控起來，一旦發現買家差評率在加速上升，就要提高警惕，分析引起差評率上升的原因，並及時改進。

2. 買家投訴類指標

買家投訴類指標包括發起投訴（申訴）數、撤銷投訴（申訴）數、投訴率（買家投訴人數占買家數量的比例）等。對於投訴量和投訴率，賣家為了發現問題都需要及時監控，及時優化。

（八）市場競爭指標

市場競爭指標，包括市場份額相關指標和網站排名兩類指標（如圖 10-13 所示）。

1. 市場份額相關指標

市場份額相關指標包括市場佔有率、市場擴大率和用戶份額。市場佔有率是指電商網站交易額占同期所有同類型電商網站整體交易額的比重；市場擴大率是指購物網站佔有率較上一個統計週期增長的百分比；用戶份額是指購物網站獨立訪問用戶數占同期所有 B2C 購物網站合計獨立訪問用戶數的比例。

2. 網站排名

網站排名包括交易額排名和流量排名。交易額排名是指電商網站交易額在所有同類電商網站中的排名；流量排名是指電商網站獨立訪客數量在所有同類電商網站中的排名。

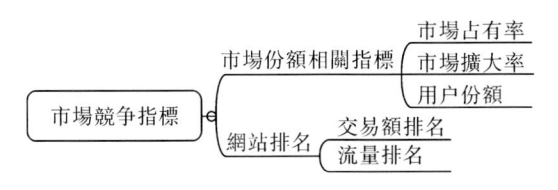

圖 10-13　市場競爭類指標

以上共從 8 個方面來闡述如何對跨境電商平臺進行數據分析，當然，具體問題具體分析，每個公司的側重點也有所差異，所以具體如何分析還須因地制宜。

總之，本書介紹了跨境電商數據分析的基礎指標體系，涵蓋了流量、銷售轉化率、客戶價值、商品類目、營銷活動、風控和市場競爭指標，對於這些指標只有系統化地進行統計和監控，才能更好地發現跨境電商營運健康度的問題，從而更好地及時改進和優化，提升跨境電商收入。例如銷售轉化率本質上是一個漏斗模型，而對於從網站首頁到最終購買各個階段的轉化率的監控和分析是網站營運健康度很重要的分析方向。

二、數據分析方法

（一）趨勢分析

趨勢分析是最簡單、最基礎，也是最常見的數據監測與數據分析方法。通常我們要在數據分析產品中建立一張數據指標的線圖或者柱狀圖，然後持續觀察，並重點關注異常值。

在這個過程中，我們要選定第一關鍵指標（OMTM，One Metric That Metter），而不被虛榮指標（Vanity Metrics）迷惑。

以社交類 App 為例，如果我們將下載量作為第一關鍵指標，可能就會走偏，因為用戶下載 App 並不代表他使用了你的產品。在這種情況下，建議將 DAU（Daily Active Users，日活躍用戶）作為第一關鍵指標，而且是啟動並且執行了某個操作的用戶才能算上去；這樣的指標才有實際意義，營運人員要核心關注這類指標。

（二）多維分析

多維分析是指從業務需求出發，將指標從多個維度進行拆分。這裡的維度包括但不限於瀏覽器、訪問來源、操作系統、廣告內容等。

為什麼需要進行多維拆解？有時候對於一個非常籠統或者最終的指標是看不出什麼問題來的，但是進行拆分之後，很多細節問題就會浮現出來。

（三）用戶分群

用戶分群主要有兩種分法：維度和行為組合。第一種是根據用戶的維度進行分群，比如從地區維度分，有北京、上海、廣州、杭州等地的用戶；從用戶登錄的平臺進行分群，有 PC 端、平板端和手機移動端用戶。第二種是根據用戶的行為組合進行分群，比如區分在社區「每週簽到 3 次」的用戶與在社區「每週簽到少於 3 次」的用戶。

（四）用戶細查

正如上文所述，用戶行為數據也是數據的一種，觀察用戶在你產品內的行為路徑是一種非常直觀的分析方法。在用戶分群的基礎上，一般抽取 3~5 個用戶進行細查，即可覆蓋分群用戶大部分的行為規律。

（五）事件分析

事件，即通過埋點，高效追蹤用戶行為或業務的過程。註冊、啟動、登錄、點擊等，都是常見的事件。

通過事件分析我們可以準確瞭解 App 內發生的事件量，根據產品特性合理配置追蹤，可以輕鬆回答關於變化趨勢、分維度對比等問題，例如：

某個時間段推廣頁面的點擊量有多少，對比昨日有多少提升？

某個渠道的累計註冊數是多少，第一季度排名前十的註冊渠道有哪些？

某個活動頁的 UV 不同時段的走勢，安卓和 IOS 占比情況如何？

（六）漏鬥分析

漏鬥是用於衡量轉化效率的工具，因從開始到結束的模型類似一個漏鬥而得名。漏鬥分析要注意兩個要點：第一，不但要看總體的轉化率，還要關注轉化過程中每一步的轉化率；第二，漏鬥分析需要進行多維度拆解，拆解之後可能會發現在不同維度下的轉化率有很大差異。

在漏鬥模型中須清晰三個基本概念，可以借助強大的篩選和分組功能進行深度分析。

步驟：用戶行為，由事件加篩選條件組成。

時間範圍：漏鬥第一步驟發生的時間範圍。

轉化週期：用戶完成漏鬥的時間限制，漏鬥只統計在這個時間範圍內，用戶從第一步到最後一步的轉化。

漏鬥分析與事件分析的不同在於：漏鬥分析是基於用戶，或者說是基於人來統計某一批用戶所發生的行為，不會受到歷史瀏覽頁面用戶的事件的影響，可以更加準確地暴露某一時間段內產品存在的問題。例如，某企業的註冊流程採用郵箱方式，註冊轉化率一直很低，只有27%。通過漏鬥分析發現，主要流失在「提交驗證碼」環節。

（七）留存分析

留存，顧名思義就是新用戶留下來持續使用產品。衡量留存的常見指標有次日留存率、7日留存率、30日留存率等。我們可以從兩個方面去分析留存，一個是新用戶的留存率，另一個是產品功能的留存。

1. 留存用戶

留存用戶，即用戶在發生初始行為一段時間後，發生了目標行為，則認定該用戶為留存用戶。

2. 留存行為

留存行為，即某個目標用戶完成了起始行為之後，在後續日期完成了特定留存行為，則留存人數加1。

3. 留存率

留存率，是指發生「留存行為用戶」占發生「初始行為用戶」的比例。常見指標有次日留存率、七日留存率、次月留存率等。

4. 留存表

留存表中給出了目標用戶的留存詳情，主要包括以下信息：

（1）目標用戶：每天完成起始行為的目標用戶量，是留存用戶的基數。

（2）留存用戶：發生留存行為的留存用戶量和留存率。

（3）留存曲線圖：通過留存曲線圖可以觀測隨著時間推移，用戶留存率的衰減情況。

第一個案例：以社區網站為例，「每週簽到3次」的用戶留存率明顯高於「每週簽到少於3次」的用戶。簽到這一功能在無形中提升了社區用戶的黏性和留存率，這也是很多社群或者社區主推這個功能的原因。

第二個案例：首次註冊微博，微博會向你推薦關注10個「大V」；首次註冊LinkedIn，LinkedIn 會向你推薦 5 個同事；在申請信用卡時，發卡方會說信用卡消費滿 4 筆即可抽取「無人機」大獎；很多社交產品規定，每週簽到 5 次，用戶可以獲得雙重積分或者虛擬貨幣。

在這裡面，「關注 10 個大 V」「關注 5 個同事」「消費 4 筆」「簽到 5 次」就是筆者想說的「Magic number」，這些數字都是通過長期的數據分析或者機器學習的方式發現的。實踐證明，符合這些特徵的用戶的留存度是最高的；營運人員需要不斷去推動、激勵用戶達到這個標準，從而提升留存率。

(八) A/B 測試與 A/A 測試

A/B 測試是為了達到一個目標，採取兩套方案，一組用戶採用 A 方案，另一組用戶採用 B 方案。通過實驗觀察兩組方案的數據效果，並判斷兩組方案的好壞。在 A/B 測試方面，谷歌一直不遺餘力地進行嘗試；對於搜索結果的顯示，谷歌會制訂多種不同的方案（包括文案標題、字體大小、顏色等），來不斷優化搜索結果中廣告的點擊率。

這裡需要注意一點，在 A/B 測試之前最好有 A/A 測試或者類似準備。A/A 測試是評估兩個實驗組是否處於相同的水準，只有這樣 A/B 測試才有意義。其實，這和學校裡面的控制變量法、實驗組與對照組、雙盲試驗本質上是一樣的。

第三節　跨境電商數據分析流程

一、產品支持分析

(一) 產品支持的概念分析

所謂的產品支持，就是選品，它是數據化營運的基礎，很多賣家在選品時都會有一些誤區，例如，賣家會選擇自己喜歡、價格低廉、供應商推薦的商品等。這些都不是科學的選品方法，往往會導致虧損。在電商交易中，我們可以通過數據分析結果進行選品，選品可以分為站內選品和站外選品兩類。

(二) 產品支持的數據獲取

在選品的過程中，我們經常需要搜集、分析一些客觀數據，來幫助我們更好地瞭解產品和市場信息。常用的數據獲取分析方法有兩種：一種是從買家界面來獲取數據，另一種是從賣家後臺或者第三方數據分析平臺來獲取數據。

1. 買家界面獲取數據

(1) 亞馬遜數據

Best sellers：可對熱銷產品進行觀察。

Hot new releases：熱門新品榜單，每小時更新一次數據。

Movers & Shakers：一天內銷量上升最快的商品，通過這個數據可以尋找潛力商品。

Most wished for：願望清單，買家想買但是還沒買的產品，一旦願望清單裡的商品

降價了，平臺就會主動發通知給買家。

Gift Ideas：最受歡迎的禮品，如果你的產品具有禮品屬性，可以關注這塊信息，這些數據會每日及時更新。

（2）全球速賣通平臺數據

Best selling：頻道收集了最新熱門商品和每週熱銷商品，可以按照經營類目來查看熱門商品排行。

2. 賣家後臺獲取數據或者第三方數據分析平臺獲取數據

（1）Google trends（谷歌趨勢）

谷歌搜索對於跨境電商賣家來說是很實用的工具。在 Google trends 中可以看到每個關鍵詞的搜索趨勢，賣家可以根據升降變化來判斷產品最近的銷售趨勢。

（2）Google global market finder（全球商機洞察）

Google global market finder 可以提供來自全球互聯網搜索的數據。按照總的搜索量、建議出價和競爭情況對每個市場的商機進行排序，可以從全球範圍搜索關鍵詞在各地區的表現情況。

（3）WatchCount 和 Watched Item

WatchCount 和 Watched Item 是 eBay 的兩個搜索分析網站，可以查看在 eBay 平臺上受歡迎的商品。

（4）Terapeak

在 Terapeak 上可以查找到關於 eBay 的商品銷售數據，包括熱銷商品的類目情況、自己經營的類目情況等。

（5）全球速賣通後臺數據

在全球速賣通的賣家後臺，可以通過「行業情報」和「選品專家」數據工具進行系統的選品分析。

（6）其他

另外還有紫鳥數據魔方、三個駱駝、物托幫、米庫、海鷹數據網等工具可以使用，這裡不再詳述。

此外分享三個付費插件——Keepa、Unicorn Smasher 和 ASINspector，感興趣的讀者也可以試試。

二、跨境電商內部營運數據分析

（一）數據引流分析

流量對於網店來說，相當於心臟之於人體，其重要性不言而喻。人沒有心臟就無法生存；網店沒有流量，也就只能倒閉。就像開實體店，即使我們有最優質的產品、最便宜的價格，但是如果沒有客流量，就相當於將產品放在倉庫，產品不能被別人看到自然就賣不出去。所以有好產品，就要把它展示出來。「流量為王」是所有網站營運的核心，通過數據化選品以後，接下來我們需要做的就是為產品或者店鋪引流。流量整體上分為類目流量和普通搜索流量兩類

類目流量，指的是從平臺頁面類目欄（通常在左側）通過層層篩選最後到達產品展示頁的流量。普通搜索流量即自然搜索流量，指的是買家在平臺頁面搜索框中搜索

某個關鍵詞出現搜索結果後，點擊某個搜索結果，為該產品所屬賣家帶來的流量。

商品的曝光量與成交量成正比，有更多的曝光量意味著有更多的成交量。我們可以通過數據分析設置流量最大化的標題、設置關鍵詞填寫、填寫流量最大的屬性等發布一個流量最大化的產品，從而獲得更多的訂單。因此我們要盡量將商品發布在流量大的類目中來增加商品的類目流量。那麼如何知道哪個類目的流量更大呢？這就需要用到數據分析。很多電商平臺都提供了相關的數據分析工具，例如全球速賣通平臺上的數據縱橫工具裡有「搜索詞分析」，可以從中找到平臺內最近的熱搜詞；在「選品專家」中可以找到熱銷屬性等。我們還可以通過直通車的數據分析來選擇近幾年匹配度最高的關鍵詞進行推廣，從而為產品精準引流。

流量還可以分為店內流量和站內其他流量兩類，店內流量相對比較簡單，也就是通過店鋪內的搜索欄搜索本店產品的流量。而站內其他流量包括的範圍比較廣泛，但是其核心就是店鋪產品與產品這個頁面的跳轉，也可以稱之為流量的共享，主要工作就是關聯產品以及店鋪裝修等。

（二）店鋪整體數據分析

當我們選好了產品，引來了流量，優化了點擊率和轉化率以後，接下來要做的就是分析店鋪整體的數據。對店鋪整體的數據進行分析時，首先要分析的是買家的行為，通過分析店鋪買家的具體特徵，可以為接下來的營運提供數據支持，對於跨境電商而言，客戶來自不同的國家和地區，那麼客戶的購物時間是不同的，這樣我們就要分析網店的主要客戶是哪個國家和地區，確定客戶主要購物所在地與中國的時差，知道了這個規律之後，我們就可以調整新產品上架的時間，因為新產品在上架之後會有流量傾斜。

待商品上架後，通過數據分析店鋪的買家的具體特徵以及買家最關注的產品有哪些特徵，來提升客戶的平均停留時間，提升客戶的活躍度，可以降低流失率，最終提高客戶的黏性。一般來說，客戶在一個網站上的平均停留時間和每個客戶對網站的平均貢獻值是成正比的。那麼，賣家可以記錄客戶的瀏覽行為，瞭解客戶的興趣及需求所在，有針對性地動態調整網站頁面，以滿足客戶的需要並向客戶推薦、提供一些特有的商品信息和廣告，從而使客戶能夠繼續保持對訪問站點的興趣。

分析完買家行為以後，接下來就要分析營運人員在日常的數據化營運中，在每個不同的時間節點都需要做哪些工作。比如營銷活動匹配買家購物高峰、掌握國外重大節日進行節點營銷等。只有工作細分了，效率才能提高。

利潤永遠是賣家最關注的問題，而店鋪的利潤在絕大多數情況下取決於倉庫中的庫存，也就是我們最關心的倉庫的動銷率。所以，我們要經常統計倉庫中哪些產品是滯銷的，從而將其淘汰；哪些產品是熱銷的，從而將其繼續推廣。倉庫的動銷率提高了，店鋪的利潤自然也會隨之增加。當我們能夠成功地提升訪問次數、停留時間和訪問深度這三個數據點之後，客戶的活躍度自然就提升了。

數據分析在跨境電商中起到了關鍵作用。

三、跨境電商外部營銷數據分析

在跨境電商外部營銷數據分析中，通常用到的是 AARRR 模型。AARRR 模型是一套

適用於移動 App 的分析框架，又稱海盜指標，是「增長黑客」中驅動用戶增長的核心模型。AARRR 模型把用戶行為指標分為 5 大類，即獲取用戶（Acquisition）、激活（Activation）、留存（Retention）、變現（Revenue）和推薦（Referral），如圖 10-14 所示。

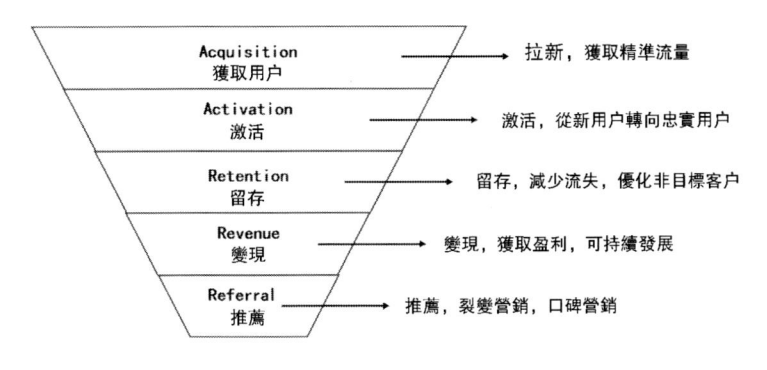

```
Acquisition 獲取用戶  →  拉新，獲取精準流量
Activation 激活       →  激活，從新用戶轉向忠實用戶
Retention 留存        →  留存，減少流失，優化非目標客戶
Revenue 變現          →  變現，獲取盈利，可持續發展
Referral 推薦         →  推薦，裂變營銷，口碑營銷
```

圖 10-14　AARRR 模型

以電商業務為例，基於 AARRR 模型構建用戶生命週期營運全脈絡和每個節點需要關注的重點指標。

（一）獲取用戶

在獲取用戶階段，我們希望讓更多潛在用戶關注到我們的產品，將通過以下基礎途徑來曝光我們的推廣頁面：

付費獲取：媒體廣告、SMS、EDM、流量交易/置換。

搜索營銷：搜索引擎優化（SEO）、搜索引擎營銷（SEM）。

口碑傳播：用戶間邀請活動、推薦傳播等。

在用戶訪問頁面後，可以通過導航、主動搜索、算法推薦來瞭解到我們的產品。切中當下需求的用戶會進行註冊行為，這算是和用戶真正意義上的第一次會面。這時就要重點關注推廣頁 UV、點擊率、註冊量、註冊率、獲客成本等重要指標。

（二）激活

在用戶註冊後是否會進一步瞭解我們的產品？這其中涉及產品的功能、設計、文案、激勵、可信度等。我們需要不斷調優，引導用戶進行下一步行為，讓新用戶成為長期的活躍用戶。

我們可以通過界面或文案優化、新手引導、優惠激勵等手段，進行用戶激活流程的轉化提升，還要監控瀏覽商品頁面、加入購物車、提交訂單、完成訂單的漏斗轉化。在這個過程中，我們要重點關注活躍度，若定義加入購物車為活躍用戶，那麼就要觀察註冊至加入購物車的漏斗轉化率，按維度拆分，分析優質轉化漏斗的共有特徵或營運策略，從而提升策略覆蓋率，優化整體轉化效果。

（三）留存

用戶完成初次購買流程後，是否會繼續使用？流失的用戶能否繼續回來使用我們的產品？

產品缺乏黏性會導致用戶的快速流失，我們可以通過搭建生命週期節點營銷計劃，通過推送、短信、訂閱號、郵件、客服跟進等一切適合的方式來提醒用戶持續使用我們的產品，並且在此基礎上通過積分或等級體系，來培養用戶忠誠度，提升用戶黏性。

我們應重點關注留存率、復購率、人均購買次數、召回率等指標。

（四）變現

我們獲得每位用戶平均需要花費多少錢？每位用戶平均能為我們貢獻多少價值？能否從用戶的行為，甚至其他方式中賺到錢？

電商業務的基礎是要關注獲客成本（CAC）、顧客終身價值，並在此基礎上通過營運活動激勵用戶進行購買，提升用戶單價、頻次、頻率，最終提升用戶生命週期貢獻價值。

我們應重點關注獲客成本、顧客終身價值、營銷活動 ROI 等指標。

（五）推薦

用戶是否會自發地推廣我們的產品？通過激勵是否能讓更多的忠誠用戶推廣我們的產品？

在社交網絡高度發達的今天，我們可以通過各種新奇的方式來進行產品傳播，如用戶邀請的老帶新活動、垂直領域的社群營運、H5 營銷傳播，讓老用戶推廣我們的產品等，從而吸引更多的潛在用戶。

我們應重點關注邀請發起人數、推薦的新用戶量、邀請轉化率、傳播系數等指標。

四、小結

結合多種業務場景，梳理如何通過用戶行為進行事件分析、漏斗分析和留存分析，基於 AARRR 模型如何獲取用戶、激活、留存、變現和推薦，最終通過三大引擎，聚焦 OMTM 驅動增長。

每當產生新的業務問題的時候，通過框架去進行系統化的思考，對問題的解決起著尤為重要的作用。

第四節　第三方平臺數據分析工具

一、跨境電商平臺數據分析基本指標體系

2017 年，跨境電商進入新時代，亞馬遜也已經不再是粗放營運的平臺，眾多跨境電商賣家或者爆款的成功足以證明數據分析的重要性，那麼數據分析又需要注意哪些指標呢？

（1）市場的競爭程度

眾所周知，一款產品售賣數量在一定程度上決定了此款產品的競爭程度，據業內人士分析，產品售賣數量越多，競爭程度也就越大，那麼推廣起來的可能性也就越小，對於眾多跨境電商賣家而言並非易事，因此，在數據分析指標考量上，合理評估產品

的市場競爭程度是首要因素。

（2）產品的市場容量

提到產品的市場容量，據瞭解，亞馬遜會以月銷 5 萬美元以上的產品數據作為參考依據，來評判某款產品是否為熱銷產品，如果一款產品市場競爭激烈，而市場容量卻相對較小，同時也就意味著產品銷量岌岌可危，是得不償失的。

（3）自身的優勢

在賣同樣產品的時候，要能深刻挖掘出自身產品的突出優勢所在，俗話說「知己知彼，百戰不殆」，只有清楚地意識到自己當前的實力狀況，才能胸有成竹地與對手相較量，這其中也包括營運團隊的實力和工廠資源上的優勢。需要注意的是，並不是說競爭大熱門的產品就不能夠去營運，只要能合理掌握當前的自身優勢所在，還是值得探索嘗試的。

（4）產品的後續發展趨勢

對於廣大跨境電商賣家而言，針對新產品上架方面都會選擇發展前景更為廣闊的產品，而不會去選迭代性的產品，因此前期的準備工作就顯得尤為重要。要分析好一款產品的時間週期情況，主要分為導入期、成長期、穩定期和衰落期，在導入期和成長期階段就要強有力地進入市場，促使一款產品朝著爆款的趨勢進攻，從而在產品的後續發展階段才能更為穩定。

（5）推廣的難易程度

若選擇一款較為熱門的產品，即使市場容量大，但如果跟不上市場的推廣步伐的話，那麼產品的銷量自然也會不見起色，因此合理考量產品推廣的難易程度是十分必要的。

（6）自身的目標定位

這就好比對於一款產品如果大部分賣家月銷量都能夠達到 5 萬美元左右，那麼就需要根據這個數據分析自己當前的營運狀況，最終定位目標。

（7）清貨的難易程度

前文提到每款產品都具有生命週期，在產品的銷售末期清貨若顯得較為困難，進而就會影響到產品的利潤，因此在開發產品的時候就需要考慮到後期清貨的難易程度。

（8）日後大批量時是否有利於自己打包發貨

這是一個眾多跨境電商賣家容易忽視的問題，當在開發某款銷售量十分可觀的產品的時候，在前期小批量的訂單生產階段就需要著手準備打包發貨，而不應該延遲至大批量時同時打包發貨，這樣就會容易導致公司配備人員相應增多，物流難度也會相應加大。

作為一個在亞馬遜開店的賣家，如果想要瞭解店鋪一天賺了多少錢、賣了多少單，可以直接在後臺查看業務報告的各項數據。那麼，如何看懂業務報告呢？賣家可以打開帳戶後臺，在數據報告（Report）選項中找到業務報告（Business report）入口，進入頁面後可以看到業務報告。

業務報告由銷售圖表（Sales dashboard）、按日期或按 ASIN 歸類數據的業務報告（Business report）、亞馬遜銷售指導（Amazon selling coach）三部分數據組成，而這些報告的數據通常最多可以保留兩年。

對於所有的業務報告，賣家都可以進行下載，系統默認下載全部數據，再將數據保存到相應的文件夾裡。在業務報告裡的任何一個數據報告，都把月租和產品銷售佣

金這部分的支出費用計算在內。可在後臺「Report」裡面的「Payments」下載「Date range reports」來查看實際收入。

（一）銷售圖表

銷售圖表（Sales dashboard）由銷售概覽（Sales snapshot）、銷售對比（Compare sales）和商品類別銷售排名（Sales by category）三部分組成。

1. 銷售概覽（Sales snapshot）

銷售概覽（Sales snapshot）通常會顯示賣家當天的銷售情況，數據大約每小時更新一次。

2. 銷售對比

銷售對比（Compare sales）由直觀的圖表組成。它能將不同時間的銷售數據放在一起對比，可以很直觀地看到商品銷量、淨銷售額的升降情況。銷售對比（Compare sales）具有互動式功能。

3. 商品類別銷售排名

商品類別銷售排名（Sales by category）能讓賣家知道在具體時間段內，排在店鋪前幾名的產品類別分別有哪些分類，各分類的商品數量、淨銷售額有多少以及商品數量百分比和淨銷售額百分比。

（二）業務報告

業務報告（Business report）的報告按照日期、ASIN碼和其他業務報告這三大版塊來歸類數據。業務報告這一大塊業務報告的數據比較多，但賣家常看的數據有以下幾項：

1. 根據日期統計的業務報告

（1）銷售量（Sales）與訪問量（Traffic）

根據日期統計的「銷售量與訪問量」這類數據，以「圖像+表格」的形式表達，數據非常直觀。在表格中，賣家可以看到具體某段時間內的銷售額、銷量、買家訪問次數、訂單商品種類數轉化率等各類數據。下面，筆者將對各數據的專有名詞進行解讀。

日期（Date）：賣家可以按天、周、月、年查看數據，最長時間為2年。

已訂購商品銷售額（Ordered product sales）：在具體時間段內，賣家所有訂單加起來的淨銷售額度。計算公式為：已購商品銷售額=商品價格×已訂購的商品數量。

已訂購商品數量（Units ordered）：在具體時間段內，賣家所有訂單加起來的商品個數的總和。例如，買家提交了一個訂單，這張訂單含2件商品，那麼已訂購商品數量（Units ordered）為2。

訂單商品種類數（Total order items）：在具體時間段內，所有訂單中加起來的商品的品種個數。比如，買家提交了3個訂單，其中2個訂單的產品都是相機，另外1個訂單的產品是鍵盤，相機和鍵盤是不同的產品，算2種產品，那麼訂單商品種類數（Total order items）就是2。

每種訂單商品的平均銷售額（Average sales per order item）：在具體時間段內，平均每一種產品以多少價錢售出。計算公式為：每種訂單商品的平均銷售額=已訂購商品

銷售額/訂單商品種類數。例如，當天賣家店鋪產生了157美元的銷售額，共賣出36種產品，那麼每一種商品的平均銷售額約為4.4美元。

每種訂單商品的平均數量（Average units per order item）：在具體時間段內，平均每一種商品的銷售數量。計算公式為：每種訂單商品的平均數量=已訂購商品數量/訂單商品種類數。比如，賣家當天售出了36個產品，共32個品種，那麼平均每一個品種的銷量約為1.13個。

平均銷售價格（Average selling price）：在具體時間段內，平均每一個商品以多少價錢售出，也就是我們平常所說的「每個商品的平均價格」。

買家訪問次數（Sessions）：對買家對賣家產品頁面進行訪問的瀏覽次數的統計。在一次訪問中，即使買家多次瀏覽多個頁面（24小時內），也只會記為一次訪問。買家訪問量越高，證明產品的曝光度越高。

商品轉化率（Order item session percentage）：在買家訪問次數中下單用戶所占的百分比。產品有沒有吸引力，下單的人多不多，從這個轉化率中就可以看得出來。

平均在售商品數量（Average offer count）：是由亞馬遜所計算出來的處於「在售」狀態的商品的平均數量。

（2）詳情頁面上的銷售量與訪問量

在這項數據報告中，賣家應該重點讀取關於銷售量與訪問量的數據。筆者著重解釋一下什麼是頁面瀏覽次數（Page views）和購買按鈕頁面瀏覽率（Unit session percentage）。

頁面瀏覽次數（Page views）：在所選取的時間範圍內，產品詳情頁面被買家點擊瀏覽的次數，即經常所說的PV。如果在24小時內，同一用戶點擊了10個商品詳情頁面，那麼PV就算是10次。但買家訪問次數（Sessions）只算1次，所以「頁面瀏覽次數」一般會比「買家訪問次數」要高很多。PV越高，也就意味著商品的曝光率越高，對銷量、轉化率越有利。

購買按鈕頁面瀏覽率（Unit session percentage）：獲得黃金購物車購買按鈕的商品頁面的瀏覽次數在總的頁面瀏覽次數中所占的百分比。

（3）賣家業績

這一數據主要反應售後情況，包括退款、退貨、索賠的數據。通過這一數據，可以知道用戶體驗好不好，賣家有沒有將售後和客戶服務做好。

已退款的商品數量（Units refunded）：在具體時間段內，賣家被要求退款的商品數量，即退貨數量。

退款率（Refunded rate）：在具體時間段內，已退款的商品所占的比例。計算公式為：退款率=已退款的商品數量/已訂購商品數量×100%。

已收到的反饋數量（Feedback received）：在具體時間段內，賣家收到已驗證購買的買家所留下的反饋總數量，包括好評與差評。

已收到的負面反饋數（Negative feedback received）：在某段時間內，賣家收到的已驗證購買的買家所留下的差評數量，包括一星、二星差評。差評對賣家不利，數量越少越好。

負面反饋率（Received negative feedback rate）：差評在反饋總數量中所占的比例，也就是已收到的負面反饋數與已收到的反饋數量的比值。

已批准的亞馬遜商城交易索賠（A-to-Z claims granted）：亞馬遜商城買家對賣家的產品或服務不滿意，就會發起交易索賠，一旦成立就會計入次數。A-to-Z Claims 對賣家也很不利，賣家應盡量避免交易索賠的產生。

索賠金額（Claims amount）：買家提出索賠的金額。金額當然是越小越好。

如果賣家的售後與客戶服務都做得好，那麼退貨數量、退貨率、負面反饋率都會是比較低的。

2. 按商品 ASIN 碼統計的業務報告

上述的數據都是介紹產品整體的表現。如果賣家需要仔細分析某個產品的表現，那麼按商品統計中的「子商品詳情頁面上的銷售量與訪問量」這一數據值得一看。賣家可以主要查看子商品的買家訪問次數、頁面瀏覽次數、已訂購商品數量、已訂購商品銷售額和訂單商品種類數這幾個反應 Listing 銷售量與訪問量的數據。

同時，賣家也可以通過對比不同的子產品數據，從而發現和挖掘產品的市場潛力。人氣旺的熱門產品的頁面瀏覽量往往會比其他產品的高出很多，產品銷量也會比較理想。但如果人氣不旺，產品沒有吸引力，買家的瀏覽量少了，那麼它的銷量也不會高到哪裡去，這個產品就可能會有庫存壓力，因而賣家可以對 Listing 標題、描述、關鍵詞進行優化，或者進行推廣引流。

3. 按照其他方式統計的業務報告

這些數據主要是以月為單位，統計某個月已訂購商品銷售額、已訂購商品數量、訂單商品種類數、已發貨商品銷售額、已發貨商品數量、已發貨訂單數量這些數據。通過這些數據可以知道哪個月比哪個月多了還是少了，從而方便賣家及時調整銷售政策。

二、各平臺數據分析要點

（一）亞馬遜數據分析要點

在亞馬遜後臺數據報告中，業務報告和庫存報告是賣家應該關注的重點數據，業務報告數據就是指店鋪的銷量。庫存報告主要包含兩個數據——自發貨庫存和 FBA。FBA 是 Fulfillment by Amazon 的英文縮寫，是指亞馬遜提供的代發貨業務。

亞馬遜數據分析可以參考市場趨勢報表、客戶行為分析數據表、地理位置數據分析表、訂單銷售數據表、店鋪運作數據表、客戶評論數據表，報表常用名詞如下：

1. Page views（頁面流量）：在所選取的時間範圍內銷售頁面被點擊的總瀏覽流量。

2. Page views percentage（特定頁面流量比率）：在頁面流量中特定瀏覽某項 SKU/ASIN 的流量所占的比例。

3. Sessions（瀏覽用戶數）：24 小時內曾經在銷售頁面瀏覽過的用戶總數。

4. Sales rank（銷售排名）：產品在亞馬遜平臺的銷量排名及變化。

5. Ordered product sales（訂單銷售總和）：訂單的銷售數量乘以銷售價格的總和。

6. Average offer count（平均可售商品頁面）：在所選定的時間範圍內計算出平均具有的可售商品頁面。

7. Order item session percentage（下訂單用戶百分比）：在瀏覽用戶數中下訂單用戶所占百分比。

8. Unit session percentage（銷售個數用戶轉換率）：每位用戶瀏覽後購買產品的概率。

9. Average customer review（平均商品評論評級）：總體平均的商品評論級數，以五星級的評級方式來顯示。

10. Customer reviews received（商品評論數）：商品獲得的評論總數，無論是好評還是差評都一起計算。

11. Negative feedback received（差評數）：所收到的反饋差評總數，只顯示差評的總數。

12. Received negative feedback rate（差評率）：反饋差評占反饋總數的比例，也就是差評數除以反饋數。

13. A-to-Z claims granted（收到 A-to-Z claims 的次數）：不收到是最好的。

另外，也可以使用參考平臺提供的數據，例如 Best seller（熱銷產品）、Hot new releases（類目熱銷產品）、Movers and shakers（新品熱榜）、Most wished（一天銷量上升榜）、Gift ideas（禮物類當日熱銷排行）。

（二）eBay 數據分析要點

在 eBay 店鋪流量報告中有 10 項數據，既包括店鋪訪問人數、買家停留時間等店鋪相關頁面的流量數據信息統計，也包括買家前往店鋪或商品頁的路徑。所有店鋪頁面，包括自訂頁面、自訂類別頁面以及搜索結果頁面。各種形式的物品刊登，包括拍賣、一口價和店鋪長期刊登物品。其他與賣家相關的 eBay 頁面，包括其他物品頁面、信用評價檔案和我的檔案。

1. eBay 有些數據變化會影響商品銷量，賣家需要留意以下幾類數據

（1）最近銷售記錄（針對「定價類物品」）：是衡量賣家一條 Listing 中，有多少物品被不同的買家所購買。物品的最近銷售記錄越多，越能取得曝光度。第一次被重新刊登的物品同樣保留有最近的銷售記錄。

（2）賣家評級（DSR）：包括物品描述、溝通、貨運時間、運費各項。優秀評級賣家（Top rated seller）的商品一般排名較為靠前。

（3）買家滿意度：包含 3 個考量標準，即中差評的數量、DSR1 分和 2 分的數量、INR/SNAD 投訴的數量。

（4）物品「標題」相關度：買家輸入的搜索關鍵詞與最終成交商品的標題、關鍵詞之間的匹配程度。

2. 收集 eBay 數據後，可以從以下幾點展開市場分析

（1）市場容量分析：通過同類商品的月度總成交金額，可以估算自己所占的市場份額。

（2）拍賣成交比例：賣家可以比較自己的拍賣成交比例在同類商品中是否高於平均值，如果低於平均水準，就要查找原因。

（3）最優拍賣方式：分析哪一種拍賣方式更好，以及是否要設底價，還是採用一口價。

（4）可選特色功能促銷效果分析：促銷是有成本的，分析何種促銷方式能為自己帶來最大的收益，以及是否提高了成交比例、成交價格。

（5）最優拍賣起始日期：分析星期六起拍是否比星期一起拍更容易成交，以及成交價是否更高。

（6）最優拍賣結束時段：分析什麼時段結束拍賣可以取得最高的成交比例，或者最高的成交價。

（7）商品上傳天數：商品上傳天數有 1、3、5、7、10 天，最常用的是 7 天，但是 7 天是不是最合適的呢？其實不同的商品有不同的性質：對於一些流行商品，1 天已經足夠了；對於一些古董之類的商品，10 天會比較好。

（8）最好賣的目錄：一個商品可以放在多個目錄下，查看哪個目錄的成交率高一些。可以將商品放在成交率高的目錄下，如果兩個目錄的成交率都不錯，那麼可以使用雙目錄功能。

（9）市場競爭情況：分析現有多少賣家在銷售同類商品，以及前 10 位大賣家佔有多少市場份額。

（三）Wish 數據分析要點

Wish 後臺的「您的統計數據」是指針對賣家店鋪，每 7 天統計一次產品的瀏覽數等信息。對有流量的產品數據統計，可以理解為被 Wish 官方認可的產品數據統計，而沒被認可的產品則沒有流量，不會納入這裡的統計數據中。針對沒有瀏覽量的產品可嘗試進行以下數據調整。

1. 將產品銷售價每天降低 0.01 美元（有些產品需要升價）。
2. 將物流費用每天降低 0.01 美元。
3. 將庫存數量每天增加 1 個。
4. 將商品根據不同的顏色或尺碼增加一個子 SKU。

以上調整只需要四選一，不需要同時操作。

Wish 平臺的標籤搜索權重很高，10 個 Tag 要全部寫滿。以裙子為例，標籤的命名方式為：一級分類、二級分類、產品、風格、特徵、花型、顏色等。

在 Wish 平臺要注意收集店鋪銷量 TOP10、飆升產品榜、刊登新品、累計銷售額、刊登時間、Wish 標籤等詳細數據和信息。

Wish 平臺的第三方數據分析工具可以參考：賣家網 Wish 數據、米庫、超級店長跨境版，例如通過超級店長跨境版 ERP 的 Wish 分析工具可以查看如下數據：

（1）全行業數據：可顯示全行業的店鋪數量、產品數量、平均售價、7 天日均銷售量、7 天日均銷售額、7 天日均動銷率。

（2）子行業數據：可顯示子行業的店鋪數量、產品數量、平均售價、7 天日均銷售量、7 天日均銷售額、7 天日均動銷率。

（3）店鋪數據：可以根據 7 天日均銷售量、7 天日均訂單量、行業來篩選熱賣店鋪。

（4）產品數據：可通過價格、上架時間、7 天日均銷售量、7 天日均收藏數、累計評論數、行業這 6 個維度來篩選產品。

（四）全球速賣通數據分析要點

全球速賣通賣家後臺提供了「數據縱橫」分析工具，通過該工具賣家不僅可以分

析自己店鋪的數據情況，還可以瞭解整個行業的數據情況。

「數據縱橫」工具裡有即時風暴、流量分析、經營分析、能力診斷和商機發現5個模塊。其中商機發現和經營分析在後面會詳細講解，這裡先介紹一下其他3個模塊。

即時風暴：可以看到店鋪的即時流量情況，在店鋪做促銷活動時非常有用。

流量分析：可以看到店鋪的詳細流量數據，包括店鋪流量來源、流量路徑、新老訪客、每個頁面數據以及廣告投放數據監測，還可區分App端和非App端。

能力診斷：通過對店鋪過往數據的累積與行業其他店鋪橫向比較，來反應店鋪營運的各項能力指標，包括綜合能力、轉化能力、引流能力、商品能力、營銷能力、服務能力、平臺規則能力等。

即時風暴數據每5分鐘更新一次，其他模塊數據每天更新一次，均以太平洋時間為標準。

(五) Lazada 數據分析要點

1. 查看產品價格有沒有競爭力

賣家可以定期在賣家中心監控價格，對沒有競爭力的產品的價格做出調整。

使用「Uncompetitively price」篩選器，可以集中查看定價不具有競爭力的所有產品。

當Lazada賣家中心管理產品選項欄出現「Uncompetitively price」時，就說明該SKU產品的價格沒有競爭力，需要降低價格。

2. 如何從數據角度提升銷量

SKU的數量直接關係到賣家店鋪的曝光率和流量，SKU的數量越多，越能滿足顧客的購物需求，從而更好地達到引流效果（熱銷品類上傳多個SKU效果更好）。通過搜索關鍵詞排名靠前類目下的SKU總數，可以看出平臺整個類目的占比。

對於熱賣產品，建議賣家預留庫存，並即時查看、更新庫存的實際數量。

3. 從數據角度評級

對於Lazada的績效評級，賣家店鋪評級不再以評價為標準，而是通過準時發貨率、分揀中心準時到達率、取消訂單率、退貨率這幾個KPI指標來計算績效評級。

思考題：

1. 跨境電商總體營運指標有哪些？
2. 數據分析的方法有哪些？
3. 買家界面獲取數據的方式有哪些？
4. AARRR模型把用戶行為指標分為哪些？

案例分析：

在跨境出口這行，越來越多的人已明白，靠著大量出售廉價商品賺取利潤的路子已經走不通了。平臺的導向最能看出這個趨勢。2016年12月，知名跨境電商平臺接連透露2017年度的業務重點。品牌化幾乎是目前主流跨境出口平臺的發展方向，也是「中國製造」在對外貿易中贏得議價權的必經之路。不過，能在全球做品牌並不是聯想、華為、小米等國產大牌的專利，隨著越來越多的海外消費者可以通過跨境電商平

臺接觸中國商品，中國原生的小而美品牌也有可能「彎道超車」，借助平臺之勢「攻城掠地」。

知名跨境電商平臺公布了 2016—2017 年「年度十大出海品牌」。這十大品牌是根據品牌知名度、店鋪交易數據等指標綜合評選出來的，代表了目前活躍在跨境電商領域中最有代表性的商家。電商在線梳理了十大品牌的成名路徑，下面為 Simplee 的成功路徑。

品牌：Simplee

行業：服裝及配件——女裝

關鍵詞：風格選品

一週上新兩次，每次上 10 件產品已經到了極限。在以「快」著稱的時尚服裝電商圈中，這樣的上新速度算得上是一個異類。但對女裝賣家 Simplee 來說，精耕細作才是做生意的門道。

2015 年 Simplee 在跨境電商行業還是一張新面孔。不過，品牌的成長速度相當驚人，經過一年半的時間，Simplee 已經在平臺上取得了類目第一名的位置。相較於其他同樣定位在快時尚的跨境服飾品牌，Simplee 的 SKU 不算多，但出單率卻比同行高出一大截。據創始人陶弘璟透露，開店一年半以來，Simplee 幾乎每一件產品都會有銷量。

儘管創業團隊精力有限，但是 Simplee 還是更願意專注打磨產品。雖依賴於電商渠道，但陶弘璟卻堅持把 Simplee 看作是一家服飾公司，而非網絡公司。相對於精通營銷的「技術流」，產品和服務成了 Simplee 對賭未來的籌碼。

問題：Simplee 是如何成功的？

第十一章

跨境電商的知識產權問題

【知識與能力目標】

知識目標：
1. 熟悉和瞭解國內外知識產權保護的法律法規。
2. 掌握各主要跨境電商平臺知識產權保護的相關規定。
3. 熟悉容易導致知識產權侵權的類型和操作。

能力目標：
1. 掌握如何在跨境電商經營和產品發布過程中不侵犯他人的知識產權。
2. 掌握應對知識產權侵權的通知或訴訟的技能。
3. 掌握專利、商標等註冊及保護自身知識產權不受侵犯的做法。

【導入案例】

案例一：

2018年5月31日，廣州卡門實業有限公司（以下簡稱「卡門公司」）的佛山倉庫因商標侵權被佛山市公安機關聯合工商部門依法查處，共出動100餘警力，現場查處侵權貨品數十萬件，涉案貨品價值近億元。全國已有百餘家門店遭扣貨查封。如該情況屬實，全國所有的卡門公司旗下店鋪不但要把產品全面下架，還可能面臨高額的民事賠償金，對個別大的加盟商甚至存在刑事處罰的可能性。卡門公司因此面臨著資金鏈斷裂而最終倒閉的風險。

此次事件的主要原因在於卡門公司現在使用的商標「KM」涉嫌侵犯他人註冊商標權，而被其他公司向工商局投訴了。

卡門公司的商標，於2014年10月30日註冊，很遺憾只註冊成功了一個小項「睡眠用眼罩」，從該商標2014年註冊被駁回就可以發現「KM」這個商標在服裝領域基本上是不具備商標專屬權的，之後是很有可能涉及侵權事宜的。

然而，卡門公司在百度網首頁上出現的介紹中，「KM」商標非常顯眼。卡門公司門店、招牌上的「KM」商標也很顯眼。卡門公司在沒有取得商標專屬權的情況下，在2014年商標註冊被駁回而已經可以知曉存在近似商標的情況下，仍然在大規模宣傳推

廣使用風險商標「KM」。

而投訴卡門公司涉嫌侵權的企業是北京錦衣堂企業文化發展有限公司，顯示「KM」商標已經註冊成功，有效期從2018年1月7日開始。卡門公司在其門店及T恤、褲子、鞋等產品上使用「KM」商標，然而該公司的「KM」商標多年來一直未曾在服裝產品上註冊，僅在「睡眠用眼罩」上享有商標權利。也就是說，其在「睡眠用眼罩」之外的產品上使用「KM」商標均屬於侵權行為。

案例二：

2018年11月，蒙奇奇（MONCHHICHI）在跨境電商平臺上發起維權，多位賣家因此被起訴，並被處以幾百到幾萬美元不等的罰款。在此次被告侵權的商品中，大部分商品正是侵犯了蒙奇奇的外觀專利。近196個獨立網站賣家因為侵權阿迪達斯（ADIDAS）而被SMG律師事務所起訴，侵權的不僅是阿迪達斯（ADIDAS）的商標，還有三葉草圖案以及三條斜杠。DUNLAP BENNETT & LUDWIG律師事務所告了158個平臺帳號，侵權產品為BUNCH O BALLOONS水氣球，起訴地在美國伊利洛伊州。

日益迅猛發展的跨境電商自誕生以來，在現在以及未來的發展和經營過程中都不可避免地會遇到知識產權的保護與侵權問題。現代人的消費觀念已經幾乎完全被商標、品牌、新穎的設計、外觀以及文字宣傳與描述左右。這些賣點也正是所有的跨境電商經營者賴以生存和發展壯大的必要元素和制勝法寶，當然也是商家重點保護的對象。而這一切無不涉及知識產權問題。

一直以來，總有一些不良的跨境電商商家為了賺錢而不擇手段，銷售假冒偽劣商品、冒牌仿牌，給消費者造成了極壞的消費體驗，給品牌、商標等知識產權擁有者乃至跨境電商平臺帶來了嚴重的負面影響和經濟損失，嚴重擾亂了消費市場。當然，也有一些新入門的跨境電商經營者由於無知、疏忽或者為了省事、降低成本等在不知不覺中侵犯著他人的知識產權。這些行為同樣會產生不良影響並擾亂著正常的市場經營與秩序。而跨境電商經營者也會因此遭到知識產權所有者的法律訴訟，並被平臺扣分、扣款、下架產品甚至被直接關店等，最終導致損失慘重、無法經營的慘痛結局。

知識產權保護是社會共識，是法律所指。為保護消費者的合法權益和良好體驗，為維護品牌、專利等知識產權所有者的合法利益、經營者和平臺的信譽和形象，為維護良好的市場環境和正當的市場競爭環境，為促進跨境電商經營者的長期健康穩定發展，跨境電商經營者在入門之前都必須要全面瞭解、認真學習有關知識產權保護的國內外法律法規、平臺規則以及如何註冊保護和利用平臺規則來保護自己的知識產權，同時做到不侵犯他人的知識產權，從而為健康穩定的跨境電商經營打下堅實的基礎。

第一節　知識產權及主要相關法律保護

知識產權是屬於權利人智力創新成果的財產權利，或是其經營活動專屬的信譽與標記。保護知識產權就是保護和鼓勵創新，而創新又是促進經濟社會穩定有序發展的動力。在現代社會，國家普遍高度重視知識產權，各國均設立了多重法律對其予以保護。

一、知識產權的含義

知識產權也稱「知識所屬權」，英文為「Intellectual property」，其原義為「知識（財產）所有權」或者「智慧（財產）所有權」，也稱「智力成果權」。在臺灣地區和香港地區，知識產權則通常稱為智慧財產權或智力財產權，是指「權利人對其智力勞動所創作的成果和經營活動中的標記、信譽所依法享有的專有權利」，是對基於創造性智力成果和工商業標記依法產生的權利的統稱。從本質上來說它是一種無形財產權，它的客體是智力成果或者知識產品，各種智力創造，比如發明專利、商標、外觀設計、文學著作和藝術作品，以及在商業中使用的標誌、名稱、圖像、商業秘密等，都可被認為是某一個人或組織所擁有的知識產權。

按其內容組成，知識產權由人身權利和財產權利兩部分構成，也稱精神權利和經濟權利。

所謂人身權利，是指權利同取得智力成果的人的人身不可分離，是人身關係在法律上的反應。例如，作者有在其作品上署名的權利或對其作品有發表權、修改權等，這些都是精神權利。

所謂財產權，是指智力成果被法律承認以後，權利人可利用這些智力成果取得報酬或者得到獎勵的權利，這種權利也稱經濟權利。它是智力創造性勞動取得的成果，並且是由智力勞動者對其成果依法享有的一種權利。

屬於知識產權範疇的工業產權包括專利、商標、服務標誌、廠商名稱、原產地名稱，以及植物新品種權和集成電路布圖設計專有權等。

二、知識產權及其保護的重要性

知識產權既是人們智慧的結晶和創新的成果，也是人們時間、人力、物力、精力投入的結果。知識產權是一種無形資產，為了鼓勵創新，就需要對其予以保護，使其不受他人的侵犯。美國學者托馬斯·菲爾德認為，對知識產權實行保護的原因在於，這種保護能鼓勵經濟增長，為技術創新提供動力，並吸引更多的投資；而這些反過來又能夠為人們提供更多的就業機會。當今世界，隨著知識經濟和經濟全球化深入發展，知識產權日益成為國家發展的戰略性資源和國際競爭力的核心要素，成為建設創新型國家的重要支撐和國家掌握發展主動權的關鍵。國際社會更加重視知識產權，更加重視鼓勵創新。發達國家應以創新為主要動力來推動經濟發展，充分利用知識產權制度維護其競爭優勢；發展中國家應積極採取適應國情的知識產權政策和措施，從而促進自身發展。

三、知識產權的產生與發展

17世紀上半葉產生了近代專利制度；一百年後產生了「專利說明書」制度，即要求申請者填寫一份說明書，對發明或者實用新型做出清楚、完整的說明，使所屬技術領域的技術人員能夠實現該發明或者實用新型，必要的時候，說明書還應當有附圖；又過了一百多年，從法院處理侵權糾紛時的需要開始，產生了「權利要求書」制度，即專利申請人必須在申請專利時提交權利要求書，說明要求專利保護的範圍，以被批准的權利要求為內容，是專利申請文件的核心，其內容是判定他人是否侵權的依據；

知識產權的重要的一部分被稱為工業產權。作為對現代知識產權主要內容的工業產權的保護，11個國家於1883年3月簽訂了《保護工業產權巴黎公約》（以下簡稱《巴黎公約》），並在此基礎上所有成員國形成了國際保護工業產權聯盟。根據《巴黎公約》的規定，各成員國以國內立法為基礎進行保護，規定了各成員國必須共同遵守的幾個基本原則，以協調各成員國的立法，使之與公約的規定相一致。工業產權的保護對象有專利、實用新型、外觀設計、商標、服務標記、廠商名稱、貨源標記或原產地名稱和制止不正當競爭，並規定：「對工業產權應作最廣義的理解，不僅應適用於工業和商業本身，而且應同樣適用於農業和採掘業，適用於一切製成品或天然產品，例如酒類、穀物、菸葉、水果、牲畜、礦產品、礦泉水、啤酒、花卉和谷類的粉。」而廣泛使用該術語「知識產權」是在1967年世界知識產權組織成立後。隨著科技的發展，為了更好地保護產權人的利益，知識產權制度應運而生並不斷完善。世界各國都對知識產權立法加以保護。根據中華人民共和國和阿爾及利亞在1999年的提案，世界知識產權組織於2000年召開的第三十五屆成員大會上通過決議，決定從2001年起，將每年的4月26日定為「世界知識產權日」。4月26日是《建立世界知識產權組織公約》生效的日期。設立世界知識產權日旨在全世界範圍內樹立尊重知識、崇尚科學和保護知識產權的意識，營造鼓勵知識創新和保護知識產權的法律環境。2019年4月26日是第十九個世界知識產權日。

四、國內外知識產權保護的法律及體系

在知識產權保護方面，歐美發達國家很早就已經形成了完備的知識產權法律保護體系，對侵犯權益、誤導銷售、虛假產品等各種類型的與產權相關的行為，都形成了嚴格的規範及懲處體系。在這些國家，由於違法的成本太大而誠信的價值在大眾意識形態裡基本上被普遍認可和遵守，所以，從整個社會層面來講雖然也有造假、侵權違法者，但是比例普遍比較低。

（一）美國知識產權保護的法律體系

在美國，對知識產權的法律保護由來已久。於1789年開始實施的《美利堅合眾國憲法》第一章第八條第八款指出，國會有權「保障著作家和發明人對各自的著作和發明在一定的期限內的專有權利，以促進科學和實用藝術的進步」。此後，美國又先後制定了《專利法》《商標法》《版權法》《反不正當競爭法》《互聯網法》和《軟件專利》。為了全面執行世界貿易組織《與貿易有關的知識產權協定》規定的各項義務，1994年12月8日美國政府制定了《烏拉圭回合協議法》，對知識產權法律內容做了進一步的修改和完善。

美國臨時限制令（Temporary restraining order，TRO）是一項關於知識產權的且與國際貿易經營者關係密切的緊急禁令。該禁令規定權利人可以根據美國聯邦民事訴訟法65（B）從美國法院獲得該限制令，而無須通知任何其他方。因為該權利方顯示迫切需要保護其知識產權，立即停止所謂的侵權行為，凍結涉嫌侵權人的資產，並迅速獲得相關文件。為了獲得這種救濟，原告必須以宣誓承諾書的方式證明它會遭受「直接和無法挽回的傷害、損失或損害」，除非另一方已獲得開庭令［R. CIV。P. 65（B）(1)(A)］。宣誓承諾書包括原告知識產權的文件、購買測試的結果、涉嫌侵權的案

例，以及對聲稱的無法挽回的損害的描述，例如客戶和商譽的損失。

TRO 通常禁止被告繼續從事任何侵權行為，包括銷售或宣傳涉嫌侵權的商品、銷毀與原告主張有關的記錄，以及轉移可用於判斷的金融資產。TRO 通常還會阻止第三方（如跨境電商平臺）向被指控的侵權者提供服務，並且可能會造成侵權者資產的凍結，從而阻止與涉嫌侵權者相關的帳戶（即使帳戶不在美國境內）轉移資金。最後，TRO 通常要求被告和第三方向原告提供與原告主張相關的文件（如聯繫信息、銀行帳戶記錄和銷售記錄），如果被告沒有回應法院的命令，可能會被認為是故意侵權的證據，這可能導致更高的損害賠償金。所以，收到 TRO 的經營者應直接與 TRO 的申請方取得聯繫、協商解決方案，而不應該置若罔聞。

（二）歐盟知識產權保護的法律體系

歐洲知識產權體系是由歐盟層面法律和成員國層面法律兩部分組成。其中，成員國法律是以相關歐盟法規（包括《歐洲專利公約》，EPC）及其在相關國際協定中的承諾為基礎。歐洲共同體或其成員國為世界知識產權組織（WIPO）成員，是《商標法條約》《海牙協定》《馬德里議定書》《伯爾尼公約》《與貿易（包括假冒商品貿易在內）有關的知識產權協定》等國際條約和協定的簽署方。歐盟知識產權立法工作以確保內部市場運行為目的不斷進行相關修訂。

1. 在工業產權領域

歐盟的目標是針對未來的共同體商標、設計和專利等建立一個單一的保護體系，通過單次申請即能在歐盟範圍內產生效力。2007 年，歐委會通過一份關於專利系統的通訊，建議採用「共同體專利」（Community patent），並在專利領域實施歐盟統一的司法管轄權。作為後續措施，2008 年 7 月 16 日，歐盟委員會通過一份關於歐洲工業產權戰略的通訊，制訂了針對不同類型知識產權的保護戰略，其中也包括加強針對假冒和盜版的執法力度的倡議。

2. 在商標領域

歐盟理事會通過第 40/94 號規定（最後一次修訂在 2006 年）保護歐洲共同體商標，任何自然人均可通過申請註冊獲得商標權，註冊費為 230 歐元。歐洲共同體商標由歐盟內部市場協調局（OHIM）負責註冊和管理，在歐盟 27 國具有法律效力。成員國商標體系與歐盟商標體系同時並存，並互有分工，如打擊侵權行為的職責歸屬成員國專門指定的法院。

商標保護期為 10 年，可無限制延長。在保護期內其所有人享有對該商標使用的專有權，並有權阻止任何一方未經其同意而使用該商標。共同體商標可以轉讓。商標註冊後 5 年時間內，若未能在歐盟進行「真正的使用」，即正常的商業化行為，則該商標權可被駁回。針對歐洲共同體商標和成員國商標兩個體系並存的現象，歐盟加大了內部協調力度，以更好地保護權利人的權益。目前，歐盟擬加入《2006 年關於商標法的新加坡條約》。

3. 在工業設計領域

歐洲共同體制訂了第 98/71/EC 號設計指令和理事會第 6/2002 號規定來保護歐洲共同體設計，在 27 個成員國統一有效。設計指令只保護經註冊的設計，並與各成員國針對經註冊的設計的保護體系平行運行。成員國關於保護設計的法律已在很大程度上

與歐盟設計指令趨同，其保護要求和保護期限與經註冊的共同體設計一致。儘管設計指令不保護未經註冊的設計，但是很多成員國在本國法律體系中對此予以保護。考慮到各國實際操作相差較大，設計指令將有關「複雜產品的零配件」，尤其是汽車零配件的設計保護問題，留給成員國自行決定。

共同體設計權可通過向歐盟內部市場協調局申請註冊獲得（經註冊的共同體設計）或通過公開發表方式自動獲得（未經註冊的共同體設計）。經註冊的設計有更長的保護期，最多可延長至 25 年；未經註冊的設計在公開發表後有 3 年保護期，且保護方式與前者不同，即只有當被保護的設計被複製時才能認定侵權；未經註冊的設計保護主要是為那些市場週期較短的商品提供實用和短期的保護。經註冊或未經註冊的設計一旦經由其權利人或經其允許投放共同體市場，該權利即耗盡。

設計在公開展示後一年內可進行註冊。註冊既可向成員國相關知識產權機構或荷比盧設計局申請，也可向 OHIM 直接申請。具體的申請程序和要求在歐洲委員會第 2245/2002 號規定中做了詳細規定，收費標準可以參見第 2246/2002 號規定。

某一產品經註冊的設計保護並不影響該產品可能包含的其他類型知識產權保護。成員國法院負責追究設計的侵權行為。復審委員會負責有關設計的復審問題，如對復審委員會的復審有異議，可訴訟至法院，由其決定是否取消或改變相關決定。

4. 在專利領域

歐盟制定了 1973 年《歐洲專利公約》（EPC，2007 年修訂），對專利予以保護。2007 年版 EPC 對相關程序和做法進行了完善，對實質專利法進行了小幅改進。

歐洲專利由歐洲專利組織（EPO）授予，不同於共同體專利，歐洲專利可授予任何技術領域的任何發明，只要這些發明的商業使用不影響公共秩序和社會公德、不破壞動植物多樣性以及不針對人或動物的外科和治療辦法。任何自然人或法人或多人可申請專利，在申請階段可使用任何語言，隨後須翻譯成《歐洲專利公約》三種工作語言（英語、法語、德語）中的一種。歐洲專利歸發明人或其法定繼承人所有，保護期為 20 年。藥品或植物發明專利可通過增補保護證書（SPC）獲得最多不超過 5 年的延長保護，相關要求與別國專利相同。歐洲專利只能在申請中所指定的 EPC 簽約國得到保護，其侵權問題由成員國法律負責處理。

各成員國專利法存在的差異從一定程度上影響了歐盟內部統一大市場的正常運行，歐盟委員會正設法使各成員國法律趨同，其最終目標是引入共同體專利，以更有效地防止專利侵權。

5. 在著作權和鄰接權領域

歐盟給予作者死後 70 年的著作權保護期，給了表演者、音像製作者、電影製作者和廣播機構 50 年的著作權保護期（從作品首次公開發行算起），給予攝影作品作者死後 70 年的著作權保護期。

近年來，歐盟進一步完善了有關著作權、鄰接權①、出租權保護的相關法律。對部分音像製品的保護在各成員國仍存在差異。2008年7月，歐委會提出修改第2006/116/EC號關於著作權和鄰接權保護指令的建議，擬將音像製品製作者和表演者的保護期延長至95年，並擬採用統一的計算方法來確定有多個作者參與創作的音樂作品保護期。

著作權所有者有權允許或禁止他人對其作品的複製，但也有以下例外：如該作品複製為臨時性措施，且構成某一技術程序中關鍵和不可分割的部分；僅用於相關第三方通過仲介在某一網絡中相互聯繫；或沒有獨立經濟意義的其他合法使用。此外，成員國也可規定以下例外：針對殘疾人員的教育、媒體或政治演講中的引用以及出於公共安全目的的使用。成員國必須通過法律制止技術規避措施，有效防範著作權侵權問題。與技術規避措施相關的製造、進口、分銷、銷售、出租或廣告等行為均在禁止之列。

歐盟對非歐盟國民也可予以著作權保護，根據《伯爾尼公約》，其在歐盟的保護期截止到該作品原所在國保護期的結束，並不得超過歐盟著作權指令中的保護期限。歐盟成員國也可以對非歐盟國民的鄰接權予以保護，其保護期已在歐盟相關法律中進行了統一協調，且不得超過作品原所在國的保護期。有關保護期的限制需視各成員國的國際承諾而定。在某些特定情況下，成員國可能會給予非歐盟國民更長的保護期。

針對著作權侵權的處罰和救濟由成員國負責。每個成員國均需採取相應措施，保證權利人可以針對侵權行為要求賠償和（或）申請臨時禁令，並可視情況要求沒收相關侵權材料以及與有關技術措施相關的設備、產品或零件。

目前，歐盟及其成員國正積極參與WIPO關於保護廣播機構的《WIPO廣播者條約》，以有效防範國際層面的廣播信號盜竊行為。

6. 在地理標誌（GI）領域

地理標誌保護已在歐盟層面形成了一整套制度，具體包括關於葡萄酒GI保護的第479/2008號規定、關於烈性酒的第110/2008號規定以及關於農產品和食品的第510/2006號規定。針對受保護的原產地標示（Protected by designation of origin，PDO）和受保護的GI（Protected GIs，PGI），歐盟制訂了註冊制度。第110/2008號規定適用於歐盟市場上所有的烈性酒、在歐盟境內生產的用於出口的烈性酒以及在酒精飲料生產中對源自農業的乙醇和蒸餾物的使用。在GI的註冊、符合、改變或取消的相關程序中，歐盟和第三國的GI均享受同等、無歧視的待遇。第479/2008號規定中關於葡萄酒的註冊體系從2009年8月1日開始實施。

2006年，歐盟對PDO/PGI及有保證的傳統特產（Traditional specialty guaranteed，TSG）的保護體系進行了相應修改，明確這一保護體系也適用於第三國名稱，並對第三國生產者團體向歐委會提出的直接申請或反對意見開放，即第三國生產者團體無須再通過本國相關部門提出上述要求。在相關方協商無效的情況下，歐盟委員會將作為最

---

① 鄰接權又稱作品傳播者權，是指與著作權相鄰近的權利，是作品傳播者在其傳播作品過程中所做出的創造性勞動和投資所享有的權利；鄰接權是在傳播作品中產生的權利；作品創作出來後，須在公眾中傳播，傳播者在傳播作品中有創造性勞動，這種勞動亦應受法律保護；因傳播者傳播作品而產生的權利被稱為著作權的鄰接權；鄰接權與著作權密切相關，但又是獨立於著作權之外的一種權利；在中國，鄰接權主要是指出版者的權利、表演者的權利、錄像製品製作者的權利、錄音製作者的權利、電視臺對其製作的非作品的電視節目的權利、廣播電臺的權利。

終仲裁者。PDO/PGI 註冊後將獲得專有營銷權,並通過成員國相關體系予以施行。不符合條件的產品必須從市場上撤回。目前,在歐盟註冊的農產品和食品中,共有 818 種 PDO/PGI,其中包括第三國名稱,如哥倫比亞咖啡。葡萄酒和烈性酒 GI 註冊共包括 2,127 個名稱,其中葡萄酒有 1,800 個,烈性酒有 327 個;第三國酒類 GI 名稱有 2 個,即巴西 Vale dos Vinhedos 和美國 Napa valley。

歐盟層面已建立了農產品和食品的檢測和登記體系。生產者協會、同類農產品和食品加工者、其他自然人或法人有權申請 GI 註冊。對於產地源自歐盟以內的產品,其 GI 註冊申請向成員國提出。如成員國或第三國相關機構認為申請符合註冊要求,將提交歐委會,由其決定是否符合相關條件。對於產地源自歐盟以外的產品,其註冊申請可直接向歐委會提出,也可向產地所在國的相關機構提出並由其提交歐委會。申請材料包括產品名稱與產品描述、產地定義、與產地相關的因素、標貼細節、監督機構的名稱和地址、與詳細說明相關的聯繫、申請團體名稱等。第三國申請還須提供加工方法、在本國受 GI 保護的證明等詳細材料。如歐委會認為申請符合條件,將在其官方公報上予以公布。在 6 個月的公布期內,若未收到任何來自歐盟或第三國的反對意見,則該產品將進入歐盟 GI 註冊名單;若有反對意見,歐委會將邀請相關方達成友好諒解,並在此基礎上再決定是否給予 GI 保護。關於葡萄酒和烈性酒的註冊與保護也做出了類似規定。

(三) 中國知識產權保護的法律體系及其簡介

中國是《巴黎公約》的成員國,受該公約的約束。中國的知識產權法是多部法律的綜合體系,是對保障知識產權的歸屬、管理和行使的法律規範的總稱,而並非有一部專門的知識產權保護法。中國知識產權保護的法律體系主要包括四個核心的專門法律,即《中華人民共和國商標法》《中華人民共和國專利法》《中華人民共和國著作權法》《中華人民共和國反不正當競爭法》和涉及知識產權保護條文的法律,如《計算機軟件保護條例》《中華人民共和國知識產權海關保護條例》《中華人民共和國侵權責任法》以及《中華人民共和國刑法》。

1. 《中華人民共和國商標法》

《中華人民共和國商標法》於 1982 年 8 月 23 日頒布,現行有效的是 2001 年修訂的版本(實施條例有效的是 2002 年版本,商標評審規則有效的是 2005 年版本)。其中第一章總則中第一條為:為了加強商標管理,保護商標專用權,促使生產、經營者保證商品和服務質量,維護商標信譽,以保障消費者和生產、經營者的利益,促進社會主義市場經濟的發展,特製定本法。第三條規定:經商標局核准註冊的商標為註冊商標,包括商品商標、服務商標、集體商標和證明商標;註冊人享有商標專用權,受法律保護。本法所稱集體商標是指以團體、協會或者其他組織名義註冊,供該組織成員在商事活動中使用,以表明使用者在該組織中的成員資格的標誌。證明商標,是指由對某種商品或者服務具有監督能力的組織所控制,而由該組織以外的單位或者個人使用於其商品或者服務中,用以證明該商品或者服務的原產地、原料、製造方法、質量或者其他特定品質的標誌。

2. 《中華人民共和國著作權法》

《中華人民共和國著作權法》(以下簡稱《著作權法》) 1990 年頒布,現行有效的

是 2010 年修訂的版本（實施條例有效的是 2002 年版本，另有 2001 年頒布的《計算機軟件保護條例》，以及 2006 年頒布的《信息網絡傳播權保護條例》）。目的是保護文學藝術、科學作品作者的著作權以及與著作權有關的權益，鼓勵有益於社會主義精神文明、物質文明建設的作品的創作和傳播，促進社會主義文化和科學事業的發展與繁榮，因而根據憲法制定了本法。其中本法第三條所稱的作品包括下列形式創作的文學、藝術和自然科學、社會科學、工程技術等作品：①文學作品；②口述作品；③音樂、戲劇、曲藝、舞蹈、雜技藝術作品；④美術建築作品；⑤攝影作品；⑥電影作品和以類似攝製電影的方法創作的作品；⑦工程設計圖、產品設計圖、地圖示意圖等圖形作品和模型作品；⑧計算機軟件；⑨法律行政法規規定的其他作品。中國在 1990 年 9 月頒布的《著作權法》中明確規定了計算機軟件作為著作權保護的對象。又在 1991 年頒布了《計算機軟件保護條例》，規定了對軟件著作權的具體保護方法。

《中華人民共和國專利法》於 1984 年 3 月 12 日頒布，現行有效的是 2008 年修訂的版本（實施細則有效的是 2002 年版本，審查指南有效的是 2009 年版本，另有 1997 年《植物新品種保護條例》及其 2007 年版的實施細則）。其中第二條規定：本法所稱的發明創造，是指發明實用新型和外觀設計發明，即對產品方法或者其改進所提出的新的技術方案。實用新型是指對產品的形狀、構造或者其結合所提出的適於實用的新的技術方案。外觀設計是指對產品的形狀、圖案或者其結合以及色彩與形狀、圖案的結合所做出的富有美感，並適於工業應用的新設計。

4. 《中華人民共和國反不正當競爭法》

《中華人民共和國反不正當競爭法》是為保障社會主義市場經濟健康發展，鼓勵和保護公平競爭，制止不正當競爭行為，保護經營者和消費者的合法權益而制定的法律。於 1993 年頒布，現行有效的是 2017 年修訂版本（2017 年 11 月 4 日，第十二屆全國人民代表大會常務委員會第三十次會議修訂，於 2018 年 1 月 1 日施行）。

5. 《中華人民共和國知識產權海關保護條例》

中國保護知識產權的《中華人民共和國知識產權海關保護條例》根據《中華人民共和國海關法》制定，目的是實施知識產權海關保護，促進對外經濟貿易和科技文化交往，維護公共利益。由國務院於 2003 年 12 月 2 日發布，自 2004 年 3 月 1 日起施行。並根據 2010 年 3 月 24 日頒布的《國務院關於修改〈中華人民共和國知識產權海關保護條例〉的決定》修訂。

其中：

第三條：國家禁止侵犯知識產權的貨物進出口。

第五條：進口貨物的收貨人或者其代理人、出口貨物的發貨人或者其代理人應當按照國家規定，向海關如實申報與進出口貨物有關的知識產權狀況，並提交有關證明文件。

第七條：知識產權權利人可以依照本條例的規定，將其知識產權向海關總署申請備案；申請備案的，應當提交申請書。

第十條：知識產權海關保護備案自海關總署準予備案之日起生效，有效期為 10 年。知識產權有效的，知識產權權利人可以在知識產權海關保護備案的有效期屆滿前 6 個月內，向海關總署申請續展備案。每次續展備案的有效期為 10 年。

第十二條：知識產權權利人發現侵權嫌疑貨物即將進出口的，可以向貨物進出境

地海關提出扣留侵權嫌疑貨物的申請。

第二十七條：被扣留的侵權嫌疑貨物，經海關調查後認定侵犯知識產權的，由海關予以沒收。

第二十九條：進口或者出口侵犯知識產權貨物，構成犯罪的，依法追究刑事責任。

6.《中華人民共和國刑法》

在《中華人民共和國刑法》（以下簡稱《刑法》），關於進口或者出口侵犯知識產權貨物，情節嚴重構成犯罪，須依法追究刑事責任的規定有：

（1）假冒註冊商標罪

根據《刑法》第二百一十三條，未經註冊商標所有人許可，在同一種商品上使用與其註冊商標相同的商標，情節嚴重的，處三年以下有期徒刑或者拘役，並處或者單處罰金；情節特別嚴重的，處三年以上七年以下有期徒刑，並處罰金。

（2）銷售假冒註冊商標的商品罪

根據《刑法》第二百一十四條，銷售明知是假冒註冊商標的商品，銷售金額數額較大的，處三年以下有期徒刑或者拘役，並處或者單處罰金；銷售金額數額巨大的，處三年以上七年以下有期徒刑，並處罰金。

（3）非法製造、銷售非法製造的註冊商標標示罪

根據《刑法》第二百一十五條，偽造、擅自製造他人註冊商標標示或者銷售偽造、擅自製造的註冊商標標示，情節嚴重的，處三年以下有期徒刑、拘役或者管制，並處或者單處罰金；情節特別嚴重的，處三年以上七年以下有期徒刑，並處罰金。

（4）假冒專利罪

根據《刑法》第二百一十六條，假冒他人專利，情節嚴重的，處三年以下有期徒刑或者拘役，並處或者單處罰金。

（5）侵犯著作權罪

根據《刑法》第二百一十七條，以營利為目的，有下列侵犯著作權情形之一，違法所得數額較大或者有其他嚴重情節的，處三年以下有期徒刑或者拘役，並處或者單處罰金；違法所得數額巨大或者有其他特別嚴重情節的，處三年以上七年以下有期徒刑，並處罰金。

①未經著作權人許可，複製發行其文字作品、音樂、電影、電視、錄像作品、計算機軟件及其他作品的。

②出版他人享有專有出版權的圖書的。

③未經錄音錄像製作者許可，複製發行其製作的錄音錄像的。

④製作、出售假冒他人署名的美術作品的。

（6）銷售侵權複製品罪

根據《刑法》第二百一十八條，以營利為目的，銷售明知是本法第二百一十七條規定的侵權複製品，違法所得數額巨大的，處三年以下有期徒刑或者拘役，並處或者單處罰金。

（7）侵犯商業秘密罪

根據《刑法》第二百一十九條，有下列侵犯商業秘密情形之一，給商業秘密的權利人造成重大損失的，處三年以下有期徒刑或者拘役，並處或者單處罰金；造成特別嚴重後果的，處三年以上七年以下有期徒刑，並處罰金。

①以盜竊、利誘、脅迫或者其他不正當手段獲取權利人的商業秘密的。

②披露、使用或者允許他人使用以前項手段獲取的權利人的商業秘密的。

③違反約定或者違反權利人有關保守商業秘密的要求，披露、使用或者允許他人使用其所掌握的商業秘密的。

明知或者應知前款所列行為，而獲取、使用或者披露他人的商業秘密的，以侵犯商業秘密論。本條所稱商業秘密，是指不為公眾所知悉，能為權利人帶來經濟利益，具有實用性並經權利人採取保密措施的技術信息和經營信息。本條所稱權利人，是指商業秘密的所有人和經商業秘密所有人許可的商業秘密使用人。

（8）單位犯（上述）第二百一十三條至第二百一十九條規定之罪的，對單位判處罰金，並對直接負責的主管人員和其他責任人員，依照本節各條的規定處罰。

另外，在實踐中，侵犯知識產權犯罪，還可能會以下列罪名處理：

①《刑法》分則第三章第一節（第一百四十至一百五十條）規定的「生產、銷售偽劣商品罪」，包括生產、銷售偽劣產品、假藥、劣藥，不符合衛生標準的食品、有毒有害食品，不符合標準的醫用器材，不符合安全標準的產品、偽劣農藥、獸藥、化肥、種子，不符合衛生標準的化妝品等九個罪名。

②《刑法》第一百三十三、一百三十五條規定的走私罪（中國《中華人民共和國海關法》第十九條規定，進出口侵犯中國法律、行政法規保護的知識產權的貨物的，由海關依法沒收侵權貨物，並處以罰款；構成犯罪的，依法追究刑事責任。）

③《刑法》第二百二十五條規定的非法經營罪。

④與此相關的犯罪還涉及組織犯罪、恐怖活動犯罪、洗錢罪等。

五、知識產權保護的期限問題

法律規定知識產權受法律保護，但是保護是有期限效力的，不是永遠無止境的保護，即一般只在有限時間內有效。下面是對中國有關知識產權保護法的主要內容及保護條款的概要介紹：

（一）中國保護知識產權的《中華人民共和國著作權法》

著作權是知識產權中的例外，因為著作權的取得無須經過個別機構的確認，這就是人們常說的「自動保護」原則。軟件經過登記後，軟件著作權人享有發表權、開發者身分權、使用權、使用許可權和獲得報酬權。

根據《中華人民共和國著作權法》的規定，著作權的保護期相關規定如下：①作者為公民，其保護期為作者有生之年加死亡後50年；合作作品的保護期為作者終生加死亡後50年，從最後死亡的作者的死亡時間算起。②法人作品，保護期自作品首次發表後50年；若未發表，則為創作完成後50年。③電影作品和以類似攝製電影的方法創作的作品、攝影作品，保護期為自作品首次發表後50年；若未發表，則為創作完成後50年。④作者身分不明的作品，保護期為50年，自首次發表算起，但作者身分一經確定則適用於一般規定。⑤出版者的版式設計權的保護期為自首次出版後10年。⑥表演者享有的表明表演者身分、保護表演形象不受歪曲等的保護期不受限制；其他的自該表演發生後50年。⑦錄音錄像製作者許可他人複製、發行、出租、通過信息網絡向公眾傳播其錄音錄像製品的權利的保護期為自首次製作完成後50年。⑧廣播電臺、電視

臺享有的轉播、錄制、複製的權利的保護期為自首次播出後 50 年。

(二) 中國保護知識產權的《中華人民共和國專利法》

專利保護期限是指專利被授予權利後，得到專利保護的時間期限，具體為：「發明專利權的期限為二十年，其間隨著權利人繳費終止而終止；實用新型專利權、外觀設計專利權的期限為十五年，均自申請日起計算」。在保護期內，任何單位或者個人未經專利權人許可，都不得實施其專利，即不得為生產經營目的製造、使用、許諾銷售、銷售、進口其專利產品，或者使用其專利方法以及使用、許諾銷售、銷售、進口依照該專利方法直接獲得的產品。

(三) 中國保護知識產權的《中華人民共和國商標法》

商標權的保護期限為十年，有效期滿，需要繼續使用的，應當在期滿前六個月內申請續展註冊，每次續展註冊的有效期為十年。在此期間未能提出申請的，可以給予六個月的寬展期。寬展期滿仍未提出申請的，則註銷其註冊商標。

(四) 中國保護計算機軟件著作權人權益的《中華人民共和國著作權法》和《計算機軟件保護條例》

保護計算機軟件著作權人權益的法律有兩個——《中華人民共和國著作權法》和《計算機軟件保護條例》（以下簡稱《條例》）。後者是為了調整計算機軟件在開發、傳播和使用中發生的利益關係，鼓勵計算機軟件的開發與應用，促進軟件產業和國民經濟信息化的發展而於 2001 年 12 月 20 日公布、自 2002 年 1 月 1 日起施行的。又分別於 2011 年 1 月、2013 年 1 月進行了兩次修訂，自 2013 年 3 月 1 日起施行。《條例》分為總則、軟件著作權、軟件著作權的許可使用和轉讓、法律責任、附則。

《條例》第十四條是關於軟件著作權保護期限的。其規定：「軟件著作權自軟件開發完成之日起產生。自然人的軟件著作權，保護期為自然人終生及其死亡後 50 年，截止於自然人死亡後第 50 年的 12 月 31 日；若軟件是合作開發的，截止於最後死亡的自然人死亡後第 50 年的 12 月 31 日。法人或者其他組織的軟件著作權，保護期為 50 年，截止於軟件首次發表後第 50 年的 12 月 31 日，但軟件自開發完成之日起 50 年內未發表的，本條例不再保護。」

《條例》第十五條規定：「軟件著作權屬於自然人的，該自然人死亡後，在軟件著作權的保護期內，軟件著作權的繼承人可以依照《中華人民共和國繼承法》的有關規定，繼承本條例第八條規定的除署名權以外的其他權利。軟件著作權屬於法人或者其他組織的，法人或者其他組織變更、終止後，其著作權在本條例規定的保護期內由承受其權利義務的法人或者其他組織享有；沒有承受其權利義務的法人或者其他組織的，則由國家享有。」

六、中國知識產權保護的目標

雖然中國知識產權相關的法律頒布的比較晚，但是，中國對知識產權的重視即保護力度是相當高的，現在已經提到了國家戰略層面。2017 年 4 月 24 日，最高法首次發布《中國知識產權司法保護綱要》。2018 年 9 月，中共中央辦公廳、國務院辦公廳印發

《關於加強知識產權審判領域改革創新若干問題的意見》等重要文件。《國家知識產權戰略綱要》的序言中指出：「知識產權制度是開發和利用知識資源的基本制度。知識產權制度通過合理確定人們對於知識及其他信息的權利，調整人們在創造、運用知識和信息過程中產生的利益關係，激勵創新，推動經濟發展和社會進步。實施國家知識產權戰略，大力提升知識產權創造、運用、保護和管理能力，有利於增強中國自主創新能力，建設創新型國家；有利於完善社會主義市場經濟體制，規範市場秩序和建立誠信社會；有利於增強中國企業市場競爭力和提高國家核心競爭力；有利於擴大對外開放，實現互利共贏。必須把知識產權戰略作為國家重要戰略，切實加強知識產權工作。」

國家保護知識產權的戰略目標是：「到 2020 年，把中國建設成為知識產權創造、運用、保護和管理水準較高的國家。知識產權法治環境進一步完善，市場主體創造、運用、保護和管理知識產權的能力顯著增強，知識產權意識深入人心，自主知識產權的水準和擁有量能夠有效支撐創新型國家建設，知識產權制度對經濟發展、文化繁榮和社會建設的促進作用充分顯現。」另外，作為世界知識產權日的倡議提出者本身，也彰顯出中國對知識產權的重視。

中國近五年知識產權保護的目標是：

（1）自主知識產權水準大幅度提高，擁有量進一步增加。本國申請人發明專利年度授權量進入世界前列，對外專利申請大幅度增加。培育一批國際知名品牌。核心版權產業產值占國內生產總值的比重明顯提高。擁有一批優良植物新品種和高水準集成電路布圖設計。商業秘密、地理標誌、遺傳資源、傳統知識和民間文藝等得到有效保護與合理利用。

（2）運用知識產權的效果明顯增強，知識產權密集型商品比重顯著提高。企業知識產權管理制度進一步健全，對知識產權領域的投入大幅度增加，運用知識產權參與市場競爭的能力明顯提升。形成一批擁有知名品牌和核心知識產權，並能熟練運用知識產權制度的優勢企業。

（3）知識產權保護狀況明顯改善。盜版、假冒等侵權行為顯著減少，維權成本明顯下降，濫用知識產權的現象得到有效遏制。

（4）全社會特別是市場主體的知識產權意識普遍提高，知識產權文化氛圍初步形成。

思考題：

1. 知識產權共有的類型有哪些？
2. 知識產權侵權責任的構成要件有哪些？

第二節　跨境電商知識產權侵權現狀與原因

一、跨境電商知識產權侵權的現狀

跨境電商知識產權侵權問題是既普遍又嚴重。儘管世界各國均設有多重法律來保

護知識產權，但是由於跨境電商經營的特殊性，尤其是在跨境電商發展的初期階段，該領域的知識產權侵權問題是非常嚴重而普遍的，特別是在全世界跨境電商發展最為迅猛的中國，更為嚴重。僅在深圳市海關實施嚴查知識產權侵權的「龍騰」專項行動的不長時間內，就查獲了涉及專利侵權貨物1,896萬件，涉案金額高達2.33億元；同時查扣涉嫌侵權貨物1,325萬件，涉案金額達到1,452萬元。服裝品類、化妝品類、電子產品類、3C品類以及印刷品類的知識產權侵權最為突出。其中，有一件產品遭遇數千家跨境電商知識產權侵權的；有一家電商被多家平臺、多個知識產權所有人投訴的；有故意侵權，有疏忽侵權的；有因無知而莫名其妙就侵權的；有本來屬於自己的知識產權卻被訴訟侵犯他人知識產權的。凡此種種，五花八門，不勝枚舉。其普遍性與嚴重性可見一斑。

目前，隨著國家關於跨境電商知識產權侵權問題的法律制度的進一步完善，海關等相關執法機關執法力度的加大，各個平臺對知識產權問題的零容忍以及管理、投訴和處罰力度的增大，知識產權所有人對自己產權保護與管理意識的增強和投訴力度的加大，消費者對商家信譽度的重視，商家對知識產權侵權問題的重視和知識的累積，平臺罰款、扣分、扣款、關店以及知識產權所有人的訴訟教訓的教育等諸多因素的合力作用，跨境電商知識產權侵權問題得到了一定的遏制。跨境電商的經營活動正在向法制化和規範化方向邁進。但是，若要杜絕跨境電商的知識產權侵權行為，達到互聯網上面沒有假冒偽劣商品出售的理想狀態，還有很長的路要走。

二、跨境電商知識產權侵權泛濫的原因

跨境電商知識產權侵權問題如此突出、假冒偽劣商品泛濫橫行的原因是多方面引起的。主要原因包括：

（1）跨境電商是一個新興的業態。電商行業是互聯網發展到近期的產物，而跨境電商則更晚於電商，從其產生、發展到現在也不過只有短暫的十年左右的時間，而真正興起也只是近幾年的事。任何一個新興的產業、商業業態的發展都不可避免地要經過從萌芽、不健全、不完善到逐漸成熟和完善的過程。

（2）相關的法律法規不夠健全。儘管有關知識產權方面的法律法規已經比較完備，但是，由於適用於互聯網，特別是針對跨境電商方面的規章制度還有待完善。

（3）參與跨境電商的經營者範圍廣且分散。不計其數的跨境電商的經營者分佈於世界各地、多個平臺，管理難度大，法律適用困難。

（4）跨境電商參與者的經營規模小。儘管發展到今天，不少跨境電商的經營規模已經相當大，但是整個行業的參與者眾多，且以新進者、小規模者為眾，有的甚至幾乎是零成本入市。對於這樣的知識產權侵權的經營者，追究其法律責任的難度大、成本高，更多的是靠平臺自我管理。

（5）有一定的隱蔽性。眾多跨境電商的經營者小規模、分散潛伏在世界各地的角角落落的互聯網上，不像實體企業有經營場所、有地址。由於不易發現，追究其侵權責任的難度較大。

（6）虛擬性。跨境電商的經營者的經營活動都在網上，店鋪也是虛擬的，就是些照片、文字描述。操作者都是使用電腦，而且現在越來越多地使用移動終端操作，因而對這種虛擬性的個體經營者的法律監管難度更大，知識產權所有人追究起來更加

不易。

（7）消費者分散於世界各地。跨境電商知識產權侵權的另一受害者是消費者，而消費者又分散於世界各地。也就是，受害者的影響比較分散。由於法律、文化、語言各異，解決問題的難度比較大。

（8）違規成本低。因為跨境電商的業務經營規模小，有的近乎零成本，其造成的影響分散，即便是平臺對其處以「極刑」——關店，侵權者的成本也是很低的，這就容易導致其泛濫成災。

（9）平臺管理約束性差。平臺也是商家，平臺商家的發展需要靠眾多商家的在線開店才能興旺，其利益與跨境電商經營者的利益息息相關。早期平臺為了吸引更多的跨境電商經營者在平臺開店，勢必會放寬條件、降低門檻，這也是導致跨境電商經營亂象叢生、知識產權現象侵權頻發的原因之一。

（10）跨境電商經營者的素質各異，特別是新入市者、新入職者大多知識產權意識薄弱、知識匱乏，對各種違規操作瞭解不透徹。當然還不乏利欲熏心者、膽大妄為者、蓄意詐騙和欺騙者。

（11）跨境電商新手員工的誤操作、省事思想、懶惰處理、低成本模式、培訓不足、管理不善等因素也引發了跨境電商知識產權侵權現象的頻發。

第三節　跨境電商侵犯知識產權的種類及情形

總結和瞭解跨境電商知識產權侵權的種類和情形有利於防止跨境電商的經營者特別是新手們在經營過程中犯同樣或者類似的錯誤，導致經營的店鋪、帳號受限，因侵犯他人的知識產權被訴，從而遭受重大的經濟損失甚至觸犯法律。

知識產權侵權的種類是對跨境電商經營過程中各種侵犯知識產權的類型的比較概況的總結，而跨境電商侵犯知識產權的情形是對跨境電商的經營者在經營操作中的具體做法的總結和列舉。

一、跨境電商知識產權侵權的四種類型

（一）商標侵權

商標侵權即冒用、複製以及創建與他人註冊商標相同或近似的商標、徽標。比如刊登中使用了他人的品牌名，或是沒有分清產品的代名詞與通用名稱，以至於出現誤用了他人商標的情況；最常發生的是在跟賣別的賣家的商品時和在賣家發布產品時，在自己的產品列表中使用別人的商標，包括標題、產品描述、ST 關鍵詞列表。需要注意的是，這不是濫用關鍵詞，而是商標侵權。現在平臺上的大部分賣家都註冊了自己的商標，而如果在未經授權的情況下跟賣任何一個已註冊商標的商品，都屬於侵權行為。

（二）專利侵權

專利主要分為三種：發明專利、外觀專利和實用專利。最常見的是外觀專利的侵

權，比如銷售與他人外觀專利外形相似的產品；產品沒有獲得專利，卻在產品或者包裝上標註專利標示；專利權已經失效或者終止，但廠商或賣家仍然在產品或者包裝上標註專利標示；未經許可在產品或者產品包裝上標註他人的專利號（也就是盜用別人的專利號）；銷售上述產品，在產品相關材料中將未獲得專利權的技術或者設計稱為專利技術或者專利設計；將專利申請稱為專利產品；未經許可使用他人的專利號，使公眾誤認為是該公司或個人的專利技術或者專利設計；設計偽造或者編造專利證書、專利文件或者專利申請文件；其他使公眾混淆，將未被授予專利權的技術或者設計誤認為是專利技術或者專利設計的行為等。

（三）版權侵權

銷售未經授權的媒體、軟件、電影或繪畫副本違反了版權法。未經授權的副本包括但不限於備份、盜版、複製或盜版副本。例如刻錄未經授權的電影或音樂副本並出售，CD-R 或 DVD-R 包含多本書籍或圖像副本，使用有版權的圖片和圖案等原創作品，使用別人設計並做了版權備案的圖片、圖案、設計、模板，使用別人的產品描述文案等。因此，在發布產品的圖片時使用非自己拍攝的圖片，無論圖片是供應商提供的，還是從其他電商平臺上找到的，只要不是自己拍攝的，都有可能觸及版權侵權問題。

（四）盜圖和文字

即未經授權使用他人的圖像、照片、文字或描述。如使用從互聯網、其他電商平臺、供應廠商、其他用戶列表、目錄或廣告中複製獲得的掃描、圖像、文本，都很可能會收到版權侵權的通知或訴訟。

二、跨境電商賣家最容易導致知識產權侵權的操作類型及具體操作表現

（一）跨境電商賣家最容易導致知識產權侵權的操作類型

第一種是盲目跟風，即跟著大眾賣銷量好的產品。大多數賣家在這麼做時都沒有注意到這些產品是有知識產權保護的，等遭到知識產權人投訴，涉及侵權賠償甚至帳號限制銷售或被關店後才驚覺。其實在不少情況下產品已經大量滯銷、造成大量庫存，損失慘重。例如在平衡車事件和指尖猴子事件中，這兩類產品因涉嫌知識產權侵權而被訴，導致關店的店鋪達上千家。

第二種是保護自己的知識產權的意識薄弱且急於上市，即賣家或供貨商急於將自己開發的產品上市銷售，而沒有考慮要用申請商標和外觀專利等手段來保護自己的知識產權，這樣商品一旦上架，就等於變相給跟賣和盜版提供了機會，極其容易被其他賣家盜用設計、圖片甚至被他人搶註商標，最終導致自己侵犯他人的知識產權。例如，有工廠客戶自己開發了私模產品，沒有申請外觀專利保護，等推到爆款時發現有人跟賣。賣家才考慮到申請外觀專利進行保護，最終亞馬遜以產品上架銷售的時間，早於專利註冊的時間為由，對工廠的專利投訴不進行受理，導致工廠無法維權。

第三種是商標保護措施沒有做到提前佈局。這極易導致平臺上的產品被跟賣而無法投訴。特別是亞馬遜在 2019 年 5 月調整商標備案政策之後，需要提供商標註冊成功

的證書 R 標才可以在亞馬遜進行備案，由於國外商標從遞交註冊到成功下證需要 8~10 個月的時間，而有些商標在註冊期間被駁回就需要更長的等待時間，因此，對於知識產權保護一定要搶先進行佈局準備。

第四種是「蹭熱度—做周邊—打爆款」。這是不少電商賣家常用的操作，但也是最容易侵犯他人知識產權的做法。

(二) 跨境電商經營過程中最容易侵犯知識產權的具體操作表現

1. 產品標題、描述或店鋪名稱使用知名品牌名稱或衍生詞，或模仿某知名品牌。

2. 產品圖片中含有知名品牌名稱或衍生詞、Logo 或相似 Logo，使用圖片處理工具遮掩全部或部分 Logo。

3. 模仿知名品牌代表性圖案、底紋或款式的疑似產品。

4. 賣家產品連結被知識產權所有人或擁有合法權利人授權的第三方代理機構投訴，而未能提供有效、合理的證明。

5. 對於音像製品，中國大陸地區會員需提供相關政府部門發出的音像製品經營許可證，未能提供的。

6. 對於原設備廠商軟件、學術軟件等，須提供相關政府部門發出的有效銷售許可證明，未能提供的。

7. 其他侵犯第三方知識產權的行為。特別是在知識產權侵權的高發期，每年旺季都是跨境電商侵權事件的高發期。在旺季賣家會面對更多的產品、流量、訂單，繁忙中總難免出錯。比如，直接上架有侵權隱患的爆款產品，或者是刊登標題中涉及品牌的詞彙等。特別是通過亞馬遜 eBay、Wish 銷往美國的賣家更應該引起注意，因為在 2019 年 4 月，唐納德·特朗普簽署了《打擊販賣假貨及盜版貨備忘錄》，要求加強知識產權保護。這不僅要求美國海關增加產品的查驗品類，同時也要求各大電商平臺進行持續的查驗。據悉，美國海關因此對電商貨物的查驗率提高了 3~4 倍。

三、跨境電商知識產權侵權的其他問題

(一) 「私模」產品的知識產權侵權問題

「私模」產品既可以說是與知識產權相關，也可以說是與知識產權不太相關。如果私模產品沒有提前申請專利進行保護，一旦投放到市場中大家都可以模仿製造。對工廠來說，只要對其研發的私模產品，提前做好商標和外觀專利的保護，就可以對沒有知識產權授權的賣家發起維權投訴，限制其銷售。例如，在平衡車事件中，專利方直接維權，就可以限制沒有授權的相關工廠的產品在市場中的流通銷售，因此，對私模產品要做好知識產權保護才能擁有市場主導權。

(二) 商標「碰瓷」

商標「碰瓷」指在知名品牌名稱後面，再加上幾個字，「品牌名+附加名」即構成一個新的品牌，如視界、雲、雲視、E 家、智能等品牌加上附加名後名稱為康佳視界、小米 E 家、海信 TV、小咪智能等。這樣的品牌涉嫌侵權，很難申請註冊成功。

需要注意的是在商標註冊申請過程中的商標是不享有商標權保護的。有些平臺允

許憑被商標註冊機構受理的證書的複印件即可發布商品信息，由於完成商標註冊的所有手續往往需要一年多的時間，所以，一些不良商家就會利用這個空子和時間差，利用這類手續註冊「碰瓷」商標，從而在平臺上發布涉嫌侵權的商品信息。實際上在這種情況下，即使平臺允許也不能得到法律的保護。所以，為避免涉嫌知識產權侵權，商家應該先成功註冊商標，之後再在平臺上發布商品信息。商家一定要在商標註冊成功後發布產品信息還有兩個原因：①不良商家有可能發布和銷售與你的商標品牌一樣的假冒偽劣商品，並在售完後消失，之後如果你的商標註冊成功了，原來受害的買家可能向你提出賠償等類似問題；②不良商家看到你的產品好賣，可能在別的地方搶註你的商標。這樣可能導致你註冊成功後發布產品信息時就已經形成商標侵權了。

（三）下架產品知識產權侵權問題

對於下架的產品，網站上可能還有遺留信息，因此，依然有可能被抓侵權。若有疑似侵權產品，應果斷刪除，這是最安全的做法。

（四）OEM 產品知識產權侵權問題

OEM 是指被授權方因超越授權銷售被授權品牌產品而導致的知識產權侵權。

第四節　跨境電商賣家被訴知識產權侵權的應對措施

當賣家遇到相關知識產權糾紛時，第一時間該如何操作？遇到糾紛，首先，要搞清楚對方是誰，涉案的具體專利是什麼。然後，既可以自己嘗試與對方協商，也可以委託相關的知識產權機構進行協商。一般建議，先諮詢相關機構再進行協商，因為知識產權的糾紛解決是個相當需要技巧和策略的工作。相關機構有較多的經驗，而且在對侵權判斷的問題上比較準確。由於相關機構經常處理糾紛，在解決問題時比較冷靜，賣家自己協商常常會因為情緒化的言辭和舉動，把小問題放大，反而誤了達成和解的時機。

跨境電商經營者收到的侵權通知的種類包括跨境電商平臺自檢、權利人在平臺上的投訴、法院起訴、臨時限制性禁令（TRO）四種形式。不同的侵權警告有不同的法律效應，當然也應採取不同的對應措施。

1. 面對平臺自檢結果或權利人在平臺投訴

若面對平臺自檢結果或權利人在平臺投訴的情況，商家可通過平臺的申訴渠道進行申訴或處理。

2. 面對法院知識產權侵權的起訴

對於法院起訴，電商賣家通常會收到兩類通知：一類是通過平臺收到的法院起訴的侵權通知，另一類是原告律師的侵權郵件通知。通過平臺通知或原告律師的郵件通知，商家可獲取侵權產品信息和案件信息。賣家既可以自己嘗試與對方協商，也可以將獲取的信息委託給相關的知識產權機構或律師進行評估或者協商。一般建議，先諮詢相關機構或者律師進行評估，因為知識產權的糾紛解決是個相當需要技巧和策略的工作。相關機構或者律師有較多的經驗，對侵權判斷的問題上比較準確。而相關機構

或者律師經常處理糾紛，有較多的經驗。當作為第三方解決問題時，會比較冷靜，對侵權判斷的問題上比較準確。所以，由他們判斷是否真實侵權、是否存在不侵權的抗辯事由、追蹤案件的進程、瞭解原告律師的情況以及和解金的標準是解決知識產權糾紛的最佳選擇。賣家自己協商常常因為情緒化的言辭和舉動，把小問題放大，反而耽誤了達成和解的時機。

3. 面對產品因涉謙品牌侵權被審核退回

產品因涉嫌品牌侵權而被審核退回時：請確認自己銷售的產品品牌是否涉及他人的註冊商標，如果是的話，請確定自己是否獲得商標所有人的授權或者供貨方是否獲得商標所有人的授權。若沒有獲得商標所有人的授權，則需刪除這類產品，不再發布，並刪除已發布上網的類似產品，因為發布上網後，不排除會收到知識產權所有人的投訴，從而承擔一定的法律風險。若賣家的供貨商是獲得了授權的，則須提供供貨方的授權證明以及賣家的進貨憑證。

4. 面對臨時限制性禁令（TRO）

如果訴訟原告獲得法院的臨時限制性禁令（Temporary restraining order，TRO），即法院下令限制涉嫌侵權商戶在平臺的交易行為和付款處理，也就是凍結了整個店鋪及其帳戶。

對於收到臨時限制性禁令的商戶，積極溝通、應訴處理是使自身損失最小化的關鍵之一。商戶可以通過聯繫美國的律師確認臨時限制性禁令（TRO）的範圍，嘗試改變訴訟的判決或找到一些其他的判決疏漏之處，並與品牌所有者的律師進行溝通，協商解決方案，實現重返平臺營運。

有這樣一個案例：一位涉嫌侵權「小豬佩奇」知識產權的商戶，在收到法院發出的臨時限制性禁令後，採取積極應訴的處理方式，最終僅賠款不到600美元，就達成了與品牌方的和解。

而相反，如果商戶收到臨時禁止令（TRO）後不採取任何措施，法院會針對商戶進行缺席判決，商戶將失去最好的溝通途徑和時機，法院有可能永久禁止商戶在平臺上進行交易，關閉店鋪，並且要求商戶將帳戶中的餘額作為賠償款直接賠付給品牌方。

5. 積極應對知識產權侵權通知或訴訟

賣家在遇到知識產權侵權通知或者訴訟時要積極應對。在跨境電商的實際經營過程中，賣家再謹慎小心，也難以完全規避侵權風險，並遭遇訴訟。賣家在遇到國外律師事務所的起訴時，既不要懼怕，也不要置之不理，要積極應對。應對時需考慮以下問題和方法：

第一，不要誤以為被起訴的是資金帳戶，而非店鋪：原告起訴的是侵權行為，即店鋪的上架、銷售等經營行為侵犯了原告的知識產權，由於店鋪關聯某個資金帳戶進行收支，所以法院才會要求對資金帳戶採取凍結等措施。

第二，不要混淆被訴產品。鑒於部分商家自檢發現可能侵權他人的知識產權，往往會在原告發起訴訟的前提前下架眾多產品，導致最後被告侵權後不確定哪款產品被告侵權。

第三，如果你是生產型企業，那就要瞭解自己生產的產品外觀、技術或者品牌是否已被註冊知識產權。對於本公司研發的產品應積極去註冊知識產權。

第四，如果你是貿易商，那就謹慎進貨，要瞭解供貨方資質，保證貨源合法正規，

並向供貨方瞭解是否有權生產、銷售該產品；同時規範交易手續，保存交易憑證。

第五，如果確實存在侵權，應刪除被投訴產品，並且不要忘記對前臺類似產品進行刪除，以免被再次投訴。

第六，如果認為產品不侵權，應積極提起反通知或者可以積極與投訴方聯繫，說明情況，爭取投訴方撤訴。或者重新修改信息，避免造成他人誤解，避免讓他人誤以為是你銷售的產品品牌涉及他人註冊商標或者你和品牌所有人之間存在合作關係。

第七，如果賣家被美國律師事務所起訴，賣家應首先確定自己是否真的造成侵權。如在確認自己查證了沒有任何侵權的情況下，賣家可以選擇積極應訴。

第八，對於商標類侵權訴訟，一定要查看對方的商標保護是否包含了自己賣的產品。如果涉及的商標名是常見名詞或者通用名稱，賣家要確認對方的商標是否對此擁有專屬權，如果沒有，賣家可以選擇對此積極應訴並進行答辯。

第九，如果賣家權衡利弊後，不想花費太多的精力參與在美國的訴訟，賣家可以選擇與原告達成和解。

第十，同一個侵權行為可能會被兩家律師事務所代理起訴，即一家店鋪因銷售同一侵權產品，先後被兩家律師事務所代理起訴。一個侵權行為，不得被起訴兩次，屬於錯誤起訴。商家可聯繫第二家代理律師事務所，要求其向法院自願撤銷申訴。

第十一，同一品牌可能會持續分批次起訴：建議商家多關注頻繁維權的品牌，這樣可極大地避免再次侵權。

第十二，同一品牌可能會由多家代理律師事務所代理：各大品牌的維權事件往往由多個代理律師主動尋找侵權行為並起訴，這就是為什麼同一品牌會被多個律師事務所起訴的原因。

第五節　如何在發布產品時不侵犯別人的知識產權

我們知道一旦跨境電商經營者發布了侵犯他人知識產權的產品，就可能會受到平臺規則的處罰，比如商鋪扣分、評價降級、資金凍結甚至店鋪被封號及（或）收到知識產權所有人的侵權通知或訴訟通知。所發售的貨物也有可能遭到海關的查處，嚴重者還可能會受到民法甚至刑法的處罰。鑒於知識產權侵權可能會給跨境電商經營者造成如此嚴重的後果，那麼，跨境電商賣家應該如何操作以避免侵犯他人的知識產權呢？上面我們已經講過了跨境電商經營者在發布產品的操作過程中經常犯的錯誤操作行為，那是一些反面教材，是我們在經營操作過程中應該避免的行為。除此之外，我們還需要掌握如何在自己發布產品時不發生侵犯他人知識產權的知識與技巧。因為，只有這樣我們才能夠通過一系列跨境電商平臺順利走向國際市場，尤其是面向對知識產權要求保護嚴格的歐美市場。

一、跨境電商防止產品侵犯他人的知識產權的措施

第一，必須具有很強的關於知識產權保護與侵權的法律意識和知識，不斷地認真學習和瞭解國內外相關的知識產權的法律知識與法律規定。

第二，全面深入學習和瞭解平臺有關知識產權侵權與保護方面的規定與處罰規則，

瞭解受到平臺保護的品牌、產品、商標、版權、專利等。

第三，發展註冊自有品牌並做好向平臺備案的工作：積極主動地在自己產品的目標銷售國註冊自己的品牌、商標、專利、版權等，以免因被搶註而侵犯他人的知識產權；在品牌、商標、專利、版權等註冊後要根據平臺要求做好向平臺備案等相關工作。

第四，必須確保所發布和銷售的產品合法且擁有知識產權所有人（品牌、商標、專利、版權所有人）的授權或是其合法代理人的授權。

第五，賣家在選品時千萬不要抱有僥幸心理，要與自己的供應商確認產品的生產信息和供貨信息。比如，需要確認產品是否是供應商自主研發的？是否是獨家供貨？如果是自主研發的產品，基本可以排除專利侵權的風險；如果是模仿款或改良款，產品侵權的可能性就會大大增加；如果產品不是獨家供貨，則後期在銷售過程中可能也會產生糾紛和麻煩。賣家可以根據市場的反饋信息，改良、設計產品，請工廠代工，並要求其獨家供貨；而對於產品自主研發、工廠獨家供貨的，賣家可以考慮和工廠一起申請專利保護並在上架之前申請好商標和品牌備案。

第六，在店鋪裝修和發布產品階段，要避免對別人原創的圖片、文字、視頻進行二次剪輯；不要使用圖片處理工具遮掩全部或部分 Logo，不要使用品牌的變形詞或衍生詞，也不要發布模仿知名品牌代表性圖案、底紋或款式的疑似產品；不要把別人的品牌寫在自己的 Listing 中；若要發布品牌信息，則先提供授權證明；賣家平時要對行業知識多加累積，增加對各大品牌商標、特點的認識。對於實在拿捏不準的商標或者外觀，賣家可以通過 USPTO 以及 EUIPO 等官網進行檢索。

第七，學會如何判斷侵權：一方面憑藉對行業各主要品牌、相關知識的瞭解；另一方面可以在國內外相關網站上查詢。一旦查詢確認了，不管產品賣得再好，也不要跟賣。同時我們還要緊密關注平臺關於品牌侵權的一些公告，對這些信息及時查閱，這對保護自己不受侵權投訴很重要。另外，對於部分陌生且熟悉的詞，如看著生分或感覺不對，可百度搜索它，若看到包含此詞的百度百科、相關購物頁面，請不要使用。要想判斷一個產品是否具有專利，至少需要知道專利名稱（關鍵詞）、專利號或者專利人三方面中的其中之一，如果知道專利人或者專利號，那自然就知道該專利存在了，如果無法判定一個產品是否具有專利，可以根據產品本身及產品特徵，用關鍵詞在專利網站上查詢；可以多向供應商詢問、求證；向商標專利註冊仲介諮詢；可以和有經驗的賣家交流諮詢等。此外，我們還可以關注一些相關的帖子和微信公眾號，閱讀一些關於侵權案例的文章，通過這樣的閱讀，既可以累積更多的案例，也可以提高自己對專利和侵權問題的常識。

第八，自己拍攝圖片或外包拍攝圖片：自己發布的產品的圖片要想避免版權侵權，就要自己拍攝圖片或外包拍攝圖片，這樣可以避免因直接下載或複製別人的圖片而侵犯他人的版權等方面的知識產權問題。

第九，產品上架後，如果賣家自己發現已上架的產品涉嫌侵權，就需要快速地修改刊登，即在標題、圖片、詳情裡面把侵權商標及圖案全部刪除掉。

第十，避免再次侵權：在跨境電商的經營過程中，由於種種原因，很多賣家，特別是新手和非資深賣家所發布的產品很容易涉嫌知識產權侵權的問題，甚至出現反覆侵權的問題。而根據大多數平臺的規則，反覆多次出現知識產權侵權問題，所受到的平臺和知識產權所有人的處罰也會逐步升級。那麼，如何避免再次侵權呢？①瞭解常

見維權方的知識產權（商標、專利及版權），避免被同一個權利人進行除商標之外的專利、版權起訴；避免被同一個權利人的其他品牌再次起訴。②瞭解可能的侵權形式（商標、專利和版權）。③防止專利侵權，要查詢產品是否申請專利，可通過專利號、申請人名稱等查詢；要與供應商確定產品來源，要求提供合法有效的專利證書；可要求供應商提供發票、合同和進貨單據。④防止商標侵權（版權侵權），不隨意使用與產品不相關的詞彙編輯產品；關注產品的圖案和文字，避免涉及圖形商標侵權。⑤註冊自己的商標專利及版權，可註冊正在使用的商標，避免因搶註而侵權；要及時對自己的設計或經改良的設計申請專利。

二、跨境電商在國外註冊商標、專利等要注意的問題

（一）在歐洲註冊需要注意的問題

1. 在註冊外觀設計時所需資料

① 外觀設計圖片或照片：立體視圖和六面圖，六面視圖尺寸必須一致，必要時須提供參考視圖；② 申請人的姓名、地址、郵編、身分證或護照；③ 外觀設計者聲明；④ 優先權證明文件（如果需要）。

2. 歐洲外觀專利申請時所需資料

①申請專利的公司資料，包括英文或是拼音的公司全稱、公司的英文地址以及電話傳真郵箱等；②要註冊專利的產品資料以及六面視圖；③一份申請中可以包含同一專利分類下的多個產品，費用相比分別單獨申請便宜；④若主張存在國內註冊的優先權，需要國內已在先註冊的優先權外觀設計的官方證明的副本以及對應的英文或法文翻譯。此類文件可在提出申請之日起 3 個月內提交。

3. 外觀專利審查時間及有效時間

①美國外觀專利：授權所需時間為 1~2 年外觀專利的有效時間為專利授權日起 15 年，之後無年費；

②歐洲外觀專利：授權所需時間為 3~4 個月，保護年限為 25 年。

（二）在美國註冊商標需要注意的問題

只有持有美國商標局許可資質的律師，才可以從事商標遞交申請。在註冊申請美國商標時，企業須注意「在先使用註冊」和「意向使用註冊」在美國商標註冊申請規則中的區分。「在先使用註冊」，指的是註冊遞交的商標名稱，在遞交註冊之前已經出現在市場上銷售的商品上，商品先在市場銷售然後才註冊商標；「意向使用註冊」則是指，先在商標局申請保護商標名稱，隨後帶有商標名稱的商品才會在市場上銷售。當然，使用不同的遞交方式，所產生的官費和下證時間有所不同。使用「在先使用註冊」遞交方式，商標局的官方費用相對更便宜，但企業在遞交註冊時需要向商標局提供已經在市場上銷售帶有商標名稱的在售產品圖，而大多數跨境電商賣家其實更傾向於「意向使用註冊」，因為無須提供帶有商標名稱的在售產品圖片。

自 2017 年年初美國商標局發現境外的商標註冊人在遞交在先使用商標註冊時提供的使用證明圖片存在嚴重造假現象以來，便開始嚴查在先使用註冊商標所提供的帶有 Logo 的使用證明圖片。

(三) 中美商標註冊的差別——中國重先註冊原則，美國需遵循先使用原則

在國際知識產權商標註冊的規則中，有「在先註冊」和「在先使用」兩種規則。以中國商標註冊條例為例，其遵循在先註冊原則。簡言之，無論企業使用某名稱從事了多長時間的商業經營，先在中國商標局遞交該名稱，即可成為商標所有者。這一規定的缺點是會出現中國一些百年企業抑或是老字號、品牌被別人搶註的現象，並因此造成不可預估的損失。比如，此前在江蘇衛視熱播的《非誠勿擾》欄目，因知識產權侵權而在 2016 年 1 月被迫更名為《緣來非誠勿擾》繼續播出。其原因是早在 2009 年 2 月「非誠勿擾」被一溫州籍人士金某在國家商標局註冊了商標，2013 年 2 月，金某以商標侵權為由將其告上法院，最終該欄目被要求暫停使用「非誠勿擾」這一名稱。諸如此類的案例在中國並不少見。而在美國市場，其商標註冊則是遵循在先使用原則，即只要一個品牌被企業在美國當地出示有效的商業經營證明，該企業即可被認定為該品牌的擁有者。當然，企業也可向訴訟律師提供有效的商業經營證明，通過聯邦法院撤銷被搶註的商標，再重新註冊即可獲得商標保護權。儘管過程曲折，但是在大多數情況下企業都可拿回商標所有權，因此在美國當地較少出現商標被搶先註冊的現象。

第六節　保護自身知識產權不受侵犯的措施

跨境電商的經營者在經營過程中，不僅要防止侵犯他人的知識產權，更要保護好自己的知識產權不受侵犯，以免造成不應有的損失。而要做到這一點，就必須按照法律在國內外將自己的品牌、專利、商標、著作等盡早地完成註冊。需要強調的是，僅在國內註冊是不夠的，因為知識產權的保護是有地域性的，即只有在哪裡註冊，才能在哪裡受到保護。另外，在國內及目標市場國家成功註冊之後，還應該在商家使用的或相關的平臺備案註冊，以便更好地通過平臺的政策在平臺上保護好自己的知識產權。

總的說來，保護自身知識產權不受侵犯的措施主要包括三個方面：第一，將自己的知識產權通過在國內外相關機構完成註冊，使其成為合法的、受法律保護的產權；第二，註冊後通過在平臺上註冊或備案，使其方便受到網絡平臺及時有效的保護；第三，通過網絡平臺、國家海關及其他機構和相關措施，及時發現和阻止對自己知識產權侵權的行為，若發現侵權行為嚴重或溝通後仍然侵權應及時提起訴訟，且如有必要可要求緊急禁止令予以制止。這三個方面的措施應該是缺一不可的，前兩個方面是使其合法受保護，後面一項則是對保護的落實。

一、知識產權在國內外主管機關機構的註冊

作為國內的跨境電商經營者，應該首先考慮使自己的知識產權在國內主管機構註冊從而得到國內的相關法律的保護。其次，由於跨境電商產品的主要目標市場在國外，所以，也必須使其產品得到目標市場國家的法律保護，因此，在完成了國內知識產權註冊後還需要考慮在目標市場國家進行註冊。

產權的註冊，主要體現在專利上，專利能否成功註冊，關鍵的一步是要在申請前選擇合適的專利數據庫來查看專利是否已經被註冊了。因為，只有未被註冊的才有可

能被接受註冊。專利具有地域性，每個國家都有公開的在該國申請或者已經核准的創造發明專利的免費資料庫。如果專利涉及多個國家，在不同國家的專利數據庫檢索不僅浪費時間，還會因為使用語言和語法的不同而有所誤差，所以選擇一個綜合性強、數據資料多的數據庫就顯得非常重要。下面將介紹一些主要的查詢途徑：

中國 SIPO：http://www.sipo.gov.cn。

中國商標局：網址：http://www.ctmo.gov.cn。

中國國家知識產權局中國專利局：http://epub.sipo.gov.cn/index.action。

世界知識產權組織：http://www.wipo.int/portal/en/。

世界知識產權組織（WIPO）：http://www.wipo.int/branddb/en/。

歐盟：https://euipo.europa.eu/esearch/。

歐盟 EPO：http://www.epo.org。

歐洲內部市場協調局：https://oami.europa.eu/ohimportal/en。

歐盟國際產權局（EUIPO）：https://euipo.europa.eu。

美國 USPTO：http://www.uspto.gov/patent。

美國商標電子查詢系統（TESS）：tess2.ustpo.gov。

日本 JPO：http://www.jpo.go.jp。

韓國 KIPO：http://www.kipo.go.kr/kpo/eng。

德國 DE：http://www.dpma.de。

澳大利亞 AU：http://www.ipaustralia.gov.au。

加拿大 CA：http://www.ic.gc.ca/eic/site/cipointernet-internetopic.nsf/eng/home。

英國 UK：https://www.gov.uk/government/organisations/intellectual-property-office。

香港（地區）HK：http://www.ipd.gov.hk。

香港（地區）專利及註冊外觀設計：http://ipsearch.ipd.gov.hk/index.html。

http://ipsearch.ipd.gov.hk/trademark/jsp/index.html。

新西蘭 NZ：http://www.iponz.govt.nz/cms。

海牙國際外觀設計體系：http://www.wipo.int/designdb/hague/en/。

查詢專利的方法以美國為例：美國專利局提供了1790年至今的美國專利和2001年後早期公開申請案的線上查詢，其中1790—1975年的專利由於只有圖像文件（TIFF格式文件），因此只提供專利號和美國專利分類號的檢索。首先，登錄美國 USPTO：http://www.uspto.gov/，點擊 patents，在 patents 頁面下，點擊 search for patents，然後，在 uspto patent full-text and image database（patft）下會看到如圖11-1所示。

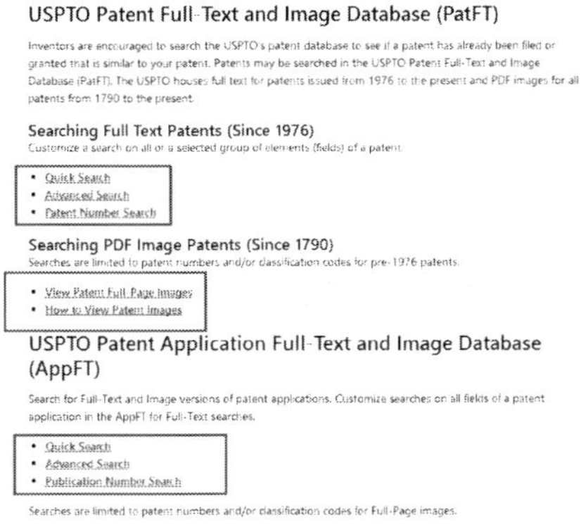

圖 11-1　示例圖

快速檢索：輸入單一或者兩個關鍵詞組合（如 AND/OR/ANDNOT 的組合）來檢索，同時可指定關鍵詞所出現的字段（如標題、發明摘要、發明人姓名等）與專利年公告年份。例如要搜尋的專利權人為 MICROSOFT CORPORATION（微軟軟件公司），發明名稱為 SEARCH ENGINE（搜索引擎），用 OR 的組合，從 1976 年到現在的專利，則檢索條件設定如下：進階搜索，即輸入多個關鍵詞，並以代號指定關鍵詞出現的字段進行檢索；例如要搜索的專利名稱為 CAMERA（相機），專利權人為 SONY，專利人所在城市為 TOKYO，從 1976 年到現在的專利，則需要輸入搜尋條件：TTL/CAMERA AND AN/SONY AND AC/TOKYO，並選擇年份 1976 TO PRESENT。

利用美國專利分類號來檢索：

美國專利分類系統地將專利依據類別分類，利用分類號檢索，可取得完整的專利資料。檢索方式有兩種：①通過關鍵詞找出一些專利後，再通過這些專利所列舉的專利分類號在 QUICK SEARCH 內進行一次全面的檢索；②利用美國專利局的專利分類號數據庫，找出相關技術的分類號，再利用這些分類號檢索。專利局還提供利用關鍵詞找出專利分類號的功能，網址為：http：//www. uspto. gov/web/patents/classification/。其實通過快速檢索和進階檢索可以發現，如果可以有辦法找到專利人其他的相關信息，如專利人名字（如公司名字）、所在地址、專利的名稱等條件，我們可以檢索出相關的一些專利號，不過出來的信息往往會比較多，因此，在查看專利的時候，需要有足夠的耐心。針對外觀專利的具體檢索方式如下：

進入美國專利局網站 https：//www. uspto. gov/patent；在打開的網頁中，選擇 QUICK SEARCH（快速檢索）或 ADVANCED SEARCH（高級檢索）；進入頁面後，選擇 Application Type 為 4（外觀設計），然後配合其他信息進行檢索。

除了通過商標註冊號查詢商標外，日常在使用以上工具時可通過商標名稱或者商標權利人等方式查詢商標。

（一）在國內主管機關的註冊

在國內進行商標、專利等的註冊主要通過兩個渠道：①自己向國家知識產權局商標局等主管機關申請辦理註冊；②通過專業代理公司辦理註冊。

不管採用哪種途徑，其主要流程包括：

（1）自行或找代理在相關機關或其官方網站查詢計劃註冊的商標、專利等能否註冊；如果可以，則準備相關注冊材料。

（2）提供註冊材料：①公司營業執照（複印件）；②商標代理委託書（如果找代理）；③商標圖樣。

（3）委託代理公司辦理。

（二）在國外知識產權機構的註冊

國外專利申請的一般流程為：檢索專利能否檢索—簽訂保密協議—整理技術交底書—簽訂代理委託協議—撰寫申請材料並確認—提交受理—專利審查—專利授權繳費—領取證書—年費監控。

但是，在國外申請外觀專利應先考慮一個問題：最新研發的尚未上市的產品是否適合申請外觀專利？針對這個問題，首先要看這個產品的外觀是否符合外觀專利申請的要求。一般來說，在產品未面市時去申請外觀專利是最好的，因為面市了再去做申請，即使能拿到授權，但還是會有潛在的風險，比如專利被無效（可以參照路虎攬勝極光的外觀專利被無效案件）。然後還需要考慮以下兩個要素——銷量和產品生命週期。如果對此款產品的未來有信心或者這款產品的生命週期會非常長，那麼可以建議申請外觀專利，畢竟美國申請專利所需時間為 1~2 年，而對於像手機殼這樣的產品，因手機幾乎是一年一更新，那麼申請這款外觀專利的意義就不大。

下面將主要介紹歐盟外觀專利的申請流程：

歐盟外觀專利申請流程為：①申請流程：申請後 2~4 星期官方回執，並有一個受理號碼。②從申請到授權所需時間：3~4 個月。③歐盟外觀採用的是洛迦諾分類（EUROLOCARNO）。④審查：歐盟商標局只根據以下兩個絕對核駁事由對申請進行審查：一是主要對象是否符合外觀設計的定義；二是外觀設計是否違背公序良俗。⑤公告寬限期：可以提供 12 個月的公告寬限期，使得外觀設計師在進行註冊之前對商業上取得成功的可能性進行驗證。⑥延期公布：如果申請人不願意立刻公布設計，可以要求延遲公布；延遲公布的時間最長可以推遲 30 個月；如果申請希望取消延期，可以在任何時候請求公布該項設計，但是如果選擇自始至終不公布，那麼註冊將在 30 個月後失效；一般，最晚要在第 27 個月的時候申請公布（如申請延遲公布，則要另外收費）。⑦保護期限：歐盟外觀設計保護期為自申請日起 5 年，期滿後可續展 4 次，每次 5 年，最長保護期為 25 年。

二、知識產權在相關平臺的註冊與備案

知識產權在平臺上成功申請註冊備案後，平臺（如亞馬遜）若發現有商家侵犯你的知識產權，就可以自動做出侵權處理，讓侵權的產品下架、刪除 Listing、給商家發送請求通知等，平臺還會依據平臺的知識產權政策對侵權商家進行相應的處理，直至封店。

（一）全球速賣通註冊步驟

登錄速賣通品牌申請官網—註冊一個全球速賣通帳號—登錄—選擇要註冊的區域

—點擊確認後填寫—上傳營業執照註冊—等待約 10 天。

(二) 亞馬遜品牌註冊及優勢

1. 亞馬遜品牌註冊有助於保護知識產權並為亞馬遜上的買家帶來準確、可靠的體驗。具體優勢包括：

(1) 準確的品牌展示。註冊後將會對品牌的商品信息帶來更大的影響力和控制權。

(2) 可以輕鬆地在不同的亞馬遜店鋪中查找內容。

(3) 註冊後利用圖片、關鍵字或批量 ASIN 列表搜索，可通過簡單的流程報告可疑違規行為。

(4) 積極進行品牌保護。自動保護功能將使用品牌的信息來主動刪除涉嫌侵權或不準確的內容。提供的信息越多，就越有助於使用品牌註冊，幫助保護和提升品牌體驗。除此之外，註冊成功的品牌還可以訪問 SELLING ON AMAZON 產品圖文版品牌描述（EBC/A+頁面）、品牌旗艦店、品牌推廣（頭條搜索廣告）、TRANSPARENCY（目前僅限美國地區）。

(5) 可利用平臺工具，舉報侵權行為（亞馬遜平臺的舉報工具）。亞馬遜品牌註冊成功後，如果擔心品牌被侵權，可以使用以下工具來幫助保護品牌：

工具 1：舉報違反知識產權（IP）的行為

使用舉報違規行為工具搜索和舉報可能侵犯你的版權或註冊商標的物品，既可以使用圖片查找亞馬遜上與自己的商品或徽標匹配的商品信息，也可以批量搜索 ASINS（AMAZON STANDARD IDENTIFICATION NUMBERS）亞馬遜自己的標準產品身分編號或商品 URL（UNIFORM RESOURCE LOCATOR，統一資源定位器）列表以快速查找和報告潛在的侵權內容。

在同一屏幕上，無須離開頁面，即可在不同的亞馬遜店鋪中搜索內容，可以搜索到全球任意站點的侵權商品，但是只可以在賣家已經成功進行品牌註冊的站點進行投訴。

完成搜索後，可以通過單擊旁邊的復選框，選擇一個或多個認為侵犯了你的知識產權的 ASIN、OFFERS 或圖像。當 ASIN 被報告時，平臺將調查所有相關賣方及其 OFFERS。如果賣家選中此框，賣家會報告整個 ASIN，這可能導致 ASIN 被移除，那麼他（她）自己的銷售也將會受到負面影響。因此，可以報告圖像、具體的賣家和 ASIN 級別，而不僅僅是 ASIN 級別。要確定擁有的知識產權類型及其受到侵權的方式。該舉報工具可支持三種知識產權的報告：商標、版權和專利。

工具 2：查看自己的違規舉報及其狀態的歷史記錄

要想查找自己的違規舉報的狀態，可以在「提交歷史記錄」頁面上查看。該頁面只能顯示在 2018 年 5 月 16 日後通過「舉報違規行為」工具提交的所有舉報的歷史記錄。通過其他渠道提交的舉報或案例將不會顯示在此處。

2. 亞馬遜品牌註冊的資質要求

(1) 品牌必須在希望註冊的每個國家或地區具有有效的註冊商標。

(2) 品牌的商標必須採用基於文本或由文字、字母或數字組成的基於圖像的商標類型。根據商標的註冊地，商標可能根據當地商標局進行不同分類。

3. 亞馬遜品牌註冊的步驟

第一步，查看資格要求。品牌必須具有已註冊的，且基於有效的文字或圖像的商標。

第二步，登錄亞馬遜。如果商標符合資格要求，可以使用現有的賣家平臺或供應商平臺帳號登錄。

第三步，品牌註冊。註冊過程中須提供以下信息：①具有有效註冊商標的品牌名稱；②相關聯的政府註冊商標編號；③列出品牌所屬的產品類別（例如服裝、體育用品、電子產品）；④列出製造和分銷品牌商品的國家或地區（注意：品牌的商標信息須和當地商標局官方網站備案的信息一致。信息填寫不正確，申請可能被拒絕）。

第七節　知識產權侵權案例

1. 一個產品有多個賣家被起訴的案例

ANGLE-IZER、SPIN MASTER TWISTY PETZ 兩個產品波及的知識產權侵權的賣家數量累計超過 4,000 家，導致大批的資金被凍結。其原因都是很多賣家感覺這個產品非常新穎好賣，自己也想賣，於是因誤判、投機或無知導致知識產權侵權。另一個案例是「手指猴」的品牌方 WOWWEE 反侵權保護案，僅此一款產品就有 1,000 多位「手指猴」中國賣家被告，資金帳號被凍結。

2. 魔術貼（HOOK & LOOP）

魔術貼又名粘扣帶，分子母兩面，一面是細小柔軟的纖維，圓毛（LOOP），另一面是較硬帶鉤的刺毛（HOOK）。產品廣泛用於服裝、鞋子、帽子、手套、沙發、帳篷、各類軍工產品等。很多賣家用 VELCRO TAPE 來表達魔術貼，但「VELCRO」最初是由美國羅克牢公司註冊的商標，後來逐步在行業內廣泛使用。有大量賣家使用 VELCRO 商標詞來做推廣，於是，很多跨境電商賣家收到了 VELCRO 權利人的商標侵權投訴，這都是侵犯商標權的行為。平臺通知如下：①權利人的商標 VELCRO 是合法、有效的。若要使用，需要得到 VELCRO 權利人的授權。若沒有得到權利人的授權，如需描述，則建議使用 HOOK AND LOOP FASTENER。②如有涉及 VELCRO 的相關描述，請盡快修改或刪除。請您盡快對商品標題、描述、關鍵詞、屬性等文字或圖片內容做好全面檢查。

VELCRO 知識產權編號為 4068386、13690788；權利人為 VELCRO INDUSTRIES B.V.。

侵權案例參考如圖 11-1 所示。

圖 11-1　侵權案參考

3. OEM 涉嫌侵權案例

2003 年 5 月 21 日，國家商標局核准自然人許某「APVUL 及橢圓圖形」商標註冊申請，核定使用商品為第 6 類，包括家具用金屬附件、五金鎖具、掛鎖、金屬鎖（非電）等。2010 年 3 月 27 日，國家商標局核准中國 A 公司受讓該註冊商標。墨西哥 B 公司在墨西哥等多個國家和地區在第 6、8 等類別上註冊了「APVUL」或「APVUL 及橢圓圖形」商標，其中註冊號為 770611、註冊類別為第 6 類的「APVUL」，商標於 2002 年 11 月 27 日在墨西哥完成註冊。2010 年 8 月 10 日，中國 C 公司與墨西哥 B 公司分別簽訂兩份《售貨確認書》，約定 C 公司向 B 公司提供掛鎖 1084 打和 9233 打。之後，C 公司向海關申報出口時，A 公司以侵犯其註冊商標專用權為由，申請寧波海關予以扣留。經核實，兩批掛鎖的鎖體、鑰匙及所附的產品說明書上均帶有「APVUL」商標，而掛鎖包裝盒上則均標有「APVUL 及橢圓圖形」商標。產品包裝盒及產品說明書用西班牙文特別標明「進口商：C 公司」「中國製造」以及 B 公司的墨西哥地址、電話、傳真等內容，但並未標註與中國 C 公司有關的信息。2011 年 1 月 30 日，中國 A 公司將本案訴至寧波市中級人民法院。請求判令中國 C 公司停止侵權並賠償經濟損失。

本案中，不同審級法院做出了不同判決。一審法院認為，依照商標法及司法解釋的相關規定，對註冊商標「雙相同」的推定絕對引發公眾混淆，對不相同商標則依據國內相關公眾「接觸可能性」可排除商標的混淆可能性，據此判定本案中 OEM 所使用的商標構成對國內商標權利人的侵權。二審法院嚴格遵循「商標地域性」原則，以「商標法及司法解釋均無例外規定」為由，拒絕承認「貼牌加工」的特殊性，判定本案中 OEM 所使用的商標與國內商標權利人主張的商標具有相同或近似而認定構成侵權。2015 年 11 月，再審法院撤銷一、二審判決，認定本案不構成商標侵權。再審法院認為，本案中，B 公司系墨西哥「APVUL」或「APVUL 及橢圓圖形」註冊商標權利人（第 6 類、第 8 類）。中國 C 公司受 B 公司委託，按照其要求生產掛鎖，在掛鎖上使用「APVUL」相關標示並全部出口至墨西哥，該批掛鎖並不在中國市場上銷售，也就是該標示不會在中國領域內發揮商標的識別功能，不具有使中國的相關公眾將貼附該標誌的商品，與 A 公司生產的商品的來源產生混淆和誤認的可能性。商標作為區分商品或者服務來源的標示，其基本功能在於商標的識別性。中國 C 公司依據 B 公司的授權使用相關「APVUL」標誌的行為在中國境內僅屬物理貼附行為，為 B 公司在其享有商標專用權的墨西哥國使用其商標提供了必要的技術性條件，在中國境內並不具有識別商品來源的功能。因此，中國 C 公司在委託加工產品上貼附的標誌，既不具有區分所加工商品來源的意義，也不能實現識別該商品來源的功能，故其所貼附的標誌不具有商標的屬性，在產品上貼附標誌的行為亦不能被認定為商標意義上的使用行為。商標的特點在於識別性，商標法所保護的就是商標示別性。判斷在相同商品上使用相同的商標，或者判斷在相同商品上使用近似的商標，或者判斷在類似商品上使用相同或者近似的商標是否容易導致混淆，要以商標發揮或者可能發揮的識別功能為前提。破壞商標的識別功能是構成侵害商標權的基礎。

對於 OEM 是否構成商標侵權，主要考慮以下幾個因素：第一，OEM 的產品全部交付境外委託方，是否會造成與國內相同或近似商標的混淆及誤認；第二，OEM 生產行為是否造成對國內商標權利人的真實損害；第三，在 OEM 加工商品上貼附商標的行為是否構成商標法上的「商標使用」。在國際貿易實務中，國內接受委託的生產企業應當

盡到合理注意和必要審查的義務。在發生糾紛後，法院對此類案件的商標侵權所發生的「實質性損害」要進行科學認定，從而平衡國內商標權利人、OEM 加工企業與境外商標權利人或商標使用權利人的利益。

跨境電商賣家往往會在主要市場國家註冊商標，比如在亞馬遜平臺，一般會註冊歐、美、日的商標，如果品牌做得比較大，還可能會註冊東南亞、印度、澳大利亞、俄羅斯等國家的商標。而做跨境電商的賣家最容易忽略中國的商標註冊。所以，我們在註冊商標的時候，務必要把中國的商標註冊了，因為如果我們不註冊，就可能會被別人在中國註冊，並在海關備案，而我們的貨在出關的時候就有可能出現問題。

4. 侵犯 MLB 註冊商標案

MLB 是美國職棒大聯盟（Major league baseball，簡稱 MLB），是北美地區最高水準的職業棒球聯賽，是美國四大職業體育聯盟之一。知識產權名稱為 MLB，知識產權註冊地為美國，主要涉及行業為運動服，知識產權類型為商標、版權。

某球服產品中出現了和投訴方註冊商標相同的圖案且款式與投訴方產品一致，因此該產品被判定為侵權。

5. 侵犯 NFL 商標、版權案例

NFL 是美國職業橄欖球大聯盟的註冊商標。該聯盟既是北美四大職業體育運動聯盟之首，也是世界上最大的職業橄欖球大聯盟，其知識產權註冊地為美國，主要涉及行業為運動服。

某球服產品中出現了和投訴方註冊商標相同的圖案且款式與投訴方產品一致，因此該產品被判定為侵權。

6. 侵犯德國 BOOST（ADIDAS）商標案

BOOST 是 ADIDAS 與德國巴斯夫化學公司於 2007 年合作研發的產品。知識產權編號為 302014023768，知識產權註冊地為德國，主要涉及行業為運動鞋，知識產權類型為商標。

某運動鞋產品的標題中出現了和投訴方註冊商標一致的文字，因此該產品被判定為侵權。

7. 侵犯 NMD（ADIDAS）商標案

在 2015 年，阿迪達斯集團偏生活方式的副牌 ADIDAS ORIGINALS，首次發售了這雙叫作 NMD 的球鞋——「NO MAD」的簡寫。知識產權編號為 5218628，知識產權註冊地為美國，主要涉及行業為運動鞋，知識產權類型為商標。

某運動鞋產品的標題中出現了和投訴方註冊商標一致的文字，因此該產品被判定為侵權。

8. 侵犯 KYLIE 商標案

JENNER 擁有 KYLIE COSMETICS 公司 100% 的股份。知識產權編號為：4649500，知識產權註冊地為美國，主要涉及行業為化妝品，知識產權類型為商標。

在某彩妝產品的標題和產品照片中出現了和投訴方註冊商標一致的文字，因此該產品被判定為侵權。

9. 侵犯 GILDAN 商標案

GILDAN 吉爾丹是在美國註冊的以環保為理念的全球服飾品牌。知識產權編號為 1829880，知識產權註冊地為美國，主要涉及行業為服裝，知識產權類型為商標。

某服裝產品的標題和產品照片中出現了和投訴方註冊商標一致的文字，因此該產品被判定為侵權。

10. 侵犯 NAKED（URBAN DECAY/L』OREAL）商標案

URBAN DECAY 為美國彩妝品牌。知識產權編號為 4012640，知識產權註冊地為美國，主要涉及行業為化妝品，知識產權類型為商標。

某彩妝產品的標題中出現了和投訴方註冊商標一致的文字且產品款式與投訴方產品一致，因此該產品被判定為侵權。

11. 侵犯 GUCCI 商標案

GUCCI 為義大利時裝品牌，由古馳奧·古馳在 1921 年於義大利佛羅倫薩創辦。產品包括時裝、皮具、皮鞋、手錶、領帶、絲巾、香水、家居用品及寵物用品等。

某服裝產品的照片中出現了投訴方的註冊商標，因此該產品被判定為侵權。

12. 小米因在西班牙官網上面放了一些宣傳圖，其中一幅抄襲了 3D 藝術家彼得·塔卡（Peter Tarka）的作品而被追訴知識產權侵權。

13. 深圳一家主營 3C 產品的外貿跨境公司被查處，原因是該公司被舉報仿冒他人專利產品，經查證，該公司涉案產品高達 10,000 餘件，涉案金額超過 10 萬元。據瞭解，這家公司主要生產自拍杆等 3C 產品，銷往世界各地。該公司產品的包裝上印著三項專利號，還打著「專利產品，仿冒必究」的字樣，然而，經執法人員調查，這三項專利號竟然都是盜用別人的。

14. 某賣家在拍攝圖片的過程中，因為一直感覺展示效果達不到自己的預期，就截取了一條熱賣 Listing 圖片中的一個小配件的圖，裝飾在自己的產品圖片中，這導致了知識產權侵權而被訴。一大批貨物已經發到 FBA 倉了，卻無法進行銷售，既造成了營運時間的浪費，還將產生不少額外的成本，得不償失。

15. 在沒有整車廠授權的情況下，使用整車廠 Logo 或含「OEM」「ORIGINAL」「GENUINE」這些詞語。例如，FORD GENUINE PART、METAL POSTER OEM GENUINE PARTS FRONT GRILL CROSS EMBLEM 1PCS FOR CHEVROLET 這些詞語代表所銷售的產品是來自整車廠的原廠件，所以無整車廠授權而使用這樣的詞語屬於知識產權侵權。正確的處理方法為：如果所銷售的產品是專門設計為與該品牌的產品兼容，那麼可以在品牌名稱前使用「COMPATIBLE WITH」「FITS」或者「FOR」。

思考題：

1. 為什麼要保護知識產權？
2. 侵犯他人的知識產權會受到平臺和法律怎樣的處罰？
3. 跨境電商經營者如何避免在產品發布和經營過程中侵犯他人的知識產權？
4. 怎樣才能保護好自己的知識產權不受他人侵犯？

參考文獻

速賣通大學，2015a. 跨境電商：阿里巴巴速賣通寶典［M］. 北京：電子工業出版社.

速賣通大學，2015b. 跨境電商物流：阿里巴巴速賣通寶典［M］. 北京：電子工業出版社.

雨果網，2015. 盤點：跨境電商不能不知道的 9 種數據［EB/OL］. https://www.cifnews.com/Article/14688,05-12.

傅志華，2015. 跨境電商數據分析指標體系［EB/OL］. http://www.cbdio.com/BigData/2015-10/13/content_3954736.htm,10-13.

阿里巴巴商學院，2016. 跨境電商基礎、策略與實戰［M］. 北京：電子工業出版社.

呂宏晶，2016. 跨境電商實務［M］. 北京：中國人民大學出版社.

張揚張俊，2017. 2 個案例，6 個章節聊聊支付渠道的那些事兒！（支付渠道淺析）［EB/OL］. http://www.woshipm.com/pmd/885742.html,12-25.

雨果網，2017. 跨境電商贏商薈. 速賣通重複鋪貨案例分析及處罰規則［EB/OL］. https://www.cifnews.com/article/29271,10-08.

孫韜，2017. 跨境電商與國際物流-機遇、模式與運作［M］. 北京：電子工業出版社.

fengyunFBA，2017. 成功打造亞馬遜爆款，你需要先瞭解這 8 點數據分析指標［EB/OL］. https://zhuanlan.zhihu.com/p/71723242,08-01.

Zipa 手工皮鞋大師，2017. 跨境電商如何讀懂亞馬遜後臺的數據報告，讓流量飛會兒［EB/OL］. https://www.toutiao.com/i6462929425141858830,09-08.

馬述忠，等，2018. 跨境電商理論與實務［M］. 北京：浙江大學出版社.

蒸汽職國際電商特色班，2018. 電商數據分析的關鍵：五大數據指標和三個思路［EB/OL］. https://mp.weixin.qq.com/s/o5k043EL7bDVF4d5UdjTpA,09-23.

計春陽，晏雨晴，2018. 大數據在跨境電商產業鏈中的應用［J］. 海南金融（30）：25-30.

跨境學院，2019. 速賣通怎麼發布產品：產品發布流程［EB/OL］. https://news.pfhoo.com/News/Detail/8853,10-15.

PAYSSION 官網，2019. 一站式全球收款解決方案［EB/OL］. https://www.payssion.cn/cn/index.html.

孫琪，等，2019. 中國跨境電商保稅倉物流服務質量研究［M］. 北京：浙江大學出版社.

雨果網，2019a. 跨境電商物流商業模式的創新發展方向［EB/OL］. https://www.cifnews.com/article/47893? origin=tag_firstleg,07-31.

雨果網，2019b. 有關海外倉的優劣勢須知［EB/OL］. https://www.cifnews.com/article/47972,08-01/08-31.

雨果網，2019c. 跨境電商如何精細化營運？［EB/OL］. https://m.cifnews.com/article/43625,04-25.

雨果網，2019d. Google 高效開發：如何精準 & 批量挖掘潛在客戶？［EB/OL］. https://www.cifnews.com/article/52847,10-24.

中管院跨境電商中心，2019. 跨境電商的權威選品方法論［EB/OL］. https://baijiahao.baidu.com/s? id=1643735705763581168&wfr=spider&for= pc,09-04/09-10.

天津卓眾達科技，2019. 數據分析在跨境電商中的應用［EB/OL］. https://mp.weixin.qq.com/s/Ap08wsDyjl-2vjW0bB1ZGw,05-31.

王明亮，2019. 電商平臺數據分析的五大思維和 8 項指標［EB/OL］. https://mp.weixin.qq.com/s/iXwhhRUigYeagDTwBdDSlw,04-01.

中國統計網，2019. 電商平臺：數據分析基本指標體系［EB/OL］. https://mp.weixin.qq.com/s/oe9qzGcwmU0HDsXwB5VfGA,07-15.

swallow 芳，2019. 電商營運數據分析框架詳解［EB/OL］. https://mp.weixin.qq.com/s/GlvOkIWbFAB0NQp30dpb_w,06-21.

青島跨境電商孵化基地，2019a. 亞馬遜/eBay/wish/速賣通各平臺數據分析要點［EB/OL］. https://www.toutiao.com/i6680335780478452236/,04-16.

青島跨境電商孵化基地，2019b. 跨境電商常用數據分析名詞彙總，新手必備！［EB/OL］. https://www.toutiao.com/i6680028391992721928/,04-15.

青島跨境電商孵化基地，2019c. 新手賣家必須掌握的產品數據分析工具和方法［EB/OL］. https://www.toutiao.com/i6678855094659711501/,04-12.

中國跨境電商：政策與實務

作　　者：	涂玉華　編
發 行 人：	黃振庭
出 版 者：	財經錢線文化事業有限公司
發 行 者：	財經錢線文化事業有限公司
E-mail：	sonbookservice@gmail.com
粉 絲 頁：	https://www.facebook.com/sonbookss/
網　　址：	https://sonbook.net/
地　　址：	台北市中正區重慶南路一段六十一號八樓 815 室 Rm. 815, 8F., No.61, Sec. 1, Chongqing S. Rd., Zhongzheng Dist., Taipei City 100, Taiwan (R.O.C)
電　　話：	(02)2370-3310
傳　　真：	(02) 2388-1990
總 經 銷：	紅螞蟻圖書有限公司
地　　址：	台北市內湖區舊宗路二段 121 巷 19 號
電　　話：	02-2795-3656
傳　　真：	02-2795-4100
印　　刷：	京峯彩色印刷有限公司（京峰數位）

國家圖書館出版品預行編目資料

中國跨境電商：政策與實務 / 涂玉華編 . -- 第一版 . -- 臺北市：財經錢線文化 , 2020.09
　面；　公分
POD 版
ISBN 978-957-680-462-5(平裝)
1. 電子商務 2. 中國
490.29　109011870

官網

臉書

- 版權聲明 -

本書版權為西南財經大學出版社所有授權崧博出版事業有限公司獨家發行電子書及繁體書繁體字版。若有其他相關權利及授權需求請與本公司聯繫。

定　　價：500 元
發行日期：2020 年 9 月第一版
◎本書以 POD 印製